“十三五”国家重点出版物出版规划项目

人因工程学丛书

人机界面系统设计中的人因工程

Human Factors Engineering in Human-Computer Interface System Design

薛澄岐　等著

国防工業出版社

·北京·

图书在版编目(CIP)数据

人机界面系统设计中的人因工程/薛澄岐等著. —北京:国防工业出版社,2021. 11
ISBN 978-7-118-12406-4

Ⅰ. ①人… Ⅱ. ①薛… Ⅲ. ①人机界面-程序设计 Ⅳ. ①TP311. 1

中国版本图书馆 CIP 数据核字(2021)第 183148 号

※

国防工业出版社出版发行
(北京市海淀区紫竹院南路 23 号 邮政编码 100048)
三河市腾飞印务有限公司印刷
新华书店经售

*

开本 710×1000 1/16 **插页** 2 **印张** 18½ **字数** 308 千字
2022 年 1 月第 1 版第 1 次印刷 **印数** 1—2500 册 **定价** 120.00 元

国防书店:(010)88540777 书店传真:(010)88540776
发行业务:(010)88540717 发行传真:(010)88540762

致 读 者

本书由中央军委装备发展部**国防科技图书出版基金**资助出版。

为了促进国防科技和武器装备发展,加强社会主义物质文明和精神文明建设,培养优秀科技人才,确保国防科技优秀图书的出版,原国防科工委于1988年初决定每年拨出专款,设立国防科技图书出版基金,成立评审委员会,扶持、审定出版国防科技优秀图书。这是一项具有深远意义的创举。

国防科技图书出版基金资助的对象是:

1. 在国防科学技术领域中,学术水平高,内容有创见,在学科上居领先地位的基础科学理论图书;在工程技术理论方面有突破的应用科学专著。

2. 学术思想新颖,内容具体、实用,对国防科技和武器装备发展具有较大推动作用的专著;密切结合国防现代化和武器装备现代化需要的高新技术内容的专著。

3. 有重要发展前景和有重大开拓使用价值,密切结合国防现代化和武器装备现代化需要的新工艺、新材料内容的专著。

4. 填补目前我国科技领域空白并具有军事应用前景的薄弱学科和边缘学科的科技图书。

国防科技图书出版基金评审委员会在中央军委装备发展部的领导下开展工作,负责掌握出版基金的使用方向,评审受理的图书选题,决定资助的图书选题和资助金额,以及决定中断或取消资助等。经评审给予资助的图书,由中央军委装备发展部国防工业出版社出版发行。

国防科技和武器装备发展已经取得了举世瞩目的成就,国防科技图书承担着记载和弘扬这些成就,积累和传播科技知识的使命。开展好评审工作,使有限的基金发挥出巨大的效能,需要不断摸索、认真总结和及时改进,更需要国防科技和武器装备建设战线广大科技工作者、专家、教授,以及社会各界朋友的热情支持。

让我们携起手来,为祖国昌盛、科技腾飞、出版繁荣而共同奋斗!

国防科技图书出版基金

评审委员会

国防科技图书出版基金
2018 年度评审委员会组成人员

丛 书 序

近年来,随着科技文明的进步和工业化信息化的飞速发展,一门新兴学科——人因工程学(human factors engineering)越来越受到人们的关注。它综合运用计算机科学、人体测量学、生理学、心理学、生物力学等多学科的研究方法和手段,致力于研究人、机器及其工作环境之间相互关系和影响,使设计的机器和环境系统适合人的生理、心理等特点,最终实现提高系统性能且确保人的安全、健康和舒适的目标。20 世纪 40 年代,军事装备系统改造的实际需求促成了人因工程学的兴起,装备研制人员从使用者的角度出发对老旧装备升级改进,大大提高了装备的效能,扭转了人适应机器的传统思想。经过半个多世纪的发展,人因工程学的方法、技术得到了全面提升,在波音飞机的全数字化设计、哈勃天文望远镜的修复、高速列车的设计等方面发挥了巨大作用,可以说科技的进步也促进了人因工程学的高速发展。人因工程学自诞生以来,一直得到许多工业化水平先进的发达国家的高度重视,在不同阶段和地区又称为工效学、人机工程学、人类工效学、人体工学、人因学等。人因工程学在其自身的发展过程中,有机融合了各相关学科的理论,不断完善自身的基本概念、理论体系、研究方法,以及技术标准和规范,从而形成了一门研究和应用范围都极为广泛的综合性学科。

人因工程学在我国起步较晚,近 20 年来在国家载人航天工程、“863”计划、“973”计划、重大仪器设备专项的支持下,我国在人因工程学研究与应用上取得了一大批原创性理论和技术成果,为推动我国人因工程技术水平和认识水平奠定了基础。进入 21 世纪,人因工程思想日臻成熟,在国防和经济建设、社会生活中应用更加广泛,“以人为本”的设计理念更是被装备制造、产品研发领域所追逐。很多高校为此也设置了相关专业,以适应行业需求的形势发展。目前国家提出“中国制造 2025”工业化发展新蓝图,不仅会极大推动信息化与制造业的融合,也必将推动智能信息、可穿戴式人机交互新技术的发展以及人与机器的结合,为人因工程的发展带来更大的机遇和挑战。

在此背景下,中国航天员科研训练中心人因工程国家级重点实验室充分发挥其在航天人因工程研究的引领作用,与国防工业出版社策划推出“人因工程学丛书”,恰逢其时,可喜可贺!

“人因工程学丛书”既有对国外学者著作的翻译,也有国内学者的原著,内容涵盖了人因工程基础理论、研究方法、先进人机交互、人因可靠性、行为与绩效、数字人建模与仿真、装备可维修性等多个研究方向,反映了国内外相关领域的最新成果,也是对人因工程理论、方法、应用的全面总结与升华。

相信该丛书的出版,将对推广人因工程学科理念,丰富和完善我国人因工程学科体系,激发更多大专院校学生、学者从事人因工程领域研究的热情,提升我国装备研制的人因设计能力和装备制造水平,必将产生积极的作用。

沈荣骏

2015 年 12 月

沈荣骏,中国工程院院士。

前　　言

人机交互界面在军事、信息安全、地理交通等诸多重要领域发挥着不可替代和非常重要的作用。人机界面信息的最终呈现以及与人之间的信息交互,成为人机交互界面设计的核心和关键,信息的合理呈现和有效交互等人因要素也是复杂信息系统精准运行的核心战略能力。

为了全面分析研究人机交互界面中的人因工程设计方法、理论体系,需要系统性地建立人机界面人因工程分析中设计要素、信息结构、设计理论、设计方法、设计原则以及评价方法,为复杂环境下执行复杂操作任务的界面显控设计提供完善的人因工程理论知识和结构脉络。

目前,国内人机界面设计领域的人因工程研究与国外相比落后很多,而人机界面设计软实力的作用对信息化装备系统整体性能的提升和保障十分重要,国内业界普遍反映的是极度缺乏人机界面设计的人因工程分析方面的指导书籍。本书的出版有助于提升我国人机界面设计的人因工程分析水平,为广大设计技术人员提供设计分析和理论方法指导。

本书通过运用设计理论、生理及脑成像技术对人机界面系统设计中的人因要素进行分析,阐述界面信息设计的要素、结构、理论及方法,探索影响信息设计认知的人因工程关键要素和指标,围绕人机界面的界面要素、信息结构、设计原则、关键技术等人因设计展开系统分析,给出人机界面的人因工程分析方法和评价体系。本书的出版对于提高人机界面的人因设计水平与量化评测能力,从人因分析的角度优化人机界面的设计具有重要指导意义。

本书主要内容有:人的信息处理系统、界面设计要素的人因分析、界面信息架构的人因分析、界面交互设计中的认知理论、人机界面系统人因绩效评价方法以及多通道自然交互人机界面等。重点在于信息架构人因分析、信息要素人因分析、界面设计认知理论以及人因绩效评价。

本书撰写团队从2006年开始涉足装备复杂信息系统人机界面设计研究,近10年来承担了一系列人机界面设计研究项目,在完成这些设计项目的过程中，认识到复杂信息系统人机界面的人因设计有其独特的理论体系和方法，人的因素在其中具有重要作用。本书撰写团队从 2008 年以来共承担与本书内容相关的国家自然基金 8 项、航空基金 8 项，对复杂信息系统人机界面设计中的人因工程设计理论和评估方法进行了全面深入研究，并不断将研究成果用于实际工程设计项目中。本书的大部分内容来自东南大学研究团队近年来的研究工作积累和研究成果，正是这些原创性的研究工作和工程设计项目实践，保证了本书的学术水平和技术水平，同时也具有面向实际工程项目的应用性、独特性和前沿性。在此感谢国家自然科学基金委、航空科学基金等给予本研究的长期支持和资助。

该书的出版将对于提高我国人机界面系统设计中的人因工程水平与评测能力，优化我国高科技和国防等重大信息系统中的人机交互系统的人因工程分析，全面提升信息化装备信息系统的综合性能，起到促进作用。

东南大学研究团队的师生对本书的顺利出版做出了巨大贡献。在此感谢本书撰写组的吴晓莉教授（现南京理工大学）、汪海波教授（现安徽工业大学）、牛亚峰副教授（现东南大学）、王海燕副教授（现东南大学）、李晶讲师（现南京林业大学）、周蕾讲师（现东南大学）、周小舟讲师（现东南大学）、吴闻宇讲师（现东南大学）、陈默讲师（现南京工业大学）、沈张帆副教授（现江南大学）、张晶老师（现南京林业大学）、肖玮烨博士，感谢各位 5 年多来为本书出版付出的艰辛努力。书中部分内容援引专家、学者的著作，谨在此一并表示衷心的感谢。同时，感谢国防科技图书出版基金对本书的资助。

希望本书的出版能够为提高我国复杂信息系统人机界面系统设计中的人因工程水平、提升信息装备系统综合性能尽微薄之力。

由于时间紧，人力、水平和其他条件所限，书中难免有疏忽遗漏之处，敬请各位同仁、读者批评指正。

薛澄岐
2021 年 1 月 18 日于南京

目　　录

Contents

1 概　论

1.1　人机界面概述

1.1.1　人机界面

人机界面作为人与机器之间信息沟通和交流的媒介，其作用是实现信息的内部形式与人类可以感知的形式之间的转换，承载着信息的输入与输出。人机界面可以分为广义的和狭义的人机界面，也可以分为硬界面和软界面。广义的人机界面(human-machine interface，HMI)是指人与机之间的信息交流和控制活动都发生在人与机相互接触并相互作用的“面”上。机器的各种显示都“作用”于人，实现“机”到“人”的信息传递；人通过视觉、听觉等感官接受来自机器的信息，经过人脑的加工、决策后做出反应，实现“人”到“机”的信息传递。狭义的人机界面(human-computer interface，HCI)是指计算机系统中的人机界面，又称人机接口、用户界面(user interface)。计算机系统是由硬件和软件组成的，所谓的软界面通常理解为借助于显示器展示的集操作和显示于一体的程序运行的功能界面，也称作数字界面。而与软界面相对的其他更广泛的设备界面均可称为硬界面[1]。HCI 大致经历了手工操作、命令语言、图形用户界面和多媒体多通道人机交互四个阶段的发展。随着软硬件技术的发展，人机界面的设计及其研究已延伸为人、机系统中的交互行为的研究。因此 HCI、HMI 中的 I，也由“Interface(界面/接口)”变成了“Interaction(交互)”。I 的转变代表着研究核心从考虑如何使人与机器之间的信息交换更加高效，上升到了如何使人机交互更加自然这一新阶段。纵观人机界面的成长历史，不难看出，它的核心是“以人为本”，沿着人所期望的方向发展。那么，人的期望是什么呢？概括地说，就是人类希望以最简单、快速的形式，以人类习惯的方式与机器交流。人类希望机器能听懂人的命令，读懂人的意图，甚至预测人的想法和行为，而人类也能轻易地掌握机器的动态，操控机器的行为，最终使机器能够更好地为人类服务。因此，作为一个多学科交叉的研究领域，HCI 的研究聚集着计算机工程、认知心理学、设计学、符号学、行为学、语言学和社会学等多学科的领域知识。人机界面的研究激发了多学科的协作和发展。

作为人与机器信息交换的媒介,人机界面承载着传递信息实现人机协作的功能,构建认知模型的功能,以及满足人类审美和体现文化和价值观的功能。人机界面的设计和实现,直接影响到用户使用机器的效率,以及用户的生理和心理感受。

很难想象,如果没有好的人机界面(如 Windows 操作界面),计算机技术如何能与大众有如此广泛的接触,如何能构成无处不在的智能网。随着机器智能化技术的提高,机器的工作状态越来越依靠界面显示的信息来传递给人类。而人类也更加希望与机器的交流简单顺畅,且无需学习专业的技能。因此,人机界面的设计在满足"机"的状态表达和"人"的意图传递这一基本功能之上,还需要从认知心理学的角度出发满足人的感知需求、逻辑推理需求、学习决策需求、审美需求和情感需求等。

如果人机界面的设计不合理,会令用户感到困惑、难于掌握,有挫败感,同时增加失误率,易疲劳,降低工作效率,甚至产生事故或灾难。因此,人机界面设计已成为当今重要的科学研究领域,人机界面设计的研究越来越成为各国关注的对象。美国将人机界面研究作为 21 世纪的四项基础研究内容之一。美国国防的关键技术计划在把人机交互界面列为软件技术发展的重要内容之一的同时,专门增加了与软件技术并列的人机系统界面这项内容。日本为了开发 21 世纪的计算机界面也提出了 FPIEND21 计划(future personalized information environment development)。同样我国 973 计划、863 计划、"十五"规划都将人机交互列为主要研究内容。人机交互已经成为新一轮科技革命和产业变革的核心驱动力,正在对世界经济、社会进步和人类生活产生极其深刻的影响。

1.1.2 模拟控制人机交互体系

模拟控制人机交互阶段,复杂操纵系统通常排布有多个仪表以及物理操作按钮、旋钮或滑块等,图 1-1 所示为苏联明斯克号航空母舰的舰载武器综合作战指挥及显示平台,图 1-2 所示更加清晰地展示了某复杂系统模拟控制显控台多仪表多物理键的形态特征。指挥舱是执行任务观察、操纵控制的区域,显控台集成了显示仪表、操纵器、信号、警报等终端界面。在指控系统发展历程中,随着功能需求的增加,舱室内的机器、设备、显示仪表、操纵装置不断增多,舱室空间环境越来越复杂。

此时的人机交互界面主要是模拟控制界面。传统的模拟控制一般是监视和操作系统,以操作任务为主。模拟控制系统呈现的界面类型一般为仪表读数结合旋钮、按钮等物理按键,通过控制面板上的模拟器显示系统信息以及组件层的具体参数等。

常规的模拟控制系统通过硬控制,即实物实现操作控制,操作明确、实感强

图1－1 舰载武器综合作战指挥及显示平台

图1－2 模拟控制显控台

烈，但成本较高。由于模拟控制系统通常是单一指示器、单一参数、单一目标的控制，无法应对不断增多的系统操作需求，而且由于大量显示器和物理按键等的添加，不仅对显控台的大小提出了更高的要求，操作员还需要在控制室来回走动以获取必要信息和执行操作动作。这种分布在操作空间的模拟控制系统的人机操作界面，被称为空分制交互界面。

模拟控制人机交互体系中信息的分散式呈现使得用户获取信息的效率低下并且用户的认知负荷较高，对用户过滤次要信息筛选关键信息并整合处理的能力有着较高的要求。

1.1.3 数字化控制人机交互体系

计算机交互技术、控制技术和人机界面的快速发展，使得先进的数字化技术逐渐在各种复杂大型系统中得到应用，复杂人机交互系统进入了信息化时代。在很多信息系统中已经逐步取代模拟控制，被广泛应用到战机、船舶及汽车的操控、核电厂控制以及战场指挥等各种复杂的人机交互系统和环境中。图1－3所示为作战指挥系统中的数字化显控台，可见物理按键和仪表数目明显减少，更多操作基于数字化显示屏。人机系统中操作人员的工作模式也由原来的以操作为主转换为以监视和决策为主。数字化显控能通过对信息系统更好地优化和管理,增强管理软件对设备运行状态的检测和预警功能,提高操作员对信息的监测与控制绩效,以及对设备进行故障诊断和预测性维护的可靠性。大量的信息通过显示屏显示,随时间的变化,显示的信息也不断发生变化。这种信息随时间变化而变化的人机显控界面,被称为时分制交互界面。

图 1-3 作战指挥数字化显控台

从信息操控模式的转变来分析,旧式的指针表盘式显示系统大多使用寿命短、读数误差大、可靠性不强,且由于海量战场信息需要整合处理,数字界面所能容纳更大的信息量,模拟控制已经跟不上时代发展的脚步,不适应现代化信息发展的需求,因而不可避免地步入被淘汰之列。如指挥舱中大量的机械仪表数据同时显示时,操作员不仅要逐个读数,还要综合判断才能做出决策和行动,过重的认知负荷会导致不能满足高度紧张的作战环境对反应时间的要求,因此机械仪表界面的可控性差在获取信息方面给操作员造成了很大的负担。以自动化智能设备为物质基础的人机界面替代传统的机械设备界面,将改变复杂大型系统人机交互的整个知觉过程。

目前的人机交互界面主要是数字化控制界面。数字控制系统以监视、辨识、诊断和操作为主,更多地表现为认知任务。数字控制系统呈现的界面类型是显示屏控制器结合数字界面显示的形式,显示屏控制器由最初的命令行输入发展到目前主流的键鼠控制的 WIMP 图形界面。专家、学者、技术人员等正在探索和研究多通道人机交互的技术领域。数字界面显示的信息包括基于计算机的数字显示、大屏幕系统总体状况显示等更多、更详细的通过系统层综合集成的抽象信息。数字化控制过程中,操作人员的角色从手动控制者转变成监控者和决策者,延长了操作者的视觉认知过程,这需要一系列认知行为来执行任务。

数字控制系统相比模拟控制系统来说有一系列的优势。技术系统自动化水平高,系统可靠性高,而且多参数、多目标的控制确保了海量的信息容纳量。

由于信息集成显示且共享，操作员不需来回走动获取信息，而是基于坐姿从计算机工作站获取信息，通过点击轨迹球和键盘等执行控制行为，操作员之间交流相对减少，减少了由于不必要的人人交互而耗费的工作时间。复杂信息系统的计算机数字界面信息来源渠道多、信息量大、信息结构关系错综复杂，是人机信息交互的重要载体和媒介。从某种意义上来说，人机交互数字界面已成为操作者获取信息、知识推理、判断决策的重要手段和操作依据。

尽管数字控制系统相对模拟控制系统来说具有很多优点，但是，从影响人因失误的视角来看，数字化控制的新特性，改变了操作员所处的情境环境，对操作员产生了新的影响。数字化呈现的指控任务由于信息量大，信息关系复杂，使操作者进入复杂性认知，可能会由于操作失误、误读误判、反馈不及时等认知困难导致任务执行困难，严重时会产生系统故障，甚至重大事故。因此，人机界面系统设计中的人因设计就成为数字界面设计中一个需要重视和急需解决的问题。此外，在优化现有数字界面技术的同时，人们在思考更进一步的人机交互方式——构建多通道的自然交互体系。运用多感官和多模态界面模式来理解客观物理世界，是通过包括触摸、声音、姿势、面部表情和凝视在内的多种交互模式实现的，需要构建通过触摸、手势与体感、语音等模式的人机交互。

因此，优化复杂信息系统中人机交互数字界面设计和人因工程水平，探索多通道自然人机界面的设计整合，构建多通道自然交互体系是当前学术界和工程设计界研究关注热点。人机交互的最终目标就是为用户呈现自然、直观、身临其境般的交互体验。提高人机交互系统中人因工程的设计和逐步实现多通道的人机自然交互，是未来若干年人因工程设计和技术需要重点解决的问题。

1.1.4　人机界面系统设计中的多学科交叉融合

随着信息技术的快速发展，特别是当今我们置身于数字化、智能化的信息时代，人机界面系统设计与其他学科的交叉融合变得越来越紧密。下面将从技术层面、设计层面和人因层面，分别介绍人机界面系统设计与相关学科的交叉融合。

从技术层面来看，人机界面属于人机交互领域，人机交互是计算机学科的新兴研究方向，人机交互技术包括机器通过输出或显示设备给人提供大量有关信息，人通过输入设备给机器输入有关信息。人机交互与认知科学、心理学等学科领域有密切的联系。在人机交互发展过程中，人机界面经历了多种交互方式，包括DOS命令操作界面、用户图形界面，沉浸式、交互式界面，多感官、多维度的自然人机交互界面等。这也是计算机技术融合到人机交互领域的结果。从设计层面来看，人机界面属于工业设计学科的分支。人机界面从传统的按键、控制开关等部件显示的人机交互单一模式，逐渐融合媒体交互技术、动画、虚拟仿真等新兴学科知识，发展成为人与大数据系统相互交流和沟通，决策与执行的交互媒介。从人因层面来看，人因工程研究围绕“统一考虑人 - 机器 - 环境系统总体性能的优化”这一宗旨，数字化、智能化的人机界面是人因工程学科新的挑战，不仅从生理学、心理学、解剖学、管理学、系统学等多学科的交叉研究人与机的关系，而且要从大型动态画面、多重控制终端、数字化的仪表信息等多方面考虑人机界面信息呈现形式、控件图标的布局原则以及告警信息的呈现方式。在新的挑战下，融合信息科学、设计科学、控制学科等相关领域，迎接系统信息可视化的到来，是人因工程学科一项艰巨的任务。

在相关学科的交叉融合中，新的学科概念、新的研究领域频繁出现，例如信息可视化正是人机界面系统设计的主要内容之一。Card[2] 等在 1999 年提出信息可视化(information visualization)的概念，认为可视化就是利用计算机支持的、交互式的、可视化的数据信息的显示来扩大认知。可视化能够更好地作为一种外部的显示手段帮助人们更有效的识别信息，提高搜索效率。信息的可视化是利用计算机技术的支持进行的交互式的信息交流，抽象的数据可视化表示可以增强认知。可视化的本质不是可视化的视图而是它具有的“洞察力”，即能够快速地同化信息和监控大量数据。随着科技发展和时代进步，人机界面的终端控制系统的“智商”变得越来越高，促使人类产生和获取信息的能力越来越强，为了更有效率地及时获取信息，人类越发需要可视化技术来帮助人类认知和记忆。数据可视化技术是一个交叉领域的技术，广泛地应用于数据与分析、数据挖掘、智能控制、信息监控、统计等领域。这也是人机界面系统设计的研究内容之一。

人机界面系统设计需要融合的旁系学科知识很多，这是一个不断摒弃传统方式、不断更新科学技术、不断探索人类大脑认知的与时俱进的研究方向。从事人机界面系统设计，需要考虑认知科学、计算机科学、人因工程、生物医学、神经科学、信息工程、人工智能等多学科的交叉融合，这是富有挑战性的知识嫁接。本书将围绕人因工程学科，介绍人机界面研究的方法、理论及系统设计。

1.2 人机界面系统设计中的人因工程

1.2.1 人因工程与人机界面系统设计的交叉融合

数字化实现了管理控制的集中化、自动化、精确化，人机界面成为系统控制的关键内容。数字化的人机界面中巨量信息与有限显示的矛盾非常突出，并伴随产生任务繁重但又是必需的界面管理任务，它们对人因工程可靠性产生了前所未有的影响,增加了新的人因失误源,可能出现新的人误模式。因此,人机界面系统设计的理论方法成为人因工程领域新的研究内容,延伸出新的科学概念,但仅从人因工程学科展开人机界面设计是不全面的,这两个分支学科需要更好地交叉融合。

从人因工程的范畴看,首先,数字化改变了传统模拟技术的仪表控制系统(I&C 系统)的图形显示方式,能够以集中的方式提供设备工作状态,重要工艺设备的运行参数,事故状态,I&C 系统的工作状态,显示画面动态和静态相结合,方便、准确、可靠地反映系统的实时工况;其次,数字化技术能够提供最佳数量的信息,能够以集成、耦合和简明的方式提供重要检测变量和重要安全功能状态信息;再次,数字化能够使人机功能分配最佳化,根据人机的不同特点,使用计算机过程控制确定最优的人机功能分配[3]。有学者提出显示率、信息提供率和数据更新率,这三个新的学科概念是人因工程与人机界面系统设计交叉融合的关键研究内容。这三个概念之间的关系和它们对操纵员认知行为的影响,是解决巨量信息与有限显示矛盾的有效途径。从人机界面系统设计的角度来看,信息显示、信息呈现方式、数据可视化正是数字化人机交互界面设计的主要研究内容。同时,我们正处在人工智能时代,人工智能时代的人因工程是一个真正的系统工程,人机界面系统设计成为系统工程的中心点。人脸、手势等通道更多出现在产品中,多通道融合交互成为主流交互形式。人因工程与人机界面的交叉融合在于统一考虑人 - 机器 - 环境系统总体性能的优化。

1.2.2 人机界面系统设计中的人因工程发展趋势

人机界面系统设计的人因工程是从用户的生理、心理等特征出发,研究用户 - 机器 - 环境系统的设计与优化,以达到提高人机系统的效率,并保证用户的安全、健康和舒适。目前学者对人机界面系统设计中人因工程的研究主要围绕以下问题进行。

1. 可用性与易用性

可用性是评价人机界面系统的最重要因素之一,国际标准组织对可用性的定义为产品在特定使用环境下为特定用户用于特定用途时所具有的有效性(effectiveness)、效率(efficiency)和用户主观满意度(satisfaction)。可用性包括可学习性、效率、可记忆性、出错率、用户满意度等。其中,可学习性是指系统容易被用户所学习,用户可以在较短时间开始运用系统进行工作;效率是指用户掌握产品流程并熟悉运用的时间;可记忆性是指用户长时间未使用该产品仍能熟知其操作步骤;出错率是指用户在操作系统过程中出现的失误概率;用户满意度是指用户对系统设计上的认可程度。简单地说,可用性就是用户能否良好地使用界面系统的功能。注重界面系统的可用性不仅可以提高系统输入和输出的效率,更重要的是可以将人机界面系统设计的研究转向重视界面的用户体验[4]。

易用性是指产品区块符合用户的使用习惯和基本认知,易于上手,用户在使用当中能简单快速地完成预想任务,并在使用过程中得到良好的主观体验。易用性最关注的对象同样还是用户。一个界面系统的易用性与用户的使用经验、文化背景、专业背景、年龄和性别等因素均相关。使用经验:如果用户曾经使用过某个产品或者产品的某一功能,那么用户就可以在短时间内熟悉此产品;反之,用户则需要一定的时间去适应产品。文化背景:用户不同的文化背景经常会造成其需求的不同,譬如某一地区的用户已经习惯了自己特有的一种设计方式,那么这一地区的用户便会因此产生一些无意识的行为习惯。专业背景:某些产品的操作技巧性很强,没有接受过相关知识教育的用户很难使用,所以用户需要具备专业知识理解操作。年龄和性别:不同年龄和性别的人,存在着不同的生理和心理需求,譬如针对老年人的设计,则需要考虑是否多选用沉稳的颜色、是否使用较大的字号,以及加入更多人文关怀的设计元素。

可用性与易用性如今不断得到重视并成为产品战略最主要的目标。可用且易用的设计虽然不能快速地给企业带来直接效益,但却可以为企业获得长期且稳定的收益。譬如苹果公司通过重点关注用户体验,实现操作上真正可用且易用的触摸屏以及软件技术,成功地为其吸引了一大批稳定的消费者,苹果公司的 iOS 和 OS 系统,其可用性与易用性并不单是系统的卖点,而早已成为系统的灵魂。iPhone 系产品流行的原因正是如此。

2. 舒适性

人机界面系统的舒适性,指的是机器界面的显示/操作界面与用户之间的匹配是否合理,是否使用户感到舒适[5]。这方面的测评可以运用主观评价的方法,也可以运用眼动追踪、肌电或脑电测量等手段进行用户舒适度的生理因素研究。目前学者对于人机界面系统舒适性的研究主要集中在两方面。一方面是通过数学模型对人机交互界面进行设计与优化,对于传统操作界面的研究,多基于人体参数模型进行界面优化设计;对于数字界面的研究,多基于数学理论,譬如熵理论、模糊认知理论等进行界面优化设计。另一方面是基于认知心理学的研究进展,研究人的智能模型,顺应人的认知模式对人机交互界面进行设计与优化,提高人机的舒适度。对于虚拟现实界面系统,如何设计虚拟现实(virbual reality,VR)界面用户才会感到舒适并且被吸引,包含以上两方面的内容。例如在 VR 场景中,用户最多可以看到左右 70°的内容,但根据人因工程学相关知识,人眼视野在左右 30°以内是最舒适的范围,所以 VR 界面中尽可能将信息展示在人眼视野左右 30°范围内,如果将内容放置在太偏的位置,用户可能会频繁调整他们的姿势来观察内容,久而久之,用户会感到极为不舒适。此外,人在虚拟环境中的感知觉、行为、情感等因素也极大程度地关系着用户舒适性。

3. 安全性

人机界面的安全性指的是人机界面环境中存在的安全问题。安全问题包括机器软硬件故障、不安全的操作空间、人为失误等。视觉通道和听觉通道是人接收信息的主要感觉通道，据测定，人获得的外界信息中有 83% 来自视觉，11% 来自听觉。由此可见，大部分危险信号是通过视听通道传递给人的，因此人机界面要着重考虑视觉信息和听觉信息关联的安全性。视觉信息的安全性主要考察其是否将系统状态、运行参数等信息完整、正确地展示在人机界面中，这些关于安全性的视觉信息可以分为定量、定性和警告 3 种。定量的安全性信息是指系统运行时的各种准确参数；定性的安全性信息是指系统参数的大概状态和变化趋势；警告功能具有明显的视觉刺激，告知用户目前有紧急事件，需要得到尽快的有效处理。听觉信息的安全性主要通过报警铃音、提示语音等方式传达给用户。人的听觉的优点在于听觉通道能快速感知信息来源方向、不受光线强度和实物遮挡等的限制，而且独特的声音同样能够引起人们的注意，因此在安全性方面，听觉通道的相关技术势必会不断地得到发展。

4. 实时性

实时性是指系统调度一切可利用的资源完成实时任务。根据响应时间在微秒、毫秒和秒级的不同，可分为强实时、准实时和弱实时 3 种。人机界面的实时性可以定义为系统在规定时间内对外来事物的反应能力，即用户的操作行为能够尽可能快速地得到系统的反馈。实时性有硬实时和软实时之分，硬实时是指界面要求在规定的时间内必须对用户的操作做出反应，这是在操作系统设计时保证的；而软实时则只要按照任务的优先级，尽可能快地完成任务。人机界面的实时性可大致分为数据呈现的实时性和信息反馈的实时性，数据呈现的实时性是指在有足够的硬件条件支持下，系统在给定的时间内提供用户想要的结果，再经由界面将数据正确地呈现给用户。信息反馈的实时性是指界面能够即刻对用户的交互行为给予反馈，让用户知道自己的交互行为是被系统所识别的，是接下来决策的重要依据。人机界面的实时性很大程度上决定了用户的操作体验，是人机界面系统设计中必须重视的因素。

5. 复杂性

人机界面系统的复杂性从用户角度阐述是指用户对界面显示信息理解的难易程度。界面系统的复杂性是人机系统设计中至关重要的一项内容，尤其是在安全性要求高的大规模的系统中，用户界面的复杂性尤为需要关注。用户界面复杂性直接关系着用户决策思维的进程和效率，这些决策关系着系统的任务是否能够顺利执行。

界面的复杂性可以由多种因素组成。从界面构成的角度来说，界面复杂性一般受两种因素影响，即界面的显示层和交互层。显示层中各个元素的位置、形状、颜色等的表现形式都会影响显示层的复杂性；交互层中界面与界面的信息架构方式也会影响交互层的复杂性。界面的复杂性可以结合社会科学、计算机科学、软件工程、心理学、认知学和人员因素等多方面来进行度量。

就界面的复杂性的评测,也有学者就此展开研究并提出了度量界面复杂性的方法和思路。Nielsen 等[6]建议以 3 个方法来评估界面复杂度:情景、简单思考和启发式评价。从界面显示内容理解的容易性,显示术语的一致性,信息展示的顺序性,以及显示和需求之间的一致性 4 个方面衡量界面的复杂性。

6. 协调性

人机界面的协调性是指系统在进行运作时,人、机器、环境要素都能协调配合,避免冲突。人、机器、环境三者关系一旦出现不协调现象时,系统就易发生冲突引起事故。

协调可以使杂乱无章的元素构成和谐统一的整体。人机界面的协调性可以分为"主从协调"和"动静协调"两个方面:一方面,在人机界面中,要明确"主角元素"和"配角元素",只有明确了这两者关系,用户才能从界面的各种信息中注意到最重要的信息,如果主次关系不明确,就会降低用户的信息读取效率,甚至导致操作的失误;另一方面,人机界面设计中还要注意各种元素动静结合,动态的元素可以展示信息的变化,有效地获取用户的注意力,静态的元素通常是按钮、文字等,它们不一定是用户第一时间需要注意的,但却是用户在人机交互过程中不可缺少的部分。

在进行人机界面系统设计时,要协同考虑人机界面系统的可用性、易用性、舒适性、安全性、实时性、复杂性以及协调性。把握人机界面系统整体设计,充分考虑用户体验,遵循设计原则、设计方法,最终提高用户的工作效率和质量。

1.2.3 焦点和难点

随着计算机技术和信息控制理论的快速发展,系统变得更加复杂和智能化。特别是交通枢纽监控、核电控制、环境监测、航空驾驶操纵等重大系统领域以计算机技术为依托,完全以数字化、智能化的人机界面系统进行运作、监管和决策。然而,不同于以信息收集、传递、存贮、加工、维护和使用为主体的普通人机界面系统,这些人机一体化系统是复杂的。作为大型系统的运行终端——人机交互界面,其承载的是海量信息,更具复杂性,是人与系统交互的重要载体和媒介,将面临人机交互界面有限空间和现实信息巨量化间的空间局限性矛盾;操作人员认知能力与信息呈现高效匹配间矛盾;操作人员决策冗余时间和系统响应间协同一致性矛盾。这些正是人机界面系统设计中亟须解决的矛盾。智能化、信息化时代,带来了信息的全面感知、可靠传送和智能处理需求,这与传统的人机交互有显著差别。数字化、智能化的人机界面系统相较于一般人机界面,信息的来源更广泛,数量呈几何级数递增,时效性也更强。高维度、多层级是人机界面的主要特征。那么,最终呈现出的人机界面,其信息种类同样会越来越多,复杂性也越来越高,将会呈现出一维、二维、三维,甚至四维维度——时间维度,五维维度——结构维度等多维信息结构。时间维度表现出的时间流特性,即为动态特征的信息流,它通过实时传递的数据进行信息动态整合,信息集合主动地获取数据,并自主智能地处理感知信息;结构维度是高维信息另一个关键维,结构维度表现出多层的非结构化空间,呈现出多变的形式和类型。这些信息呈现存在不规则和模糊不清的特性,现有的方法很难对这些特性清晰地设计表达。因为应用于二维、三维的信息可视化方法,多是对简单信息的图标、字符、色彩、大小等图元设计与信息界面的功能布局;这些界面设计方法不能应对于数字化、智能化的多维信息,这需要从人-信息的交互层面建立结构化的信息关系。因此,人机界面系统设计的人机交互需要体现出“信息相互交流和沟通,彼此间的信息流通、更新和共享”,无论计算机、智能化技术、大数据处理与挖掘发展到何种程度,人总是位于信息结构的顶端,需要高效实用的信息进行交互与决策。如何对巨量复杂信息分层、快速过滤并高效决策,使用户建立信息感知并高效地进行信息交互,是智能时代背景下,人机界面设计的关键问题;如何设计和建构新的“人-机”交互信息系统,尤其是对在信息加工过程中占据主导地位(80%以上)的视觉通道探讨人机界面系统设计和人因工效研究,是本书的主要研究内容,也是人机界面设计的焦点和难点。

同时,人工智能技术的迅猛发展推动人类社会从信息化时代向智能化时代转变。人机界面系统设计的焦点和难点也逐渐延伸到人机融合的感知决策过程。在具有人工智能技术的人机系统中,用户在时间紧迫、任务压力下把握全局信息,需要具备准确地从大量信息流中获取有用信息、形成正确认知、迅速作出决策的能力。这需要将人的作用和感知模型、人的决策行为特征引入到智能信息系统的优化设计中,开发“以人为中心”的智能信息系统,以人机融合智能形式解决各领域的感知决策问题,让人工智能真正成为人类智慧的自然延伸与拓展,是智能化时代亟待解决的问题之一。

可见,人机界面系统设计不仅要解决人、信息系统、物理系统之间的合理关系,实现人机之间信息的传递、人与系统的高效交互,还要面临时代发展下人类智能和人工智能协同交互系统中的人与技术耦合的适应模式。这将是设计、人因和脑科学交叉融合形成的前沿研究领域,通过引入神经设计学,探讨设计过程中的大脑活动特征和认知思维过程。未来人机界面系统设计将重点探讨在智能交互环境中“人”的关键因素,为促进人工智能、脑神经科学、心理学、设计学等多学科的交叉融合,推动人机关系从“人机交互”走向“人机融合”。

1.3 人机界面系统设计的相关学科和理论

1.3.1 人机界面系统设计

人机界面的设计是复杂、多层次的,在设计过程中有多种因素需要考虑,人机界面所面对的用户以及任务复杂多变,需要充分了解人的生理、心理特性,从人的感知出发,寻求符合人类认知和生理可达范畴内的合理化设计解决方案。因此要实现这一目标,人机界面的设计和人因工程分析,必然涉及多学科的交叉和融合。相关的学科有认知科学、行为科学、计算机科学、符号学、神经心理学、神经设计学等。

1. 认知科学

认知科学(cognitive science)是20世纪50年代中期在西方兴起的一种心理学思潮,是一门探究人脑或心智工作机制的跨领域学科。目前认知科学所研究的内容主要包括人类的大脑感知觉、注意、记忆、语言逻辑、思维意识、表象、推理能力和学习能力等[7]。

认知的概念是将外界的刺激输入到我们的中枢神经系统中,并对其进行进一步的加工。人的认知过程可以大致表现为人脑反映外界事物特征与内在联系的心理活动。认知心理学研究的心理过程包括知觉、注意、学习、记忆、问题求解、决策以及语言等。

认知过程对人类行为起着主要的决定作用。在进行人机界面的设计时,可以运用认知科学领域相关的知识,了解用户的认知过程和记忆直觉等认识形象是如何相互影响的,从而进行整体的分析。研究用户对人机界面进行操作时的认知机理,有助于实现人机界面设计的“人性化”。

2. 行为科学

行为科学是运用自然科学的实验和观察方法,研究自然和社会环境中人的行为以及低级动物行为的科学,包括心理学、社会学、社会人类学和其他学科类似的观点和方法。

在人机界面系统设计领域,人机界面系统中的行为科学通常指的是人与机器界面之间交互的行为。信息通过界面传达给人,如语音、图像等,人接受信息后经过加工处理,转化为行为输出给机器,如指令输入、检索、选择和操控等。人机界面的交互行为可以大致划分为6个步骤:

(1) 确定任务,建立目标;

(2) 形成具体的任务路径;

(3) 执行交互动作;

(4) 感知界面呈现的信息;

（5）解释界面呈现的信息；

（6）评估：相对于目标和期望进行评估。

3. 计算机科学

计算机科学是系统性研究信息与计算的理论基础以及它们在计算机系统中如何实现与应用的实用技术的学科。在现代社会，人们的工作和生活已经依赖于计算机的辅助，计算机科学不仅带来的是信息革命，其未来的高效化、智能化、多元化发展方向还将带来人机交互的革命。

随着计算机科学向“高速”方向发展，机器的运作速度和性能都得到了提高，这样就会使人机交互更加快捷；随着计算机科学不断地向“广度”方向发展，各个领域皆渗透着网络化和智能化，这种趋势也被称为普适计算，最为典型的例子就是物联网的普及，这将使人机界面无处不在；随着计算机科学不断地向“深度”方向发展，也就是向信息智能化发展，用户可以使用自然语言，譬如手势、表情等与机器进行交流，使人机界面更加“友好”。

纵观整个人机界面系统设计的过程，计算机科学无一不参与其中，在研究阶段需要计算机软/硬件的辅助，在设计阶段也需要在设计软/硬件的协助下完成，实验阶段与数据处理工作同样需要相关技术软/硬件来完成。计算机科学的快速发展一方面带动了命令语言的人机界面向图形用户界面过渡；另一方面，计算机科学的发展势必会引领人机界面的设计向更多元化的领域发展。

4. 符号学

“符号”一词在日常生活中是个常见的名词，在词典中的解释是记号、标记。符号的概念可以理解为用一个简单的代号来代表另一个复杂事物或者概念。符号现象是一种古老社会存在，它见证了人类千万年来的进化史。同时，符号学对于现代的学术也有着重大的意义，近几年来，符号学领域的研究已经逐渐兴起，由此可见，符号学已成为当下的热点研究之一。

在这个信息爆炸的时代，信息的呈现方式愈来愈多样化，传统的信息呈现方式如简单的文字、图片排版不仅缺乏新意，也无法获取用户的直接关注，而大量的信息和有限的人机界面空间形成的矛盾也愈发严重。因此，当下信息呈现方式必然是多样化的，如巧妙地把文字和图形相融合在一起，形成独特的符号，从而使得单独元素也能够向用户传达多元的信息，为上述的难题提供了一种解决思路。人机界面是信息的重要呈现平台之一，而符号又是信息的重要承载媒介，所以可以将符号学的研究作为人机界面研究的切入点之一，研究如何设计、运用图形符号元素，从而促进人机界面信息呈现的高效和准确。

5. 神经心理学

神经心理学是心理学与神经学的交叉学科，它把人脑当作心理活动的物质本体,综合研究两者的关系。在理论上,它对阐明“心理是脑的功能”具有关键性的意义。在神经心理学的定义中,潜意识影响着人们的感知、记忆、社交行为、沟通方式、好恶、分类原则、情绪与感觉以及自我意识,这一全新的定义很大程度地拓展了潜意识的概念范围和影响程度。

近年来,人机界面的研究也逐渐开始涉及神经心理学的知识,目前在这方面较常见的研究方法有内隐联想测验,眼动测验、脑电测验等。通过这些实验方法,用户对人机界面进行操作时的一些心理、生理活动能够以数据的形式被准确地记录下来,从而将抽象、定性的概念定量化。神经心理学对人机界面领域的发展有着很大的贡献,一方面是为人机界面的图形设计和交互设计提供更准确的理论依据;另一方面,学者们在研究人机界面时提出的一些假设也能够得到验证、修正,提高了科研的可信度。

6. 神经设计学

脑科学(brain science),狭义地讲就是神经科学[8]。认知神经科学的最终目的是在于阐明人类大脑的结构与功能,以及人类行为与心理活动的物质基础,在各个水平(层次)上阐明其机制,增进人类神经活动的效率。“中国脑计划”主要解决大脑3个层面的问题:①大脑对外界环境的感官认知,即探究人类对外界环境的感知,如人的注意力、学习、记忆以及决策制定等;②对人类以及非人灵长类自我意识的认知,通过动物模型研究人类以及非人灵长类的自我意识、同情心以及意识的形成;③对语言的认知,探究语法以及广泛的句式结构,用以研究人工智能技术。

本书作者在2014年“第一届中华人因与工效学协会学术研讨会”暨第九届中国人类工效学学会学术年会上首次提出了“神经设计学”的概念,并完善了其具体内涵。神经设计学是运用神经科学(脑科学)和相关生命科学技术来探寻和解密人类在设计和体验过程中的脑活动规律,从而指导设计活动向人类内源性方向发展。

神经设计学的目的旨在提供设计领域中的神经科学依据,揭示设计领域中的神经生理学现象,深层次、多角度、全方位地解读和指导设计,实现设计师和用户之间的认知零摩擦。传统设计学以经验设计和主观判断评价作为设计的基础,神经设计学是对传统设计的改良,使传统设计融入科学的元素,使设计和科学接轨。

神经设计学的研究对象主要包括:设计过程中的大脑活动特征和认知思维过程;典型设计过程和设计要素脑电地形图及典型脑电参数阈值;设计效果及其可用性的脑电评价体系;脑机控制和交互中的设计问题。

神经设计学的关键技术主要包括功能性核磁共振成像技术(functional magnetic resonance imaging,fMRI)、正电子发射断层扫描技术(positron emission tomography,PET)、单一正电子发射计算机断层扫描技术(single positron emission computerized tomography,SPECT)、事件相关电位(event-related potential,ERP)、脑电图(electroencephalograph,EEG)、脑磁图(magnetoencephalography,MEG)和近红外线光谱分析技术(near-infrared spectroscopy)等。ERP、fMRI、PET 和 SPECT 等关键技术在神经设计学中有不同的应用方向,运用 ERP 技术,可研究设计认知中的脑电反应机制及内源性认知机理;运用 fMRI 技术,可实现对视觉感知的脑区功能定位研究,追溯脑电信号的发生源;运用神经网络推理技术,可推算设计评价中不同认知机制之间的耦合和干涉;结合其他脑电相关技术(PET、SPECT),可实现对设计科学全方位、多角度的神经学解读和探索[9-14]。

通过脑电实验,神经设计学可以研究界面设计用户对数字界面元素、偏好、视觉感知、色彩搭配、对比度、图像质量的认知规律,根据脑区激活度、潜伏期、脑电波阈值,实现对数字界面的优化设计和评估;神经设计学也可用于研究人机界面交互的动作方式、空间维度、可用性评估、操作绩效和用户偏好等,同时根据数字界面元素的脑电评估原则,实现对界面人机交互的优化和改进。

1.3.2　人机界面的设计要素

人机界面系统中基本设计要素主要包括图标、控件、导航、色彩、布局和交互。这些界面要素之间相辅相成,是人机界面中的重要组成部分,也是用户观察、获取界面视觉信息最直观的通道。人机界面中的信息量本身就十分巨大,不合理的要素设计如图标语义不清晰、控件形式不恰当、信息布局混乱等,都会导致用户的注意力分散,增加认知摩擦,降低认知效率,甚至造成操作失误。例如,在很多复杂工业信息系统的人机界面中,流量显示、阀门状态、报警信息、指示灯状态、工况显示等信息的呈现,不仅需要图标、控件、色彩等要素的设计,还需要结合布局和交互要素的设计,才能实现最佳的视觉形式和空间位置,满足操作方式的准确和高效。

在第 3 章中,将围绕人机界面系统中的设计要素,从认知加工角度出发,分析各要素的概念与分类、认知属性,并深入阐述这些界面要素的人因需求。通过合理的人因分析与设计,满足认知需求的界面要素设计不仅能够有效减少用户的认知压力,还能够正确地引导用户完成操作任务,最终提高系统的人机交互效率。

1.3.3　人机界面的信息结构

人机界面系统是具有信息感知、信息存储、信息处理、自学能力以及一定决策能力的系统,对其进行界面布局时势必面临信息元素较多、逻辑关系复杂等难点。界面在广义上说是产品与人与环境之间的媒介。人机交互过程中信息沟通的流畅程度是衡量人机界面优劣的根本原则。近年来,随着智能化控制系统人机交互信息界面的广泛应用,界面信息由最初的平铺体呈现模式转化为集成显控模式,有效缓解了信息呈现的空间危机,也是信息系统界面局限性研究的重要思路。但交互界面的形式和框架导致了截然不同的搜索路径,对人机交互的效率和水平影响极大,如何设计和评估界面信息结构已成为人机交互领域人因研究的热点。信息结构影响着用户的认知过程以及操作结果,用户基于数字界面的信息结构完成目标任务,同时信息结构在数字界面中与用户找到目标信息的任务流程息息相关[15]。在第4章中将详述信息架构的概念,从信息关联角度提出线性、层级、网状、分面和自组织的结构,从人的认知角度提出不同认知加工方式下的信息分类方法,通过导入信息熵的概念,提出信息架构量化评估的方法并通过实例改良来具体阐述。

1.3.4 人机界面系统设计的认知理论

认知失误模型、认知摩擦理论、认知负荷理论、注意捕获理论、生态融合理论和情境认知理论等形成了人机界面系统设计的认知理论体系,这是认知科学理论知识交叉融合到人机界面分支体系的研究结果。在第5章中,将围绕这六大理论展开理论知识的脉络。认知失误模型主要阐述了人机界面中的人因失误,从认知层面建立不同失误类别;认知摩擦理论则是从其产生的原因、特点、如何降低以及如何量化进行系列分析;关于认知负荷理论方面,分别从态势感知的概念、结构、分类、资源消耗机制,以及认知负荷与工作绩效的关系、认知负荷的有效控制策略几个方面进行研究;关于注意捕获理论方面,主要探讨了数字界面中视觉注意的特征,并对如何基于注意捕获机制进行界面元素设计进行分析;针对生态融合理论,主要从生态学界面设计的原则、影响生态界面效果的因素进行论述,并基于生态融合理论进行具体的案例分析与设计;情境认知理论主要从3方面进行阐述,分别是情境认知特征、情境认知要素以及情境假设。理论知识需要应用到人机系统设计的实践环节中,才能起到桥梁搭建的作用。在第5章中,还将围绕视觉通路理论,展开人机界面系统的界面信息布局研究,从人类的两条视觉通路,研究交互任务域向界面信息集的转化机制和原则,实现界面信息的合理规划,为人机界面系统设计提供科学的设计原则。

1.3.5 人机界面系统设计的人因绩效评价

人机界面系统的人因绩效评价方法分类较多,从评价指标的数量上分,可针对具体对象采取不同数量的指标进行评价;从评价指标的性质上分,可从定性和定量角度进行评价;从评价方法的主要基点上划分大体可分为4类:基于专家知识的主观评价方法、基于统计数据的客观评价方法、基于系统模型的综合评价方法和基于设备技术的生理评价方法。本书中,将在第6章详述人因绩效评价的相关方法。从定量分析的角度,运用GOMS模型、Fitts定律、Hick定律、传统评价方法、眼动测评方法、脑电测评方法等客观评价方法,对人机界面系统的人因绩效进行论述,并展开眼动追踪测评方法与脑电测评方法的实例分析。

1.4　人机界面系统设计研究的新领域

人机界面的发展历程走出的是一代又一代更加人性化、更加易于被人们接受的交互界面,人机界面设计研究的新领域,也将继续本着人的需求,创造出新的交互界面。

1.4.1　人机界面系统设计的发展趋势

人机界面作为机器与人之间交流的媒介,将机器的信息转化为信号、字符、文本、图像或语音等可被人感知的刺激形式,以便于人的识别和理解。信息的转化是依照人的认知能力和认知活动规律而设计的。人在识别信息过程中的感觉、知觉、思维等认知活动要消耗注意力和工作记忆等认知资源。人脑的处理能力有限,当任务需求超出人的处理能力时,就会造成任务的失败。依照Jef Raskin[16]的观点,人性化的人机界面应该意识到人的局限,顺应人的需求。设计一个好的界面,需要了解人和机这两个方面的运行规律。设计师应该对用户使用中的困难有敏锐的洞察力。而做到这一点是不容易的,因为,即便界面中存在烦琐、混乱或易于引起误操作的缺陷,人们也会无意识地让自己习惯于接受给定的使用方式。

人机界面形态受到人与机之间约束的关系示意图,如图1-4所示。人机界面存在于人和机之间,以机器为载体,实现人机之间信息的传递。其显示形态受到机器状态的约束,以及人的感知能力的约束;其控制形态受到机器运行需求以及人的输出能力的约束。由此可见,人机界面设计不仅与其承载的信息内容有关,更受到人的感知能力和输出能力的制约。好的界面需要顺应人的感知需求、思维模式、行为习惯及目的任务的引导。随着互联网技术的日益强大,人们每天需要接收或者被迫接收的信息越来越多,虽然显示设备的性能在不断提高,可以清晰地显示越来越多的信息,但是如果人机界面不经过优良的设计,对所显示的内容有一个合理的布局、有效的控制和清晰的表现,人们就很容易被淹没在信息的海洋中。

未来的人机交互体系有望构建完备的智能控制自然交互体系,构建沉浸的3D交互显示系统与多通道的人机交互方式,为用户提供栩栩如生和身临其境的沉浸式交互体验。运用多感官、多模态的界面方案来理解周围环境和相互交

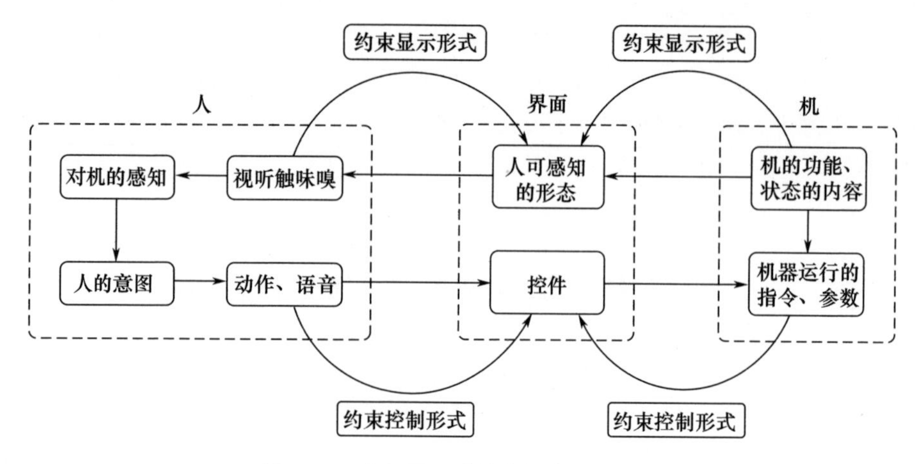

图 1-4 人机界面受约束的关系示意图

流，让用户获得自然、本真和沉浸式的互动体验是人机交互发展的最终目标。与此关联的未来人机界面系统设计将更重视用户的直觉与感官感受，允许用户利用自身固有认知习惯及其所熟知的生活化行为方式进行交互动作，旨在提高交互的自然性和高效性。所以未来的人机界面系统设计是向适应人机融合、智能人机交互、自然人机交互的方向发展。友好界面、自然交互、脑机交互、多通道人机交互等将成为人机界面设计的必不可少的核心走向。

1.4.2 友好界面的人因核心

在人机界面系统中，为了达成人与机之间的高效合作，需在满足设备功能的基础上，更多地考虑人的因素，强调“以人为本”“自然和谐”的交互方式。对于人的学习、记忆特性，可采用最大最小原则，即人承担的工作量应尽量少或最少，尽量减少用户的记忆负担；而机器应该承担大部分工作量，并且在最大程度利用机器的同时，充分发挥人的积极因素。为了确保人机系统的稳定性与安全性，应体现人在系统中的主导地位。

友好界面需解决的人因核心问题主要体现在以下几个方面：

(1) 用户的角色与功能。在人机界面中，用户的任务中带有大量的认知工作，通过一系列的认知行为来进行决策与相应操作。

(2) 用户的任务负荷。在人机界面中，大量信息显示、复杂的界面管理以及多任务操作都会增加用户的任务负荷。

(3) 用户的认知因素和经验能力。人机界面系统是高度自动化的系统，自动化程度越高，对用户的系统熟悉程度要求越高，增加了人的认知负荷。

(4) 用户之间的交流和合作水平。一些复杂界面需要多个用户共同操作来完成相应任务，操控成员之间的默契合作是保证界面任务顺利完成的必要条件。

(5) 信息显示与控制。人机界面中的信息显示不会局限于物理空间,可以通过窗口滚动、重叠显示任意数量的信息,而同样信息在不同画面中的位置与形式也不同。因此,同一窗口显示大量的信息增加了用户定位、搜索以及辨识的困难度。

1.4.3 自然交互的人因核心

对于人类来讲,最为自然且有效的交互方式就是摆脱交互设备,通过人体自身的表达方式实现交互。在现实语境中,人与人进行交流时除了语言交流,还会伴随着丰富自然的肢体语言和表情语言,这些肢体语言和表情语言同样在交流中传递着巨大的信息量,在语言不通的情境下,人可以通过手势动作和表情来传递信息进行沟通。

自然交互技术的概念最初来源于人机交互的研究领域,即自然交互界面,指的是一种隐形计算机用户界面,它基于用户最自然的操作方式,比如动作、手势、语言等来操作计算机,摆脱鼠标和键盘的束缚。自然交互界面必须充分利用人的多种感觉通道和运动通道,以并行、非精确方式与计算机系统进行交互,旨在提高人机交互的自然性和高效性。

自然交互方式让用户在与计算机交互过程中感觉自然、和谐,从而降低了人机之间的交流门槛。与传统的交互方式相比,自然交互方式有如下特点:

(1) 自然性,用户无需特别学习,凭日常技能及经验就可以操作。

(2) 多样性,包括图像交互、声音交互、动作交互、触觉交互等。

(3) 兼容性,汲取已有的交互成果,兼容传统的用户界面,让用户曾经习得的交互常识与技能得以运用。

(4) 高效性,让用户和机器发挥所长,高效地处理大量信息。

(5) 双向性,用户与机器之间可自由地对话。

(6) 模糊性,用户仅通过手进行粗略交互,没有鼠标操作的精确性。

根据自然交互的特点,在应用自然交互进行设计时,需要遵循一定的原则,如:

(1) 自然匹配原则,将用户在真实生活中的一些行为习惯运用到交互设计中,从而引导用户顺其自然地进行操作,轻松地完成相关任务,能够极大地提高交互的自然性和高效性。

(2) 隐喻启示原则,当界面中的可视化对象和操作可以映射到现实世界中的对象与操作时,用户就能快速领会如何使用它。这便是界面设计中隐喻对体验的影响。通过借鉴用户学习其他相关事物的过程,可以有效降低界面的学习成本。拟物化界面设计就是通过复现现实生活中的物理性质来呈现一种简单、直观的交互方式。

(3) 真实反馈原则,反馈的意义在于用户知道产品正在做什么,而用户又能做什么,从而增强用户对于产品的预知可控性。真实世界中,万物的运动都遵循一定的自然规律。例如点击或滑动之后,会有一个大小相同、方向相反的作用力,物体在被触碰后都会有相应的反馈。用户操作的动作具有其动作属性,因此在界面中也需要给予用户相应的物理反馈。这样的用户体验是舒适、自然的。这种反馈不但让用户确认了输入操作,还能使用户感觉自己正在操作的是真实存在的物体,营造更加真实的感觉。

Hinman[17]在2013年针对自然用户界面设计提出了八大人因交互设计核心原则:①过程美学原则,强调任务完成过程的愉悦;②直接操作原则,所做即所得而不是原来的所见即所得;③交互叠藏原则,用户操作过程中只显示部分选项;④情境环境原则,在当前情境下选出最适合的环境;⑤超真实原则,软件的表现符合人的习惯;⑥社交原则,增加使用者与其他用户之间的交互;⑦空间关系原则,信息超越了视觉化的呈现,具有真实感;⑧无缝原则,集成的输入输出。

"以人为本"的自然交互设计中需要考虑多种人因条件,无论是动作、语言、手势还是其他通道,自然交互设计都需要对用户行为进行调查,包括用户的视觉搜索规律、用户记忆特性以及当出现错误时用户处理的一般行为特点。根据认知心理学的研究,在这些交互过程中,动作只是被引起的外在的反应,真正起作用的是人的意图,即交互是基于人的意图,意图能够激发行动,因而让机器理解人的操作意图对于交互具有重要的意义。在建立自然交互界面中,要多考虑交互设计的核心理念就是让产品和用户之间能够实现"对话交流",实现人与机器的完美交互,因此交互设计中用户是整个设计的核心元素。

1.4.4 脑机交互的人因核心

脑-机接口(brain-computer interface,BCI)是指绕开了人的神经末梢和肌肉等正常信息通道直接和用户大脑进行沟通的脑-机通信系统[18]。通过脑机接口技术实现脑与外部设备的交互,则称为脑机交互。这是一种基于脑神经活动与外界交流全新的人机交互方式。脑机交互技术的内在原理在于:当人的大脑进行思维活动、产生意识或受到外界刺激时,伴随其神经系统运行的还有一系列脑电活动,通过特定的技术手段可以检测这些脑电信号,然后再通过信号处理,得出当事人的真正意图,并将其思维活动转换为语言、设备的控制输入量等指令信号,从而实现对外部物理设备的有效控制,可以说脑机交互界面是运用意念控制的人机界面。脑机交互技术是涉及多学科的交叉研究,包括神经科学、信号检测、信号处理、机器学习、模式识别、控制理论、心理学等。其研究最初瞄准军事领域,以期在未来战场上使士兵能通过大脑直接操纵武器,甚至远程控制机器人和无人机作战,从而提高战斗力和降低伤亡率。而脑机交互技术在民用范围内的研究也具有深远意义。在医疗方面,通过脑机交互系统,可以为严重运动残疾人和正常人提供辅助控制,从而改善生活质量,诸如霍金等运动障碍患者已经开始应用相关设备实现与外界的沟通。在日常生活娱乐中脑机接口可以取代传统鼠标、键盘或其他手控操作设备,实现计算机操作、玩游戏、看电视等活动,增强生活的趣味性。

脑机交互有望推动对大脑的更深入研究,并促进大脑智能和外部机器智能的融合增强(混合智能),具有重大研究价值和应用前景。脑机交互中设备复杂、数据差异大、计算方法多样化,对脑机交互系统关键步骤进行标准化有助于规范脑机交互系统的构建、降低本领域研究的门槛,切实推动脑机交互的发展。

脑机交互的难点和人因核心在于:①快速高效的脑点信号提取与分析;②脑电信号与交互动作协同;③交互动作的准确性;④交互的实时性与快速响应;⑤脑机交互误操作的矫正机制;⑥脑机交互触发、反馈与过程控制;⑦脑机交互中的大脑认知负荷分配。

1.4.5 多通道人机交互的人因核心

近年来,随着技术的发展,语音、眼控、手势、体感、触摸等多个通道的交互方式在人机交互中逐渐崭露头角。人们可以运用人类的自然技能和机器之间展开交流互动。从命令行的机器语言走到多通道人机交互,从本质上来说是人机交互天平中机器对于人的进一步倾斜。机器要更能够感知、理解人的意图并做出响应和合理的反馈。自然交互向着多个信息通道协同运作的方向发展,将采集到的多个输入通道(手势、体感、语音、眼控、脑控等)与输出通道(视觉、听觉、触觉、嗅觉等)的数据进行信息融合,有效组合多种交互方式,弥补单一通道的不足,拓展交互操作的丰富性和自然性。不同来源、不同维度的多源异构信息的综合分析、整合以及合理应用将成为未来自然交互、多通道交互的关键问题。

目前国内外已经涌现出大量不同通道、不同方式协同交互的案例,例如英国伯恩茅斯大学于2017年实现了凝视与手势相结合的交互方案以减轻人在虚拟空间中的感知负担[图1-5(a)];法国巴黎奥克萨大学基于情感交互于2018年研究了如何将语音表达与触觉刺激相结合来建模评估情感效价[图1-5(b)];意大利都灵理工大学于2019年搭建了一套体感交互与语音交互协同操作的自然交互系统;瑞典皇家理工学院于2019年通过在虚拟环境中增加听觉和触觉反馈提高了三维操作界面的直观性。

当前多个通道、不同模态的信息融合处理机制依旧不够完善,只能在局限范围内进行数据填充与特征降维,原始信息在合成过程中容易产生失真,需要开展更加细致的相关研究工作。未来该领域的研究工作将集中在不同模态信息的归一化处理、多通道信息的数据填充与特征降维以及多源异构信息的融合

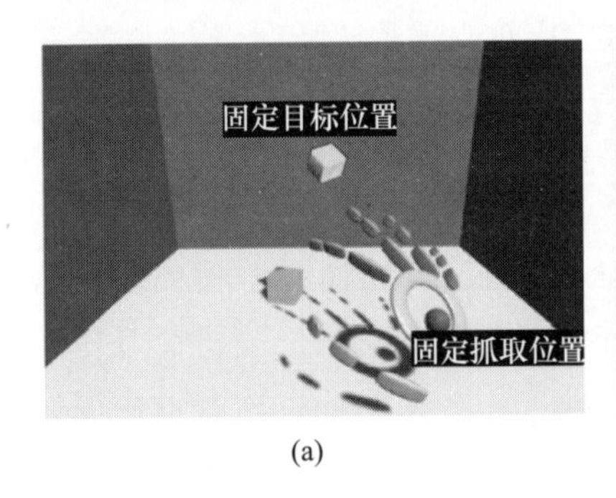

(a)

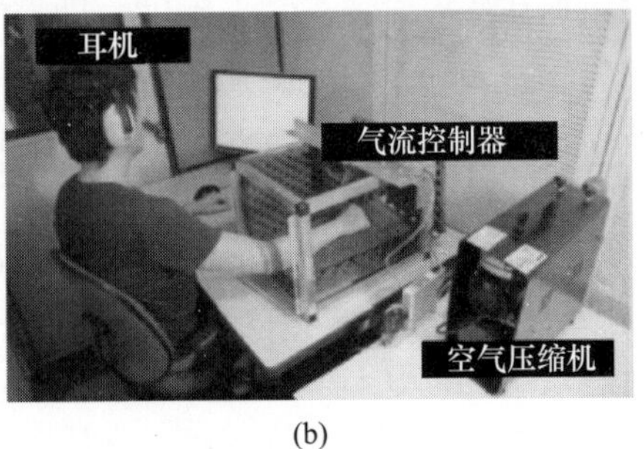

(b)

图1－5　多通道协同交互研究案例

(a)伯恩茅斯大学凝视与手势结合的交互方案；(b)巴黎奥克萨大学评估情感效价的实验平台。

处理上。

多通道人机交互将有意识行为和自然状态下的无意识行为相区别，减少甚至消除由于多通道下的日常行为而产生的偶发启动。简单高效是多通道人机交互的特点，多通道人机交互需要借用有语义的操作、自然的联想和隐喻来设计具体情境中的交互指令。可理解、可解释、自然性、容错性、易学性和及时的反馈是多通道人机交互的人因核心。多通道人机交互的人因设计原则在于：①正确感知人的操作行为意图，单个通道信息交互可靠，传递准确；②多个通道间交互信息协同合理，无相互干扰和冗余；③交互通道信息分配符合人的生理认知；④多通道交互信息基于人因工效，设置相应的优先级别；⑤多通道交互的人因绩效应明显高于单一通道的；⑥交互通道的配置应和任务特征、人的认知能力相匹配；⑦降低交互行为的复杂性，设置及时的反馈。

1.4.6　人与智能系统交互的人因核心

随着人工智能技术的发展，人与智能系统交互的过程向智能化、自然化转变。这种转变表现在通过交互过程实现人脑智能与人工智能在感知、分析、推理、学习、决策等多个智能水平上互相协同合作，从而实现系统的整体优势。人与智能系统的新型交互关系中，人与智能系统合理有效的交互融合，综合利用机器智能在海量存储、精确计算和快速搜索等方面的长处和生物智能在复杂环境感知、知识学习和推理想象等方面的优势，两者取长补短、优势互补，可以克服单一智能无法解决的难题。人与智能系统的融合和交互研究既包括人工智能的技术研究，也包括机器与人、机器与环境及人、机、环境之间关系的探索，不仅要考虑智能系统的高速发展，更要考虑交互主体——人类的思维与认知方式，让智能系统与人类各司其职，互相促进。

未来人与智能系统交互与融合的人因核心和原则主要体现在以下几个方面：

(1) 认知的协调性。智能系统拥有监控人类操作员行为状态的手段，保证人机同步协调彼此的任务目标和行为控制。

(2) 交互的自然性。通过对用户交互意图的智能识别,运用多感官、多模态的界面方案让用户获得自然、本真和沉浸式的互动体验。

(3) 分配的合理性。通过对人机能力的建模,实现人机之间的动态功能和任务分配,动态的目标设定,人机之间决策权的分配。

(4) 智能的可解释性。根据人的认知能力与习惯对机器学习等智能过程进行解释和呈现,从而通过可理解的设计来保证用户了解智能系统的状态,建立人机交互过程中的信任机制。

人与智能系统交互的人因核心可以归纳为便利自然的输入方式、准确有效的理解机制、科学合理的协调分工。

参考文献

[1] Carroll J. Human-Computer Interaction in the New Millennium[M]. New York:ACM Press,2002.

[2] Card S K, Mackinlay J D, Shneiderman B. Readings in Information Visualization: Using Vision to Think [M]. San Francisco:Margan Kaufmann. 1999.

[3] Pamela McCauley Bush. 工效学基本原理、应用及技术[M]. 陈善广,周前祥,柳忠起,等译. 北京:国防工业出版社,2016.

[4] Nielsen J. 可用性工程[M]. 刘正捷,译. 北京:机械工业出版社,2004.

[5] Nandakumar K, Funk J L. Understanding the timing of economic feasibility:The case of input interfaces for human-computer interaction[J]. Technology in Society,2015,43:33 – 49.

[6] Nielsen J, Mack R L. Usability Inspection Methods[M]. New York:Wiley,1994.

[7] 史忠植. 认知科学[M]. 合肥:中国科学技术大学出版社,2008.

[8] Hinterberger T, Mellinger J, Birbaumer N. The thought translation device: Structure of a multimodal brain-computer communication system[C]//International IEEE Embs Conference on Neural Engineering. IEEE, 2003:603 – 606.

[9] Ebrahimi T, vesin J, Garcia G. Brain-computer interface in multimedia communication [J]. IEEE Signal Processing Magazine,2003,20(1):14 – 24.

[10] Obermaier B, Neuper C, Guger C, et al. Information transfer rate in a five-classes brain-computer interface [J]. IEEE Trans. Rehab. Eng. ,2001,9:283 – 288.

[11] Arroyo S, Lesser R P, Gordon B, et al. Functional significance of the mu rhythm of human cortex: an electrophysiologic study with subdural electrodes [J]. Electroencephalography and Clinical Neurophysiology, 1993,87(3):76 – 87.

[12] Wolpaw J R, McFarland D J, Vaughan T M, et al. The Wadsworth Center brain-computer interface(BCI) research and development program[J]. IEEE Transactions on Neural Systems and Rehabilitation Engineering,2003,11(2):1 – 4.

[13] Wolpaw J R, Birbaumer N, McFarland D J, et al. Brain-computer interfaces for communication and control [J]. Clinical. Neurophysiology,2002,113:767 – 791.

[14] Abdulkader S N, Atia A, Mostafa M S M. Brain computer interfacing: Applications and challenges [J]. Egyptian Informatics Journal,2015,16(2):213 – 230.

[15] 莫维尔. Web 信息架构[M]. 北京:电子工业出版社,2013.

[16] Raskin J. The Human Interface[M]. Amsterdam:Addison-Wesley Longman,2000.

[17] Hinman R. 移动互联:用户体验设计指南[M]. 北京:清华大学出版社,2013.

[18] Pfurtscheller G,Vaughan A T M,Wolpaw J R,et al. Brain-computer interfaces for communication and control[J]. Supplements to Clinical Neurophysiology,2002,57(5):607.

2

人的信息处理系统

人类对外界事物的认知，是一个主动地输入信息、符号与解决问题的动态过程，可以看作是信息加工的过程，包括感觉、知觉、记忆、思维决策、行为反应与注意等环节。本章围绕人的信息处理系统工作机制，基于信息加工系统模型，分析了一系列人的信息加工活动组成部分，以及认知过程中的信息加工方式和模式识别，进一步从主体因素、客体因素、精神因素 3 个方面阐述其对人的信息处理过程的影响。

2.1 人的信息处理

在人机系统模型中，人与机之间存在一个相互作用的“面”，称为人机界面。人机之间的控制活动、信息与沟通等通过人机界面实现人 - 机信息传递，如图 2 - 1所示，人通过视觉和听觉等感官接收来自机器的信息，经过脑的加工、决策做出相应的反应[1]。同时，人(用户)通过向计算机输入信息从而发起会话，计算机根据内部存储的协议、知识、模型等对输入信息进行识别、处理，最后把处理结果作为对输入信息的反馈再传递给人(用户)。人机界面的设计直接关系到人使用“机”的安全性、效率、可靠性和舒适性。

2.1.1 信息与信息量

在人们的日常生活中，各种信息符合感官特性，与人们的各个动作紧密相连。人获取自然信息的必要条件是物体的状态和行为方式透明可见，能够被人的各种知觉系统直接感知并理解。用户在操作工具机器时主要关注与自己操作行动有关的外界信息，它包括行动条件和结果。在操作前，用户关注行动条件；完成操作，用户期待获得行动结果。行动结果称为反馈信息，它可能是声音、状态变化以及功能结构变化。行动前，获取目的任务和行为条件；行动中，获取信息制订计划；行动后，获取反馈信息，进一步评价操作结果。

人们对于同一个信息的解释可能为信号、指示、比喻、符号或象征。在工程设计的人机界面上显示的是机器的工作状态和功能，设计师往往按照界面功能设计显示方式，却没有考虑到操作员如何解释机器显示的信息和处理信息。这

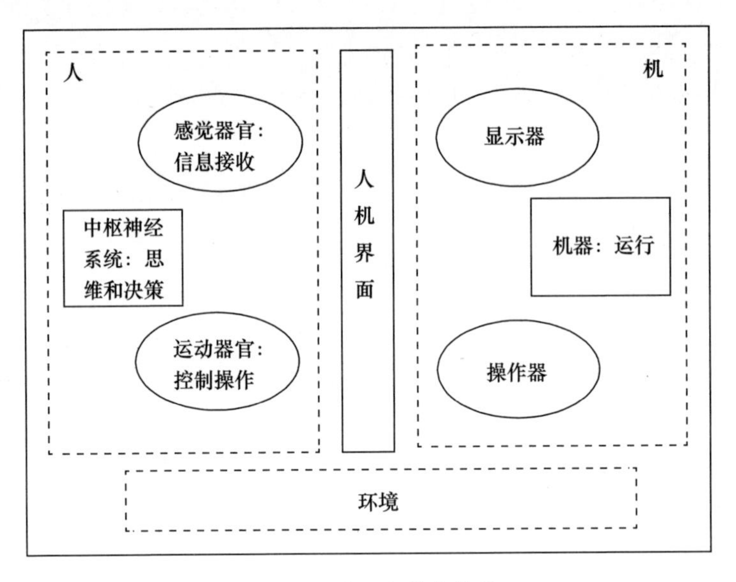

图 2-1 人-机信息传递

种外界信息需要经过人的知觉系统和认知系统的处理,对这些信息进行翻译、转换或解释成为操作员所需要的信息。

在人机系统中所讨论的信息是指人类特有的信息,它是客观存在的一切事物通过其物质载体所发出的消息、情报、指令、数据、信号和标志等所包含的一切传递与交换的知识内容,是表现事物特征的一种普遍的形式。信息存在于一切事物中,它是能够明确模糊状况的信号或知识。信息所包含的信息量是可以被严格确定的,它是人机系统中设计时考虑的重要参数。

信息量以计算机的“位”(bit)为基本单位,称为比特。一个比特信息量的定义是:在两个均等的可能事件中需要区别的信息量。信号所负载的信息量按下式求得:

$$H = \log_2 n \tag{2-1}$$

式中:H 为信息量;n 为某信号中所包含的二进制码的个数。

2.1.2 人的认知

1977 年美国《认知科学》杂志出版,1979 年 8 月,第一届认知科学学会会议在加州大学圣迭哥分校举行,诺曼是该会议的主要组织者,还有神经学家格世温德,语言学家雷科夫和文那格拉得,哲学家瑟尔,心理学家杨森-莱尔得和茹迈哈特,人工智能学者明斯科、尚科和西盟等是认知科学学会的创始人,他们把认知科学定义为对人的思维和行动的客观研究[2]。认知科学是由心理学、语言学、神经学、人类学、人工智能和哲学等学科交叉形成,采用计算机模拟方法研究人的思维和行动的一门新学科。

人的心理活动与计算机的运行存在着很多的相似之处,人类和计算机都具有以独特方式组织信息且听从管理的能力。计算机和人类在信息处理加工方式上也有相似性:人和计算机在内部表征信息,都是以一种方式从外界吸取信息而以另一种方式存储。刘青等[3]认为这种信息一旦存储就能被计算机程序或人类的认知过程所改变。依据信息加工取向,认知过程等同于心理程序。

认知心理学是以信息加工为核心的,研究人与外界交互以及认知外界的学科。随着信息论的问世,人们开始从信息加工的角度来研究和解释人的复杂心理过程和复杂行为,了解并遵循认知心理学的原理是进行人机界面设计的基础。认知心理学研究人的高级心理过程,主要包括如感知、注意、知觉、记忆、学习、思维和决策等。感知与知觉是指人通过视觉、听觉等获取和理解来自周围环境信息,经过一系列加工进而输出操作的过程;记忆和学习是指人通过有意识或无意识的认知过程,对感知到的事物进行掌握、储存、搜索、运用等加工的行为;思维与决策属于高级认知活动,包括人对信息和知识进行分析与综合、比较、抽象与概括、推理以及做出决定等内容;注意是指人对特定对象的指向与集中。

2.1.3　人的信息处理模型

人类认知活动过程是一个主动地、积极地加工和处理输入信息、符号与解决问题的动态系统,人脑对信息的加工是认知活动的基础,把人的认知过程看作信息加工过程。任何个体认知外界事物的过程,都是该个体对作用于自身感觉器官的外界事物进行信息加工的过程,包括感觉、知觉、记忆、思维和注意等一系列信息加工活动,这也是一个从概念形成到问题求解的完整的、有机联系的认知过程。图2-2所示为人的信息加工系统模型,方框表示信息加工的各个环节:感觉、知觉、思维、决策和反应输出,系统接收感觉器官传进来的外界刺激信号,经过中枢神经系统的处理,最后产生一系列对外界刺激的反应,长时记忆、工作记忆和注意作为储存单元和认知资源参与其中,箭头线表示信息流动的路线和方向。

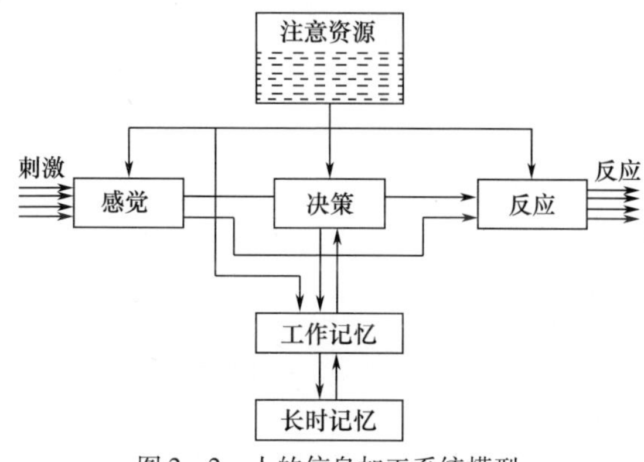

图2-2　人的信息加工系统模型

2.2 人的信息处理系统结构

2.2.1 人的信息处理系统结构图

人的信息加工过程主要由感觉、知觉、记忆、决策和运动输出等环节组成。系统接收感觉器官传进来的外界刺激信号，经过中枢神经系统的处理，最后产生一系列的命令，发送给运动器官，从而通过相应的运动过程对外界刺激产生反应。整个过程如图2-3所示，方框表示信息加工的各个环节，箭头线表示信息流动的路线和方向，圆柱体表示记忆的参与。感觉登记是人接收信息的第一步，这一步骤主要在外周感受器内进行，信息在感受器内加工的时间很短，一般以毫秒计，信息若在这里得不到强化和进一步加工，就会很快衰减和消除。若感觉登记中的神经兴奋达到一定强度，它就会把信息传向神经中枢直至大脑，引起人的知觉，知觉是在感觉基础上进行的，它是多种感觉综合的结果，也是当前输入信息与记忆中的信息进行综合加工的结果。正是由于记忆过程的参与，才使知觉具有反映客体整体形象的特点，使人在碰到一个客体时能立即知道它是什么。信息经知觉加工后，有的存入记忆中，有的进入思维加工，思维过程是更复杂的信息加工过程，思维活动需在知觉和记忆的基础上进行。在思维中，通过比较、分析、综合、判断和推理等活动，最后找到问题的答案。思维过程中有很多决策的过程，将决策者的决定付诸行动的过程就是信息的输出过程，它表现为各种运动。若人的运动与预期达到目的有所偏离，就会将偏离的信息通过反馈回路输入大脑，经中枢神经系统加工后做出修正运动的决策，并将修正运动的决策信息输向运动器官。这样，就形成了一个认知过程的循环。在进行上述信息加工的过程中都离不开注意，注意的功能是使人把信息加工的过程指向并集中于信息的内容，它对信息加工起着导向和支持作用。

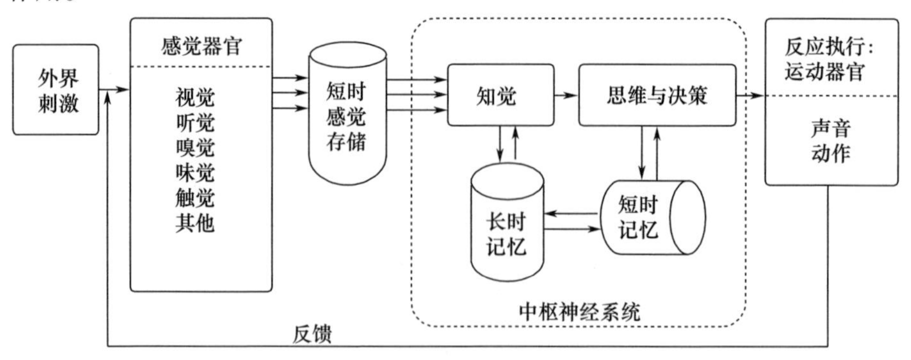

图2-3 人的信息加工过程

2.2.2 感觉

人接受周围环境的刺激(信息)主要依赖于眼、耳、鼻、舌、皮肤等人体感觉器官。当感觉器官的感受器接收到刺激信息后,会迅速将其转换为生物电能并将其传送至人脑,由人脑对信息进行加工处理。输入人脑的信息要得到进一步加工处理,必须使信息在人脑短暂保留,这种把刚刚接收到的信息短暂保留以便做进一步加工处理的环节就是感觉登记(sensory register),这是人接收信息的第一步。

人通过自己的感觉器官获得关于周围环境的各种信息,因此感觉是人的信息处理系统的输入子系统。感觉器官中的感受器是接收刺激的专门装置,在刺激物的作用下,感受器的神经末梢发生兴奋,兴奋沿神经通道传送到大脑皮层感觉区产生感觉。感受器按其接收刺激的性质可分为视觉、听觉、触觉、味觉、肤觉等多种感受器,其中视觉、听觉和嗅觉接收远距离的刺激,各感觉器官的适宜刺激如表 2 - 1 所列。一般来说,一种感受器只对某种形式的刺激特别敏感,这种刺激就叫该种感受器的适宜刺激。除适宜刺激外,感受器对其他刺激不敏感或根本不反应。例如,可见光是眼睛的适宜刺激,一定频率范围的声波是耳的适宜刺激。电或机械刺激虽然也能在眼睛内引起感觉,但需要较大能量,而且这种感觉是相当粗糙的。

表 2 - 1　各感觉器官适宜刺激

感觉	感受器	适宜刺激	刺激源
视觉	眼睛	一定范围的电磁波	外部
听觉	耳	一定频率范围的声波	外部
触觉	皮肤	皮肤表面的变化弯曲	接触
振动觉	无特定器官	机械压力的振幅及频率变化	接触
压力觉	皮肤及皮下组织	皮肤及皮下组织变形	接触
温度觉	皮肤及皮下组织	环境媒介的温度变化或人体接触物的温度变化,机械运动,某些化学物质	外部或接触面
位觉和运动觉	肌肉、腱神经末梢	肌肉拉伸、收缩	内部

每种感觉通道都有其特殊的功能和作用,同时也都有其局限性。这种局限性可能直接影响信息输入,进而可能影响更高水平的信息处理。

人是通过自己的感觉器官来获得各种信息的。在外界刺激物的作用下,人的感受器的神经末梢发生兴奋,产生电波,这种电波沿神经通道传送到大脑皮质感觉区产生感觉。

感觉器官可接收外界刺激的范围被称为感觉阈限。感觉阈限有绝对感觉阈限和差别感觉阈限两个概念。外界刺激必须达到一定强度才能引起人的感觉,刚刚能引起感觉的最小刺激量,叫绝对感觉阈限的下限;能产生正常感觉的最大刺激量,叫绝对感觉阈限的上限。强度低于下限的刺激不能引起人的感觉;作用于感觉器官的刺激强度若超过上限,就会引起痛觉,严重时甚至会造成感觉器官的损伤。在人机系统设计中,为保证信息的有效传递,机器信源发出的信号能量应在上下阈限之间。感觉器官刺激辨认能力如表 2-2 所列。

表 2-2　感觉器官刺激辨认能力

感觉	刺激维度	绝对辨认能力/(bit/刺激)	辨认的刺激数/个
视觉	在直线上	3.25	10
	点的位置	3.90	10
	颜色	3.10	9
	明度	2.30	5
	简单几何图形的面积	2.20	5
	直线的长度	2.60~3.00	7~8
	直线的倾斜度	2.80~3.30	7~11
	弧度	1.60~2.20	4~5
听觉	纯音强度	2.30	5
	纯音频率	2.50	7
振动觉	振动强度	2.00	4
	振动持续时间	2.30	5
	振动位置	2.80	7

2.2.3 知觉

知觉即是对人们通过感官得到的外部世界的信息,在头脑中进行综合加工与解释,并产生的对事物整体的认识。知觉以感觉做基础,是现实刺激和已储存的知识经验相互作用的结果,是一种主动的和富有选择性的构造过程。

知觉作为一种活动过程,包含了互相联系的几种作用:觉察、分辨和确认。在知觉过程中,人对事物的觉察、分辨和确认的阈限值是不一样的。如果说人们觉察一个物体比较容易,那么要确认这个物体就要困难得多,需要的加工时间也较长。

知觉是人脑对直接作用于感觉器官的客观事物和主观状况的整体反映,是感觉的第二个阶段。把感受到的外界刺激与储存有大脑中的信息进行比较,对外界刺激进行编码,使它成为人的信息系统能够识别的形式。

知觉的基本特性主要体现在整体性、理解性、选择性以及恒常性 4 个方面。

1. 知觉的整体性

把知觉对象的各种属性、各个部分知觉成为一个同样的有机整体,这种特性称为知觉的整体性。知觉的整体性可使人们在感知自己熟悉的对象时,只根据其主要特征就可将其作为一个整体而被知觉。

2. 知觉的理解性

根据已有的知识经验去理解当前的感知对象,这种特性称为知觉的理解性。由于人们的知识经验不同,所以对知觉对象的理解也会有不同,与知觉对象有关的知识经验越丰富,对知觉对象的理解也就越深刻。在复杂的环境中,知觉对象隐蔽、外部标志不鲜明、提供的信息不充分时,语言的提示或思维的推论,可唤起过去的经验,帮助人们立即理解当前的知觉对象,使之完整化。此外,人的情绪状态也影响人对知觉对象的理解。

3. 知觉的选择性

作用于感官的事物是很多的,但人不能同时知觉作用于感官的所有事物或清楚地知觉事物的全部。人们总是按照某种需要或目的主动地、有意识地选择其中少数事物作为知觉对象,对它产生突出清晰的知觉映象。把某些对象从某背景中优先地区分出来,并予以清晰反映的特性称为知觉的选择性。

4. 知觉的恒常性

人们总是根据以往的印象、知识、经验去知觉当前的知觉对象,当知觉的条件在一定范围内已改变时,知觉对象仍然保持相对不变,这种特性称为知觉的恒常性。

1)大小恒常性

大小恒常性是指在一定范围内,个体对物体大小的知觉不完全随距离变化而变化,也不随视网膜上视像大小的变化而变化,其知觉映象仍按实际大小知觉的特征。例如,随着观察者与桌子的相对运动或照明的变化,桌子的视网膜映像发生了很大的变化,但我们对它的感知却基本上没有变化。人机界面中呈现的物体在人知觉中的大小,不会随界面图片的放大或缩小而改变。如图2-4所示,人对苹果的大小的认知是一定的。

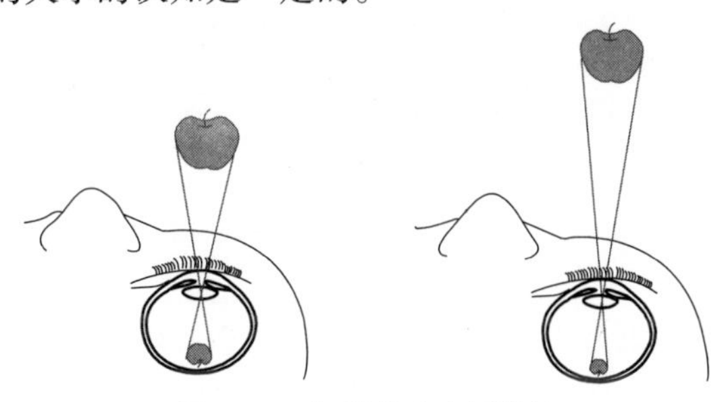

图2-4 知觉的大小恒常性

2)形状恒常性

形状恒常性是指看物体的角度有很大变化时,知觉的物体仍然保持同样的形状。知觉的恒常性保证了人在变化的环境中,仍然按事物的真实面貌去知觉,从而更好地适应环境。例如,当一扇门在人的面前打开时,视网膜上的映像经历一系列的改变,但人总是知觉门是长方形的。

3) 明度恒常性

明度恒常性是指当照明条件改变时,人知觉到的物体的相对明度保持不变的知觉特性。例如,煤块是黑色的,粉笔是白色的,那么,在对知觉映像进行解释时,则会更多地凭自己的知识经验,而较少凭借来自视觉方面的信息。因此,虽然物体的光照条件改变了,人仍然把它知觉为原有的亮度。

4) 颜色恒常性

颜色恒常性是与明度恒常性完全类似的现象。因为绝大多数物体之所以被看见,是由于它们对光的反射,反射光这一特征赋予物体各种颜色。例如,无论在强光下还是在昏暗的光线里,一块煤看起来总是黑的。

2.2.4 记忆

认知心理学把记忆看作是人脑对输入的信息进行编码、储存和提取的过程,并按信息的编码、储存和提取的方式的不同,以及信息储存时间长短的不同,将记忆分为感觉记忆、工作记忆和长时记忆 3 个系统,如图 2-5 所示。

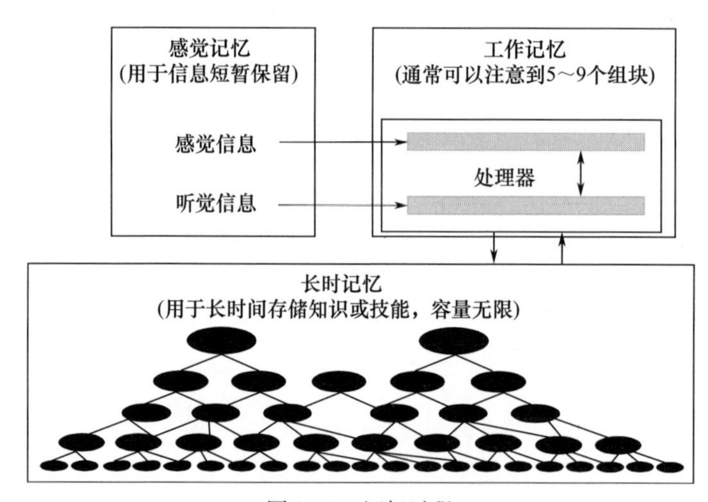

图 2-5 记忆过程

1. 感觉记忆

感觉记忆是认知过程中信息存储的第一阶段,又称为感觉登记、感觉储存或瞬时记忆,它是外界刺激以极短的时间一次呈现后,一定数量的信息在感觉通道内迅速被登记并保持一瞬间的过程。它是外界输入刺激后人对信息加工的第一个模块,它的储存时间大约为 0.25 ~ 2s。

1) 感觉储存的编码

感觉储存编码形式主要依赖于信息的物理特征,因而具有鲜明的形象性。

视觉的感觉记忆称为图像记忆,听觉的感觉记忆编码形式称为声像记忆。

2)感觉记忆的衰退和储存容量

感觉记忆(包括视觉映象和听觉映象)随时间消逝而衰退。实验研究表明,感觉记忆中残存的信息数量随时间的消逝而遵循指数曲线规律迅速下降,如果这些信息不能被尽快地选择和编码加工就会与后来的信息混杂,从而成为无用的信息。其中图像记忆容量为 17 个字母,保留时间为 200ms;声像记忆容量为 5 个字母,保留时间为 1500ms。

2. 工作记忆

工作记忆是认知信息存储的第二阶段,它可以被理解为一个容量有限的中枢处理器,用于信息的短暂存储和加工,它接收感觉登记编码后的信息,经过识别、加工、处理和组装后再输出为长时记忆。它是感觉记忆和长时记忆的中间阶段,即输入信息经过再编码使其容量扩大,保持时间大约为 1min 内。信息在工作记忆中保持的时间较短,复述可以使其向长时记忆转化。工作记忆中的信息由于工作需要而一直处于活动状态,在信息加工过程中处于非常重要的地位。首先,工作记忆让我们知道当下心理活动的信息,也就是自身的意识;其次,工作记忆通过对各种感觉登记信息的加工、组装,形成完整的记忆图像;最后,工作记忆虽然容量有限,但它总是及时保存最新的信息处理结果,直至依照既定的意愿和策略完成最终目标。

1)工作记忆的含义及特点

工作记忆也称为短时记忆或操作记忆,有以下特点:信息保持时间很短,在无复述的情况下,一般保持 5 ~ 20s,最长不超过 1min;记忆容量小,信息一次呈现后立即正确记忆的最大量一般为 5 ~ 9 个互不关联的项目;若在记忆过程中重新编码、组块,减少信息中独立成分的数量,可提高工作记忆;工作记忆极易受到干扰,受干扰的程度取决于工作记忆中存储信息的多少。

2)工作记忆的编码及影响因素

听觉编码和视觉编码是工作记忆的主要编码方式。研究表明,工作记忆的编码通常是以听觉的声音符号方式进行的,但在工作记忆的最初阶段存在视觉形式编码,之后逐渐向听觉形式编码过渡。工作记忆编码效果的影响因素有觉醒水平、工作记忆的组块和认知加工深度。

3)工作记忆信息的存储与遗忘

复述是工作记忆信息存储的有效方法。它可以防止工作记忆中的信息受到无关刺激的干扰而发生遗忘。

遗忘是指记忆的内容不能保持或者提取有困难。造成遗忘的最大原因主要是工作记忆中的信息受到其他无关信息的干扰,回忆率与间隔时间的关系如图 2 - 6 所示。

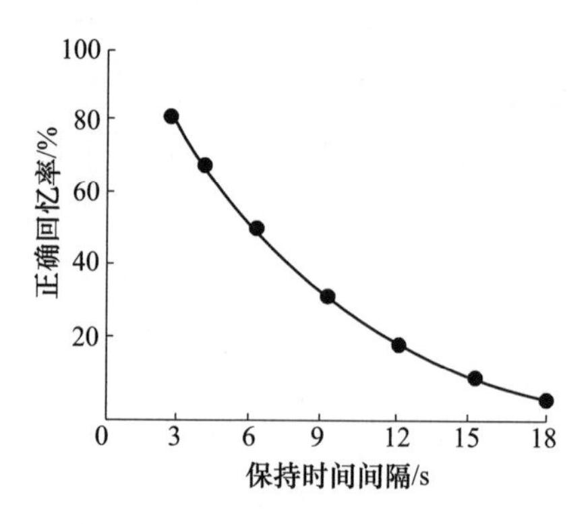

图 2-6　回忆率与间隔时间的关系

不进行复述的情况下，保持时间间隔越长，正确的回忆率越低。工作记忆的特点对人机界面设计具有重要影响，是设计屏幕显示的主要依据之一。由此可见，在屏幕上显示很多信息对用户操作并不一定有利，反而会加重他们的视觉寻找负担。

3. 长时记忆

信息存储的第三阶段是长时记忆（long-term memory）。工作记忆中的信息经过识别、加工、处理和组装后，在头脑中转化成永久性信息储存，形成长时记忆。长时记忆就像是一个组织关系复杂、信息容量巨大的数据库，其中被存储信息就是知识。在长时记忆中保存的知识一般可以分为两类：陈述性知识，是静态的描述性的知识，主要告诉我们“是什么”；程序性知识，是动态的组装性知识，主要告诉我们“怎么做”。长时记忆中储存的信息多数是“冬眠”的，人们很难意识到。当感觉器官受到外界刺激，需要借助已有的知识和经验获取新的知觉体验时，这些“冬眠”的信息才会“苏醒”，被提取到短时记忆中成为活动状态，帮助进行新一轮的信息加工。长时记忆的遗忘，并不是痕迹的消退，而是由于缺少提取或干扰而造成的提取机制的困难。因此，保持长时记忆的有效途径是不断的信息提取和精细复述。

目前普遍认为长时记忆分为语义记忆和情节记忆两类。语义记忆是指根据一定的概念含义，对一般知识和规律具有层次网络的记忆。语义记忆在提取时是以激活态在网络通道上扩散而实现的，如图 2-7 所示。情节记忆的信息源则是与事件的时间、地点以及具体情境相联系的记忆，但是信息源要被储存在长时记忆中需要一定内部的编码过程，因而情节记忆的痕迹是内外信息源相互作用的混合物，需要语词代码和意象代码的参加。所以毛世英[4]认为情节记忆信息的提取是一个较复杂的过程，是一种基于信息模式的相似性匹配的记忆和再认知的过程。

19 世纪末，德国心理学家艾宾浩斯采用自然科学的方法对记忆进行了实验研究，得出了人的遗忘发展进程规律。他还将实验的结果绘成曲线，即著名的

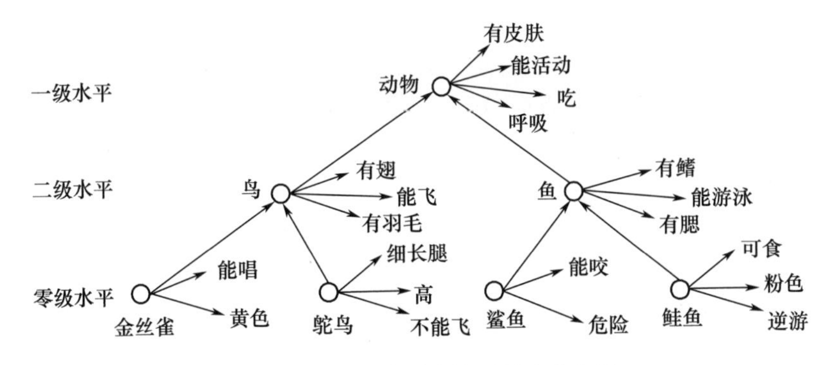

图2-7　语义记忆中概念的层次化组织

艾宾浩斯遗忘曲线,如图2-8所示。实验表明,干扰理论是解释遗忘原因的重要理论。干扰理论认为,遗忘是因为在学习和回忆之间受到其他刺激的干扰所致。一旦干扰被排除,记忆就能恢复,而记忆痕迹并未发生变化。

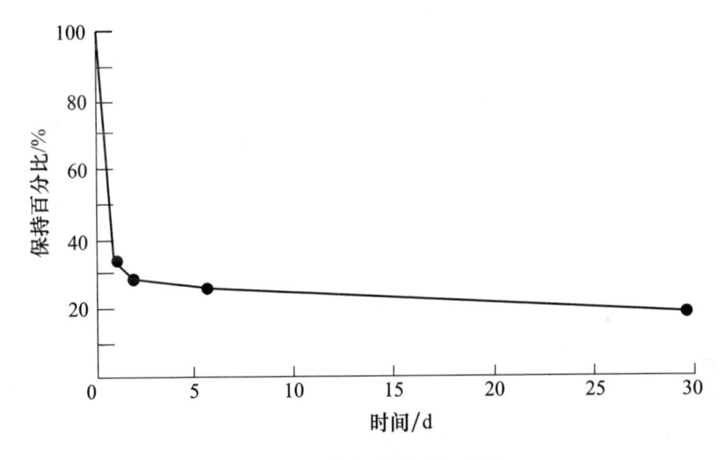

图2-8　艾宾浩斯遗忘曲线

2.2.5　思维与决策

思维是借助语言、表象或动作实现的、对客观事物概括的和见解的认识。思维是对从知觉、短时记忆和长时记忆中得到的数据进行更深层次的加工,主要表现在概念的形成和问题解决的活动中。

1. 思维的类型

思维最初是人脑借助于语言对客观事物的概括和间接的反应过程。思维以感知为基础又超越感知的界限。它探索与发现事物的内部本质联系和规律性,是认识过程的高级阶段。思维的基本形式是概念、判断和推理。按照发展水平和目的要求的不同,思维可分为直观动作思维、直观形象思维和抽象逻辑思维。

（1）直观动作思维。直观动作思维即通过实际动作来解决问题的思维，具有直觉行动性的基本特点。一方面，直观动作思维是直觉的，离不开直接感知具体事物的知觉活动；另一方面，它又有行动性。思维的每一步都有一定的动作反应，这些动作成为思维得以继续不断地进行下去的一种手段。直观动作思维具有明显的外部特征，通常以直观的、具体的实际动作表现出来。3 岁前的幼童在活动中思考，思维离不开触摸、摆弄物体的运动，他们的思维就属于直观动作思维。聋哑人靠手势与表情进行交际也属于这种思维。机修工人、家电修理人员等一边操作一边思维，否则难以解决机器故障问题。成人的动作思维是以丰富的知识经验为中介，并在整个动作思维过程中由语言进行调节和控制，它与没有完全掌握语言的幼儿的动作思维不同，属于较高水平的思维。

（2）直观形象思维。直观形象思维主要是指人们在认识世界的过程中，用直观形象的表象对事物进行取舍或解决问题的思维方法。形象思维是对形象信息传递的客观形象体系进行感受、储存的基础上，结合主观的认识和情感进行识别，并用文学语言、绘画线条色彩、音响节奏旋律及操作工具等形式、手段和工具进行创造和描述形象（艺术形象和科学形象）的一种基本的思维形式[5]。

（3）抽象逻辑思维。抽象逻辑思维是以抽象概念为形式的思维，是人类思维的核心形态。它主要依靠概念、判断和推理进行思维，是人类最基本也是运用最广泛的思维方式。一切正常人都具备逻辑思维能力。李双[6]认为抽象思维具有以下 3 个特征：

① 以语言、文字、数字、符号等第二信号作为思维过程的刺激物和进行思维交流的工具。

② 以各种概念、判断和推理作为思维形式。

③ 以分析、综合、抽象、概括、比较、分类、系统化、具体化作为思维的基本过程。

随着第二信号抽象概括化程度的提高，抽象思维的水平也相应提高。需要有相应的抽象思维能力，抽象思维过程才能够进行下去。抽象思维及其能力是个体心理发展到一定的年龄阶段才出现，才逐渐取得优势地位，并且继续不断发展的个体成熟和教育培养的产物。所以，抽象思维是心理发展到高级阶段的一种水平较高的思维。

2. 思维的过程

思维的过程具体包括以下过程：

（1）分析是指在头脑中把事物的整体分解为各个部分或各个属性进行思考的过程。

（2）综合是指在头脑中将事物的各个部分、特征、属性之间的联系结合起来形成一个整体。

(3) 比较是指把各种事物和现象加以对比,分析两者的异同及联系。分析是比较的前提,只有在思想上把不同对象的部分特征区别开来才能进行比较。

(4) 抽象是指在头脑中把事物的本质特征和非本质特征区别开来的过程。

(5) 概括是指把事物与现象中共同的和一般的东西分离出来,并以此为基础,在头脑中把它联系起来的过程。

3. 决策的特征

决策是人为达到一定目标选择行动方案的过程。在决策时,首先要确定目标,找出可达到这个目标的各种方案,比较各种方案的优缺点,然后选择出一个最优的方案。但是决策系统有以下一些特征与局限:

(1) 人是一个受到限制的理性决策系统。

(2) 人的计算能力是十分有限的。

(3) 工作记忆的限制。

(4) 长时记忆的限制。

(5) 速度慢。

人机系统中要提高决策水平,在系统设计上就要充分考虑人的决策行为的特点和决策能力的局限性,提供决策所需的条件和决策辅助工具(如用计算机辅助决策)。

2.2.6　反应

心理学研究发现,反应时即为感官接收信息到发生反应的各信息处理阶段所耗费的时间的总和。其中包括:感受器将刺激转化为神经冲动需要1～38ms,将神经冲动传至大脑等神经中枢需要2～100ms,神经中枢进行信息处理需要70～300ms,传出神经将冲动传导至肌肉需要10～20ms,肌肉潜伏期和激发肌肉收缩需要30～70ms。上述各段时间的总和113～528ms即为反应时。反应时是人因工程学在研究和应用中经常使用的一种重要的心理特征指标。人的信息处理过程大部分活动是在体内潜伏进行的,难以对信息接收、加工和传递各个阶段精确地进行实验测定。因此,在实践中往往利用反应时指标来近似说明人对信息处理过程的效率及影响因素。

1. 反应时的概念

一般将外界刺激出现到操作者根据刺激信息完成反应之间的时间间隔称为反应时。反应时又称为反应潜伏期,反应不能在给予刺激的同时立即发生,而是有一个反应过程。反应过程包括感觉器官感受刺激产生活动,经由神经传递至大脑,经过加工处理,再从大脑传给肌肉,肌肉收缩后作用于外界的某种客体。

2. 简单反应时与选择反应时

如果呈现的刺激只有一个，被试只在刺激出现时做出特定的反应，这时获得的反应时称为简单反应时。有多种不同的刺激信号，刺激与反应之间表现为一一对应的前提下，呈现不同刺激时，要求做出不同的反应，这时获得的反应时称为选择反应时。

3. 各种感觉通道的反应时

不同的感觉通道受刺激的反应时明显不同。各种感觉通道的简单反应时如表 2-3 所列。

表 2-3　各种感觉通道的简单反应时

感觉通道	反应时/ms	感觉通道	反应时/ms
触觉	117 ~ 182	温觉	180 ~ 240
听觉	120 ~ 182	嗅觉	210 ~ 390
视觉	150 ~ 225	痛觉	400 ~ 1000
冷觉	150 ~ 230	味觉	308 ~ 1082

4. 影响反应时的因素

影响反应时的因素有刺激信号性质和人的机体状态。刺激信号性质的影响有：

(1) 刺激的强度；

(2) 刺激的空间特性；

(3) 刺激的持续时间；

(4) 刺激的清晰度。

人的机体状态的影响有：

(1) 机体对环境条件的适应状态；

(2) 精神准备程度；

(3) 年龄因素。

5. 影响选择反应时的因素

影响选择反应时的因素，除上述讨论的各种影响因素外，还有如下一些因素有特别重要意义：

(1) 刺激物数量的影响；

(2) 各刺激物之间差别的影响；

(3) 作业时间长短的影响；

(4) 信号间隔与发生频度的影响。

2.2.7　注意

注意是心理活动或意识伴随着感知觉、记忆、思维、想象等心理现象对一定对象的指向与集中。注意的指向性是指人的心理活动或意识在某一瞬间选择了某个对象,从而忽略了另一些对象。注意的集中性是指当人的心理活动或意识指向某个对象时,他们会全神贯注在这个对象上。

1. 注意的功能

注意的功能包括选择功能、保持功能、调节功能及监督功能。

注意的选择功能被认为是外界信息通往心灵的“唯一的门户”。注意对信息选择使心理活动选择有意义的、符合需要的和与当前活动任务相一致的各种刺激,避开或抑制其他无意义的、附加的、干扰当前活动的各种刺激,使大脑获得需要的信息,保证大脑进行正常的信息加工。

注意的保持功能在人类的信息加工过程中具有重要意义,能使心理活动的内容得以在意识中保持,使心理过程得以持续进行。在外界信息输入后,每种信息单元必须通过注意才能得以保持,否则会很快消失。因此,需要将注意对象的意象或内容保持在意识中,直到完成任务。

注意的调节功能中,有意注意可以控制活动向着一定的目标和方向进行,使注意适当分配和适当转移[7]。

注意的监督功能使得注意向规定方向集中。

2. 注意的基本要素

注意的基本要素包括注意的广度、选择性、持续性以及分配性。注意的广度是指在一个很短的时间内能知觉的注意对象的数目;注意的选择性是指个体在同时呈现的两种或两种以上的刺激中选择一种进行注意,而忽略另外的刺激;注意的持续性是指注意在一定时间内保持在某个认识的客体或活动上;注意的分配性是指个体在同一时间对两种或两种以上的刺激进行注意,或将注意分配到不同的活动中。

3. 注意的种类

根据引起注意和维持注意有无目的及是否需要付出意志努力,注意可分为无意注意和有意注意。

无意注意是没有预定目的、不需要意志努力、不由自主地对一定事物所产生的注意。引起无意注意的原因来自刺激物的特点和人的内部状态两个方面。刺激物的特点如下:

(1) 刺激物的强度,任何相当强烈的刺激。就刺激物的强度而言,固然强烈的刺激物能引起人们的注意,但是刺激物的相对强度在引起无意注意时更具有重要的意义。

(2) 刺激物之间的对比关系。刺激物之间的强度、形状、大小、颜色或持续时间等方面的差别特别显著、突出,就容易引起人的无意注意。

(3) 刺激物的活动和变化。活动的刺激物、变化的刺激物比不活动、无变化的刺激物容易引起人们的注意。例如,大街上的红绿霓虹灯有规则地一亮一灭,很容易引起行人的注意。

(4) 刺激物的新异性。新异性是引起无意注意的一个重要原因。习惯化刺激就不易引起人们的注意。好奇心就是人们对新异刺激的注意和探求。

人的主观状态即人的需求、兴趣、态度、情绪、精神健康状态以及知识经验等,也是制约和影响无意注意的重要因素。

有意注意是人所特有的一种有目的、需要一定意志努力的注意。引起和保持有意注意的条件是加深对目的任务的理解。对任务的意义理解越深刻,完成任务的愿望越强烈,就越能引起和保持有意注意;在明确目的任务的前提下,合理地组织能引起注意的有关活动,有利于有意注意的维持;激发间接兴趣(间接兴趣是指对活动本身和过程暂无兴趣,但对活动的意义和最后获得的结果有很大兴趣)用意志力排除各种干扰,干扰可能是外部的刺激物,事先去掉一切可能妨碍工作或学习的因素,创造良好的工作或学习环境外,更重要的是用坚强的意志同一切干扰做斗争,要努力培养和锻炼自己在任何干扰情况下进行工作和学习的自制能力。

4. 注意的认知理论

1) 注意的选择功能

(1) 过滤器理论。神经系统可加工的信息容量是有限度的,并不能对所有的感觉刺激进行加工。当信息通过各种感觉通道进入神经系统时会经过一个过滤机制,过滤后只有一部分信息可以进入神经系统并接受进一步的加工,而被过滤机制阻断在外的其他信息就完全丧失了加工的机会。

(2) 衰减理论。1964 年,特瑞斯曼(Treisman)基于日常生活观察和实验研究的结果提出了衰减理论。他主张,通过过滤装置被阻断的不被注意或非追随的信息只是被减弱了强度并不是完全消失。

(3) 后期选择理论。该理论认为所有进来的信息都被加工。当信息达到工作记忆时,开始选择获得进一步加工的信息。因为进一步加工的选择是在工作记忆中进行的,即对信息的选择发生在加工后期的反应阶段。

(4) 多阶段选择理论。1978 年,约翰斯顿和海因兹提出选择过程在不同的加工阶段上都有可能发生。他们认为注意的选择过程可发生在不同加工阶段,由于任务要求对选择阶段的影响使注意的选择过程变得很有弹性。其主要假设有:①在进行选择前的加工阶段越多,所需要认知加工资源就越多;②选择发生的阶段依赖于当前的任务要求。多阶段选择过程如图 2-9 所示。

2) 注意与认知资源分配

(1) 认知资源理论。该理论认为,与其把注意看成一个容量有限的加工通道,不如看作一组对刺激进行归类和识别的认知资源或认知能力。注意的能量模型如图 2-10 所示。

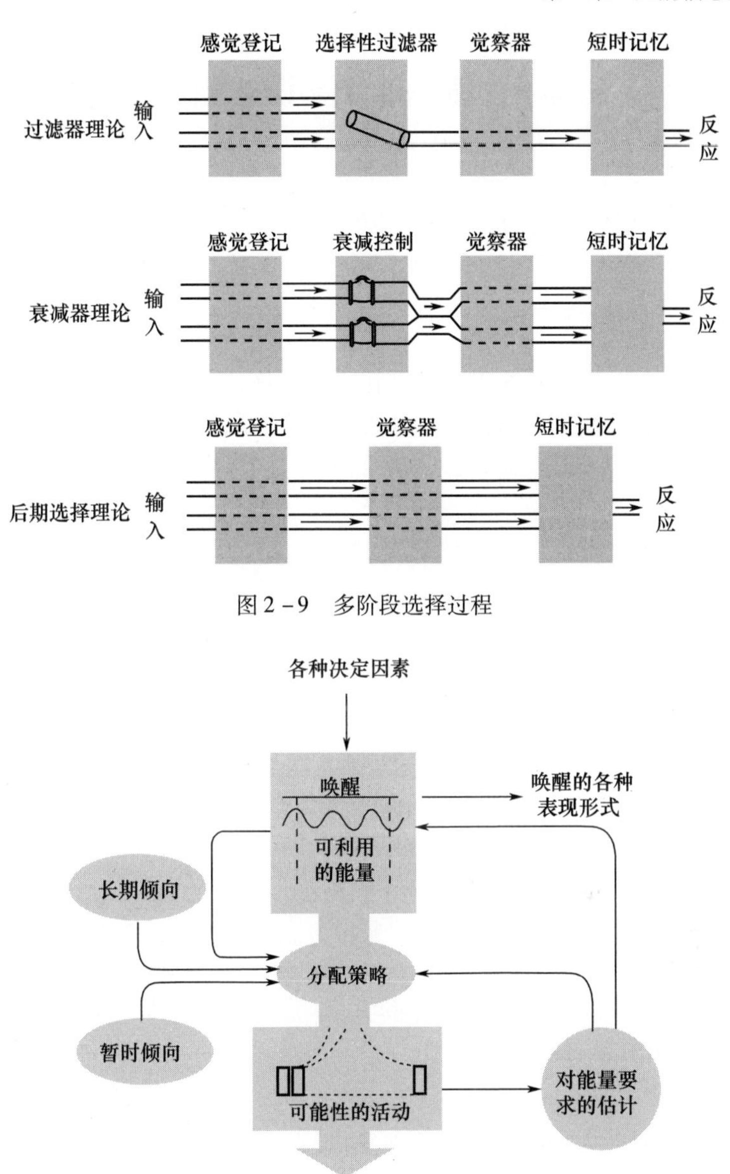

图2-9　多阶段选择过程

图2-10　注意的能量模型

（2）双加工理论。人类的认知加工有两类：自动化加工和控制加工。自动化加工不需要注意并不受认知资源的限制，是不可避免的、进程较快的加工过程。自动化加工不影响其他的加工过程，由适当的刺激引发形成，但加工过程形成之后比较难改变。而控制加工则受认知资源的限制，需要注意的参与并且随环境的变化而不断进行调整。

2.3 信息加工与模式识别

信息加工与模式识别的研究内容都与认知心理学相关。信息加工是研究人类社会认知活动的主流方式,而模式识别在认知心理学中主要是知觉方面相关的研究,特别是视觉的模式识别。

2.3.1 信息加工方式

信息加工是指对收集来的信息进行去粗取精、去伪存真、由此及彼、由表及里的加工过程。信息加工理论把个体视为一个信息处理器,而个体的行为就是一个信息处理过程,即信息的输入、编码、加工存储、提取和使用过程,在心理学中又称为认知加工[8]。信息加工来源于信息加工理论(亦称信息加工观点):是将人脑与计算机进行类比,用计算机处理信息的过程模拟并说明人类学习和人脑加工外界刺激的过程的理论。认知心理学家认为大脑是信息加工系统,其关注的核心是刺激输入和反应输出之间发生的内部心理过程,即"信息加工"的过程,信息加工的方式最常提到的分类有以下 3 种。

1. 信息的自下而上加工和自上而下加工

杨阳[9]总结出,信息加工理论认为知觉是对感觉信息的组织和识别,即获得感觉信息意义的过程,该过程是指依赖于过去经验的一系列连续阶段的信息加工,知觉过程是主动的、积极的、有选择性的。同时,认知心理学也强调外部刺激对于信息加工的重要意义。因此,知觉过程的主动选择性和刺激的重要性决定了知觉的两种加工方式,即自下而上加工(bottom-up process)和自上而下加工(top-town process),如图 2 - 11 所示。

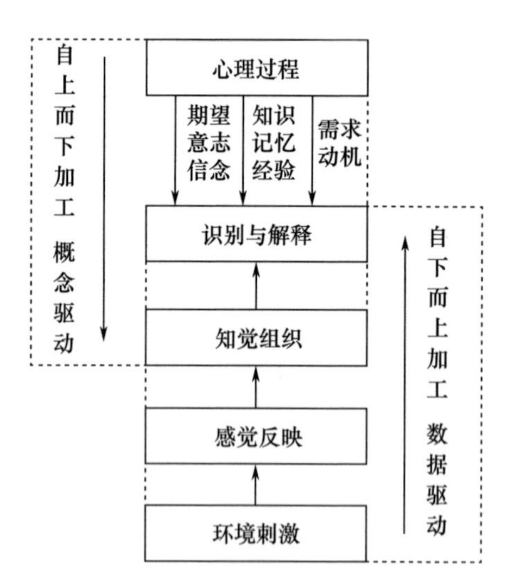

图 2 - 11　信息加工方式

自下而上加工是指由外部环境刺激开始的加工,即知觉系统不受已有知识经验的影响,知觉系统直接受外部环境输入信息的影响。该加工过程通常是对较小的知觉单元进行分析,而后再对较大的知觉单元进行分析,经过一系列连续阶段的加工而达到对感觉刺激的识别与解释。以图形识别为例,目的是找出图 2 - 12 中的多边形,但图中实心圆形却最先吸引了用户的注意,这一过程则是信息的自下而上加工方式的过程。自下而上的信息加工过程是从构成知觉基础的较小知觉单元到较大知觉单元,或者说从较低水平的加工到较高水平的加工,因此该加工方式又被称为数据驱动加工(date-driven processing)。

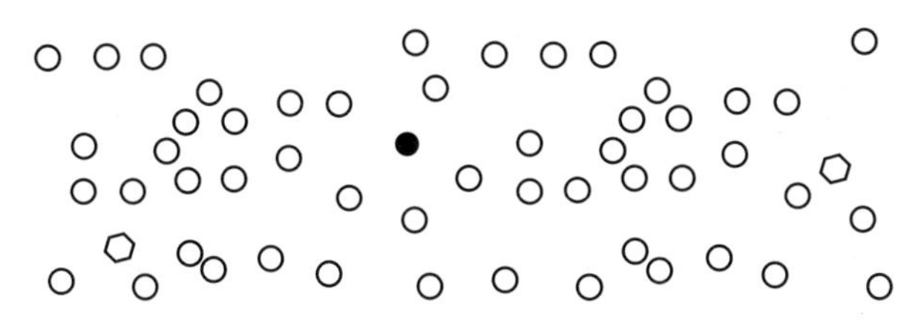

图 2-12　图形识别

自上而下加工是指由知觉对象的一般知识开始的加工,由此形成期望或对知觉对象的假设。该期望与假设制约着加工的所有阶段或水平,例如,它会影响特征觉察器和对细节的注意等。自上而下加工是由一般知识引导的知觉加工,较高水平的加工制约较低水平的加工,故自上而下的加工又被称为概念驱动加工(conceptually-driven processing)。依然以图形识别为例,找出图 2-12 中的多边形,经过知觉分析后找到对应的多边形,多边形提供的联系能够使个体将该多边形与头脑中已有经验快速匹配,因此使个体对其中的多边形做出恰当解释。个体能够利用头脑中已有的图形语言和经验对事物进行正确反应,即个体的知觉受到个体已有的知识结构即概念或图示的影响。

自上而下加工和自下而上加工是两种不同的信息加工方式,两者相互结合进而形成统一的知觉过程。没有外界刺激,自下而上加工只能产生幻觉,没有知识引导的知觉加工,自上而下加工所承担的任务较重,个体接收外界信息刺激的速度较慢,并且较难完成具有双关性质和不确定性的刺激的加工。信息的自下而上和自上而下加工方式的研究主要集中在注意和知觉转换过程中。Folk 和 Remington[10] 的研究表明,自下而上加工占主导的观点认为刺激的特异性引发注意,刺激的特异性与当前的目标一致时才会影响个体注意。而知觉转换受到自上而下和自下而上加工方式的共同影响。

2. 信息的串行加工和并行加工

认知心理学认为心理加工过程是一系列连续阶段的信息加工过程,即认为信息加工方式是系列的串行加工。该加工方式并不能使认知主体同时接收到大量复合刺激并进行同时加工,而是将刺激分解,进行阶段性处理。串行加工方式从本质上是受刺激性质所影响的刺激驱动加工,但不能否定有受过去知识和经验所影响的概念驱动加工。个体的信息加工方式一般既包括刺激驱动加工,也包括概念驱动加工。

概念驱动加工是一种平行加工方式,即并行加工,是指认知主体在某一瞬间对许多刺激进行同时加工,即是指个体认知反应时不随刺激项目数的增加而变长，这类的信息加工是并行加工。反之，反应时随着刺激项目的数量增多而变长，这类加工方式是串行加工。如图 2－13 所示线条图，找出图中的曲线，即使两图中需要加工的图像的差别很大，但个体认知的反应时和准确率完全相同的。原因是对这些图像进行了平行加工。

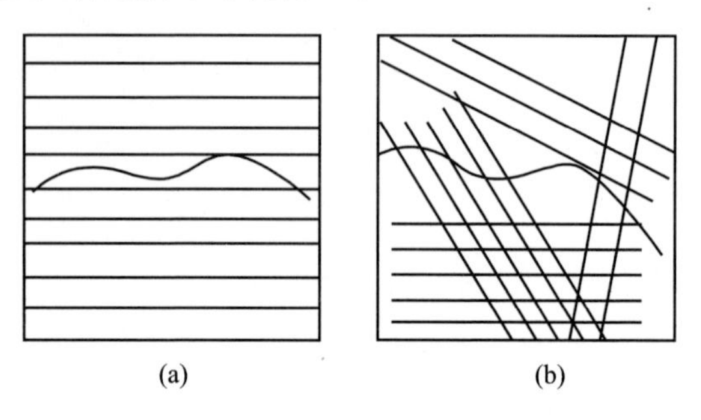

图 2－13　并行加工

(a)并行加工(刺激项少)；(b)并行加工(刺激项多)。

然而，个体反应时不仅与刺激项目数相关，也与认知加工主体运用的记忆集内的项目数量的增加有关，因此，反应时的变化受串行加工方式与并行加工方式共同影响。通常，个体运用反应时来判断串行加工和并行加工，但在许多情况下，个体在对信息进行加工时既包含串行加工又包含并行加工[8]。

3. 信息的整体加工或局部加工

Navon[11]认为信息的整体加工方式是指当个体进行信息加工时，更加关注刺激的整体和刺激间的关系。信息的局部加工方式是指当个体进行信息加工时，更加关注刺激的局部和细节。

Navon 的研究发现个体加工信息时具有整体优先效应，即个体倾向于对信息进行整体加工。Navon 的字母识别任务可以有效地说明这一点，以对不同水平字母进行识别的任务，先向被试呈现由许多小字母构成的大字母，其中包括大字母与小字母一致，如图 2－14(a)所示，小字母 H 构成的大字母 H；大字母与小字母不一致，如图 2－14(b)、(c)所示，小字母 E 构成的大字母 H 和小字母 L 构成的大字母 H 的两种条件，被试进行按键反应。结果发现，被试辨别大字母的反应时显著低于被试辨别小字母的反应时。而且在大字母与小字母一致条件下，被试辨别小字母的反应时显著低于大字母与小字母不一致条件下辨别小字母的反应时；然而，被试辨别大字母的反应时并不受到大、小字母一致性的影响。

Förster 和 Dannenberg[12]在此基础上提出了整体或局部加工模型(global and local model system，GLOMO^{sys})，即新异的环境刺激会激发个体的好奇心和不安全感，从而导致个体用已有的知识经验加工当前信息，从整体出发理解新事物意义、认识和熟悉新环境。熟悉的环境刺激则会促使个体关注细节信息，以

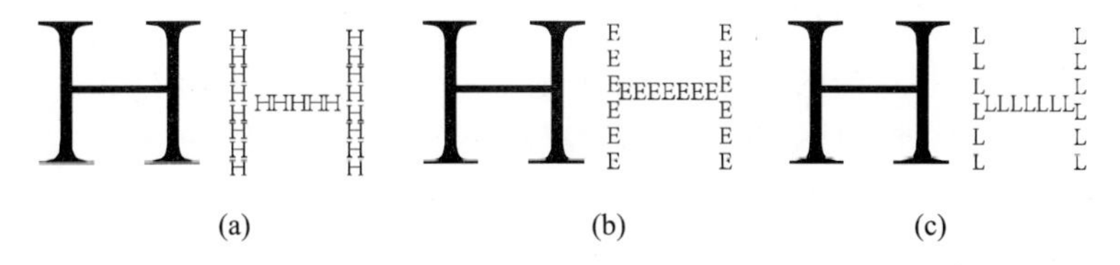

图2-14　Navon的字母识别任务
(a)小H构成大H;(b)小E构成大H;(c)小L构成大H。

达到对刺激更深入的了解和掌控,从而推动自身的发展。

2.3.2　模式识别

模式是指有若干元素或成分按一定关系形成某种刺激结构,也就是说模式是刺激的组合,是刺激的空间组合和时间组合,即刺激的整体结构。模式识别(pattern recognition)是人的一种基本的认知能力或智能,在人的各种活动中都有重要的作用。近20年来,计算机科学技术得到迅速发展,为了进一步开发计算机的功能,科学家们力图将模式识别的能力赋予机器,进行了多方面的探索并取得了不少成果。而韩双焕[13]认为模式识别本身该成为心理学、人工智能和神经生理学等学科共同研究的课题。模式识别是典型的知觉过程,指人能够确认他所知觉的某个模式并区分开来的过程,依赖于人已有的知识经验。现在的认知心理学提出了几个特征分析模型,如模板匹配模型、原型匹配模型、特征分析模型以及傅里叶模式和结构描述模式等。深刻理解和进一步研究这些理论模型,对信息科学领域和计算机视觉中的模式识别问题具有重要的理论指导意义。

1. 模板匹配模型

长时记忆中存在的外部模式的袖珍复本称作模板。模板匹配实质在刺激作用于感官时,刺激信息得到编码并与已储存的各种模板进行比较,找出模板与刺激的最佳匹配的过程。模板匹配模型是一个简单的模型,它的基本思想就是刺激与模板匹配,而且这种匹配要求两者有最大程度的重叠。模板匹配通过不同光谱或者不同摄影时间所得的图像之间位置的配准,主要应用的领域包括图像中对象物位置的检测与运动物体的跟踪。模板匹配模型在地图综合中是广泛存在的,在制图者和用图者的大脑中应该存在大量要素的模板,各种图示符号就可以被看作驻留在大脑中的模板,根据这些图示符号就可以实现一部分空间数据的解译,完成一定的空间推算和运算。

模板匹配模型最早是针对机器的模式识别而提出来,其计算量很大,相应的数据的存储量也很大,而且随着图像模板的增大,运算量和存储量以几何数增长。如果图像和模板大到一定程度,就会导致计算机无法处理,随之也就失去了图像识别的意义。按照模板匹配模型的基本观点,识别特定的模式,在记忆中要储存该模式模板，其大小、方位、外形等某些方面有所变化，每个变化的模式都要有与之相对应的特定模板，否则就不能得到识别或发生错误的识别。若要正确地识别，就需要储存数不清的模板，从而极大地增加信息处理负担，这与人在模式识别中表现出来的灵活性是不一致的。

有专家提出给模式识别增加一个预处理过程，即在模式识别的初始阶段，在匹配之前，将刺激的大小、方位、外形等加以调整，使之标准化，这样就可以大大减少模板的数量[14]。前面所说的模板匹配模型是一种自上而下的加工模型，而要是预处理的过程顺利进行，就要涉及自下而上加工问题。人的知觉过程包含了相互联系的自下而上加工和自上而下的加工机制，模板匹配中只有融入自下而上加工机制，匹配模型才比较完整，如图 2－15 所示。

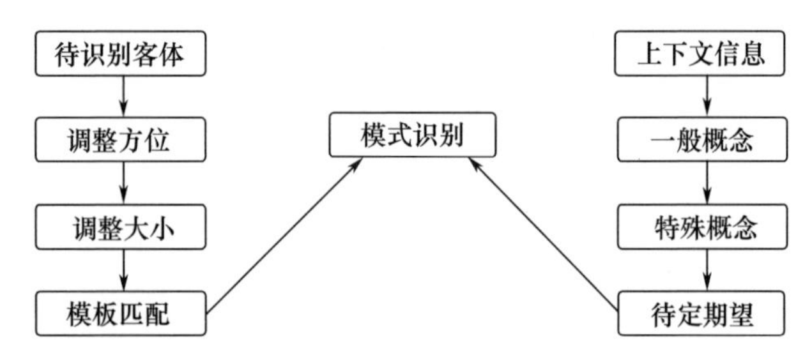

图 2－15　模板匹配模型

模板匹配模型的优缺点如下：

优点：该模型可以在一定程度上解释人在知觉过程中如何进行模式识别，并在实现具有人工智能的机器模式识别中得到了实际运用。

缺点：该模型在解释人的模式识别方面仍然有许多缺陷。

(1) 按照该理论的假设，每一个有千变万化现象的同一个事物，记忆系统中都要储备与之一一对应的模板才能识别，需要在记忆中存储大量模板。

(2) 这种理论对模式识别的解释比较刻板和生硬，缺乏人们在实际知觉中对模式识别的灵活性和变通性。

(3) 没有明确阐释模板匹配的机制，尤其难以解释人们迅速识别一个新的、不熟悉模式的现象。

2. 原型匹配模型

原型匹配模型是对模板匹配模型进行了改进，认为人的记忆系统储存的不是与外部刺激严格对应的模板，而是一类刺激的概括表征即原型。原型是指一类客体的内部表征，即一个类别或范畴的所有个体的概括表征，代表某类客观世界基本成分的抽象形式。原型匹配理论指出任意模式都可由原型组成，人们无须看到对象的全部细节也能匹配相应的原型，这样能提高人们的识别速度，并且只要存在相应的原型，新的、不熟悉的模式也是可以识别的。

外界刺激作用发生时，通过将外界刺激拆分成原型与存储的原型进行匹配，实现对刺激的识别。相关的成分识别理论指出，物体是由一些基本形状或成分即几何子组成的。因此，如何描述组成模式的原型或几何子之间的关系，成为自下而上加工的一个问题。按照原型匹配模型原理，在模式识别过程中，外部刺激只需与原型进行比较，而且由于原型是一种概括表征，这种比较不要求严格的准确匹配，而只需近似的匹配即可。即使某一范畴的客体之间存在着大小、外形等方面的差异，所有这些外部客观都可以与原型相匹配得到识别。从而使人的模式识别更加灵活，更能适应外部环境的变化。在地图综合运用中，地图空间的地物目标，譬如建筑物的表达往往由多种部分的单纯的形状单元体集成为统一的整体外形，在识别建筑物形状时，就可以将这些单元看成原型，采用原型模型匹配，运用句法结构、字符串匹配等进行识别。原型匹配模型的优缺点如下：

优点：原型匹配理论减少了模板的数量，减轻了记忆负担，使模式识别的过程具有灵活性和变通性。

缺点：理论不够清晰直观，匹配过程只强调自上而下加工，缺少自下而上加工。

3. 特征分析模型

模型是由若干要素（或关系）构成的，这些元素和成分可称为特征，其关系也称为特征。特征匹配模型认为所有复杂的刺激都是由一些可以区分的、相互分离的特征所组成的。特征匹配模型强调的是特征和特征分析，特征匹配的成功依赖于刺激的可解析性。特征在这里的地位和作用类似于模板匹配模型中的模板，即特征可以看作是一种微型模板或是一种局部的部件模板。

（1）依据刺激的特征和关系进行识别，不管刺激的大小、方位及其他细节，避开预加工的困难和负担，识别有更强的适应性。

（2）同样的特征可以出现在许多不同的模式中，可极大减轻记忆负担。

（3）由于需要获得刺激的组成成分信息，即抽取必要的特征和关系，再加以综合，才能进行识别，这使模式识别过程带有更重的学习色彩。

但当不同的模式具有一些共同特征时，就会使识别发生困难从而导致错误出现。特征匹配模型与其他模式识别模型相比较，具有更加灵活的特点，但它也只是自下而上的加工模型，缺少自上而下加工。

2.4　人的信息处理影响因素

2.4.1　影响人的信息处理的主体因素

人的信息处理受多方面影响，包括主体因素、客体因素以及精神因素等方面的影响。主观因素体现在人们进行观察时，总会按照一定视觉习惯与行为习惯处理信息,从而影响人的信息处理结果。

1. 视觉习惯

(1) 顺序性。习惯的先后顺序,如从左到右、从上到下,因此设计师在控制按键的设计编排时,可以首先将它们进行功能编码,然后按照操作顺序将各个功能单元分别布置,最后根据重要程度及使用频率将子功能区在控制上从左至右、从上到下依次排列。

(2) 符号化。人的信息的接收和存储记忆系统是符号化的,也就是信息体是以概括后的单位形式进入大脑并加以处理。这是一种本能性的简化思维方式,对认知行为有积极作用。因此,人们总是习惯先看容易理解的图像,在界面设计时,尽量使用人们易接受的图形符号。使图形符号化减少用户的认知难度,提高使用效率(理解性)。

(3) 选择性。人视觉通道的信息容量是有限的,信息的输入量若大大超过人的感知系统的通道容量,则会有大量的信息被过滤掉,过量的信息也会使人的感官容易疲劳,而引起感觉上的忽略。因此,在呈现多个对象时,视觉表现出选择性,如色彩亮度、明暗对比、转弯处很容易吸引人的注意力,对于重要的部件,应当通过特殊的方式将其安排在容易引起用户注意的地方。

2. 行为习惯

人们对某一事物的认识总是从事物外表到事物本质的实践过程,针对产品,总是先对外在的形式有一个直观的认识,随后开始了解其功能、原理、内部结构、操作方式,进而全面认识这一产品。同样,人机界面设计也应遵循“由表及里”,从感知到实际操作逐步进行,在使用操作过程中可分析用户的思维规律和行为规律,从而为界面设计提供指导[15]。人类行为习惯具有下述特性:

(1) 逻辑性。人接收大量信息后,会自动将信息按一定的标准做类别处理,划分层级式的逻辑推理结构,如信息主题由大范畴到小范畴,由概括到具体等,这是一种非常有效合理的信息管理方式。

(2) 联系性。张露胜[16]认为人脑中信息单元是按照网络方式即多维度网络进行相互联系的。人在信息接收的过程中,习惯于在最密切信息间建立联系,人的这种思维特性也成为网络超链接结构的直接依据。

(3) 目的性与指向性。人在信息接收的过程中受先前经脸和情绪的影响支配,具有一定的主观性目的性与指向性。在找寻信息的过程中,一方面希望提供准确的暗示,另一方面提供的暗示应当能够与之后达到的结果相符合。

2.4.2 影响人的信息处理的客体因素

数字化人机界面的显示系统是通过计算机工作进行界面控制的图形化的信息显示系统。基于计算机的信息显示与传统的模拟信息显示相比,在信息的全面性、可靠性等方面得到了明显的改善,信息显示不会受限于物理空间,会通过卷动显示、重叠的画面、分层显示来显示大量的信息。下面就信息显示方面的特征分析对人进行信息处理的客观影响因素，包括信息的结构关系、信息的显示方式、信息的可理解性、信息的量、信息内容的一致性等。

1. 信息结构关系的合理性

信息显示画面包括状态显示画面、命令控制画面以及辅助画面等，与系统相关的信息是通过视频显示单元（visual display unit，VDU）在计算机屏幕上呈现出来。用户在进行操作时，多任务状态下需要获取诸多不同画面的不同信息以获取系统状态，从而需要反复进行画面切换。为了提高用户使用效率，让用户对画面之间的结构和关系有更好的认知和理解，且更快地定位到实现功能所要求的画面，就需要对画面间的结构进行合理的组织。最好将所需的信息集成到一个或若干个画面上，设计成“任务型画面”，单独为某种多任务状态服务，以减少导航切换和信息搜索的时间。

单个画面显示的信息过多会使用户在信息过滤、筛选、分类、重组、整合等方面带来比较大的认知负荷和干扰，容易产生信息搜索和感知方面的失误，容易遗漏某些需感知的重要元素或参数。通过“界面管理任务”进入许多单个画面以获取所需的全部信息，需对信息进行检索、记忆、整合等，从而很大程度上增加了用户的工作负荷和认知需求，分散了用户的注意力；再者，画面信息过多则会增加画面密度，减少画面字体的大小，给认读带来困难，会产生误认读和解释延迟。反之，如果信息过少，增加导航和画面配置等次数，为获取系统整体状态，需进行多次界面管理来完成，这样会带来繁重的工作，同时会产生视觉疲劳，严重的会产生锁孔效应，导致情境意识丧失。因此，画面的信息应该充分而不过量，应该与用户根据运行需要所产生的预期相吻合。

2. 信息显示方式易理解性

信息显示方式是指画面中信息的布置和呈现方式，其显示元素之间的组织性和关联性，重要的信息是否布置在重要的区域并且比较醒目，信息对比度是否明显（色彩对比、明亮对比），这些因素都会影响用户对信息的识别、理解和记忆。采用统一有组织的布置，有利于减少画面的复杂性，增加信息的易区分性，但是，对人机界面评价，使用统一的布局来显示一般的人机系统界面功能（如数据显示区、控制区、信息区、导航区等）比较差，从而会增加操纵员的记忆负荷以及延长信息搜索和辨识的时间。

3. 信息内容的一致性

信息内容作为传递给用户最终的结果，在排列显示时要注意内容的一致性。同一信息内容在不同画面上显示的位置不同，容易产生记忆错误和误判断，从而引起模式混淆。画面内容的一致性差，标注的地方应与相应的对象对应，才不会存在混淆。但有些地方标注不明显，有些标注在两个信息的中间，因此，在应急情况下，会造成对系统状态的错误判断。显示与控制的对应关系的相合性不明显,容易产生错误的理解等。

2.4.3 影响人的信息处理的精神因素

1. *压力*

压力原是物理学上的一个概念,后来被引入医学和心理学,主要指持续的心理压力会使人抵抗力降低,容易患身心疾病,形成压力反应,一般分为3个阶段:

(1) 警觉反应阶段,表现为肾上腺素分泌增加,心率加快,体温和肌肉弹性降低,贫血以及血糖水平和胃酸度暂时性增加,严重可导致休克。

(2) 阻抗阶段,表现出警觉阶段症状消失,身体动员许多保护系统去抵抗导致危机的动因,此时,全身代谢水平提高,肝脏大量释放血糖,长时间会给内脏带来物理性损伤。

(3) 衰竭阶段,表现为体内的各种储存几乎耗竭,机体处于危险状态。

心理学上所研究的压力多数指压力是外部刺激与内部主观反应,是个体在面对具有威胁性情境中,一时无法消除威胁,脱离困境时的一种被压迫的感受,是个体身体在适应不断改变的环境时,对此环境变迁所感受到的经验,包括肢体与情绪的反应,它能造成正面或负面的效应。正面的反应能激励我们采取行动,也能带来新的认知、新的观念与对事物的看法。当压力带来负面的经验时,会出现工作效率降低、认知疲劳等问题。

2. *疲劳*

疲劳是由于长时间地持续工作、学习,精神高度集中,造成体力及活动效率下降并伴随有疲怠感的现象,一般随活动时间的延长而增加。更精确地说,疲劳是由于肌肉和中枢神经系统长时间从事生理活动或心理加工过程,缺乏足够的休息而产生的没有足够能力或资源维持活动或加工的最佳水平,所以疲劳对活动绩效有明显的负面影响,如降低活动效率、增加差错概率等。疲劳分为生理疲劳和心理疲劳,生理疲劳又称肌肉疲劳或体力疲劳,心理疲劳又称主观疲劳或精神疲劳。心理疲劳不仅会出现体力不支的感觉,而且还可能有心神不安、产生退缩感,对不相干的刺激特别敏感等表现。

疲劳会导致心理机能的紊乱,将使人的工作能力下降。在利用多媒体软件进行信息传播时,由于需要长时间地持续进行信息传播,显然也会造成受众在生理和心理方面产生怠倦,致使传播绩效劣化,甚至到了不能继续进行接收信息的状况。因此,在人机界面设计时要进行信息传播的疲劳研究,以保证尽量避免长时间执行单调任务。如果必须执行长时间的连续任务,则在执行期间应有适当的休息间隔,使用户的心理疲劳得以恢复。疲劳还有可能是因为感觉因素而引起的,如强光、强噪声、艳丽的色彩等强刺激都能引起感官的超负荷而产生疲劳,所以人机界面设计要避免使用太多的强刺激。

参考文献

[1] 汪海波. 基于认知机理的数字界面信息设计及其评价方法研究[D]. 南京:东南大学,2015.

[2] 陈巍,薛澄歧. 人机界面设计在网络课件中的应用研究[J]. 机械制造与自动化,2005,34(1):56 - 58.

[3] 刘青,薛澄岐,法尔克·霍恩. 以用户为中心的德国汉堡轻轨交互界面设计[J]. 装饰,2009(9):100 - 101.

[4] 毛世英. 课件情感化研究[D]. 上海:华东师范大学,2007.

[5] 徐潇. 初中阅读教学中学生思维发展研究[D]. 苏州:苏州大学,2013.

[6] 李双. 基于用户思维模型分析的网页可用性设计研究[D]. 无锡:江南大学,2008.

[7] 姚健高. 快速识别与分类的注视野研究[D]. 成都:电子科技大学,2010.

[8] 王甦,汪安圣. 认知心理学[M]. 北京:北京大学出版社,1992.

[9] 杨阳. 多元文化经验对信息加工方式的影响[D]. 兰州:西北师范大学,2014.

[10] Folk C L,Remington R. A critical evaluation of the disengagement hypothesis [J]. Acta Psychologic,2010,135(2):103 - 105.

[11] Navon D. Forest before trees:The precedence of global features in visual perception [J]. Cognitive Psychology,1977,9(3):353 - 383.

[12] Förster J,Dannenberg L. GLOMO^{sys}:A systems account of global versus local processing [J]. Psychological Inquiry,2010,21(3):175 - 197.

[13] 韩双焕. 笔式用户界面中手势的可用性设计和识别研究[D]. 北京:中国科学院研究生院北京软件研究所,2005.

[14] 王树银. 基于认知心理学的模式识别模型框架[J]. 武汉大学学报(信息科学版),2002,27(5):543 - 547.

[15] 郭会娟,汪海波. 基于符号学的产品交互界面设计方法及应用[M]. 南京:东南大学出版社,2017.

[16] 张露胜. 数据广播软件界面设计方法研究与应用[D]. 济南:山东大学,2009.

3

界面设计要素的人因分析

界面要素是信息化人机界面中的重要组成部分,是用户观察、获取界面视觉信息最直观的通道。通过界面设计要素的人因分析,可以挖掘出要素内在的认知属性和人因需求,从用户需求上优化界面要素的设计并提高各要素的操作效率。人机界面(HCI)系统中基本设计要素主要有以下6个方面:图标、控件、导航、色彩、布局和交互。本章将围绕人机界面系统中的设计要素,分析各要素的概念、认知属性及人因需求,并阐述如何从人因角度合理设计这些界面要素。

3.1 图标设计的人因分析

3.1.1 图标的概念及分类

图标是人机交互界面的主要组成部分之一,是认知加工过程中的基础,用户对图标的认知也是用户对系统各部分功能及属性认知的起点。图标是具有明确指代含义的计算机图形,是示意实体信息简洁、抽象的符号。图标是标志、符号、艺术、照片的结合体,是图形信息的结晶[1]。图标设计在人机界面设计中有着举足轻重的地位,它承担着人-机信息传输的桥梁作用,是人机界面中各种语义功能的符号化图形。一套图标不仅需要整体的风格一致,而且还需要与界面整体的风格相匹配。不同的界面风格需要特定的图标与之配套,才可以达到界面的和谐。从图标所代表的含义、图标的功用和表现形式上看,图标除了单个图案的语义功能作用外,还需要与界面整体的视觉语言保持一定呼应关系,它需要服从整体界面设计的呈现规则,从而保证完整性、和谐性。与此同时,在人机交互界面中,图标除了节约界面控件、增强美观效果、引导用户操作的作用,还担负着减少用户的认知负荷,降低学习压力,提高工作效率的重任。

目前,人机交互界面中图标要素的呈现形式多样,设计手法种类繁多,可以从多个角度对图标的类型进行分类。

1. 基于呈现维度划分

图标按视觉维度可分为二维线性图标、二维实体图标和三维立体图标。二维线性图标最为常见，通常由简单的线条和图形组成，直接描述目标语义的主题轮廓，如图3－1所示。二维实体图标是在二维线性图标基础上叠加阴影、填色等平面效果，这类图标在视觉上更具象，如图3－2所示。三维立体图标的呈现形式通常更具象、复杂，不仅有三维空间的立体感，有时还叠加一定视觉深度属性，如图3－3所示。这类图标的写实性更强，可以帮助用户快速地理解图标蕴含的语义。

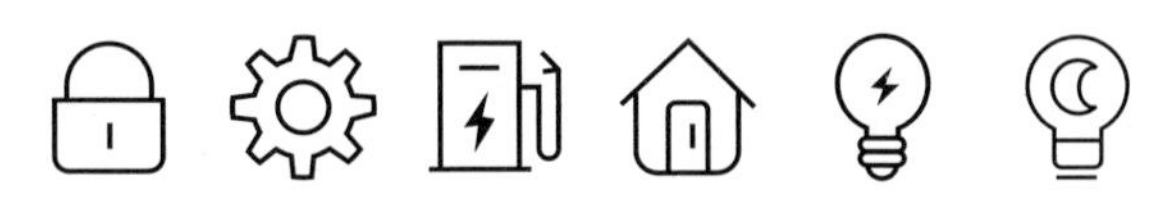

图3－1　二维线性图标

图3－2　二维实体图标

图3－3　三维立体图标

2. 基于语义表达手法划分

图标按语义表达手法可以分为文字型图标、具象型图标和隐喻型图标。文字型图标通常在图标中直接采用简单的文字元素，如英文字母、英文单词以及单一文字等，如图3－4所示。这类文字型图标中的文字通常是指代对象的缩写或者有固定的信息，搭配相关的主题色彩后可以明确、直接地表达语义。

图3－4　文字型图标

具象型图标通常根据需要表达的语义，选择实际生活中的具体对象进行具体化描述设计，以方便用户一目了然地明白图标所指代的语义，如图3－5所示。这类图标通常应用在工具栏或对象的具体指代场景中，其图标语义具有直观的传达效果，在大量同类或同系列图标成组出现时，具象型图标可以帮助用户快速找到目标图标。

隐喻型图标通常采用某种暗喻、象征或比拟的设计手法来呈现图标的主题，隐喻的形式需要紧密贴合主题，以建立与目标语义信息的内在逻辑关系，同时

图 3-5　具象型图标

这类图标具有一定的想象力和趣味性，采用恰当的表现形式让用户产生共鸣，如图 3-6 所示。这种隐喻的设计将复杂信息有效简化，适用于一些语义复杂或者功能难以具象化呈现的图标，既增加一定的趣味性，又可降低用户的认知负荷。

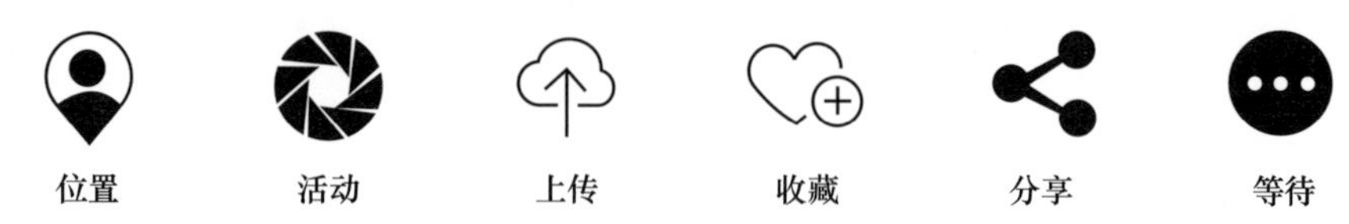

图 3-6　隐喻型图标

3. 基于内容复杂性划分

图标的复杂程度也是影响图标认知的重要因素，图标按呈现内容的复杂性可以分为通用型图标和复杂型图标。通用型图标是指在日常软件中常见的图标体系，已经得到了用户的认可，用户基本可以不需要任何培训即可明白图标的含义，如剪切、删除、存储、打印等，如图 3-7 所示。在人机交互界面中，应当沿用借鉴这类图标的常见形式，以避免用户的再次学习记忆。

图 3-7　通用型图标

复杂型图标一般是人机交互界面中针对一些主题系统的复杂任务需求所产生的一类特殊的图标，具有针对性强、罕见、语义复杂等特性，对用户而言，需要进行学习、记忆与适应，如图 3-8 所示。因此，针对这一类图标，需要分析图标所适用的环境，分析用户群体的特性与需求，进而对图标语义进行拆分、理解，再选择运用适当的图标设计方法进行设计，以达到符合用户认知习惯，缩短学习记忆过程，辅助用户理解辨识，提高操作效率的目的。

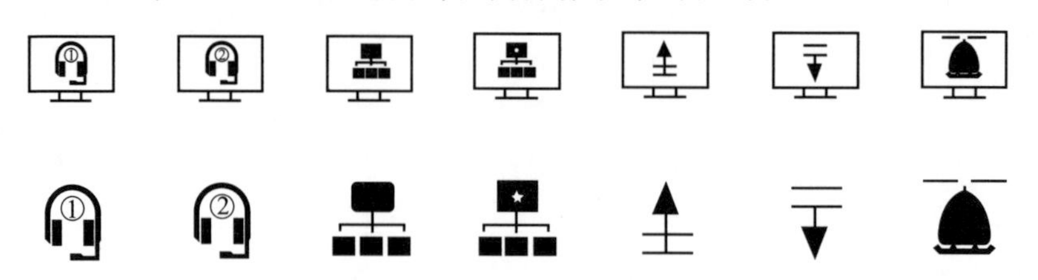

图 3-8　复杂型图标

图标的分类可以从多种角度进行分析，除了以上几种图标分类方法以外，图标还可分为静态型和动态型。这里的动态不包括与鼠标相关的图标动作，而是指图标设计中加入了动态形式，如弹跳、抖动、闪烁等。这类动态图标具有视觉凸显性，在一些智能化人机交互界面中，常会作为用户操作的辅助指导。

3.1.2　图标的认知属性

在人机界面中，图标的交互动作与其他交互形式相比更简单、直接，常规的操作一般是鼠标点击或触摸，即操纵光标或指针选中目标图标进行点击，触发该图标的功能。从认知的角度分析，虽然图标的交互动作很简单，但用户与图标的交互依然包含了完整的信息认知加工过程，即刺激、感知、识别、理解、预测、判断、反应7个阶段。

首先，用户根据任务意图带着目的去搜索图标，同时图标以某种形式呈现视觉刺激，用户接收到刺激后，通过视觉系统将这些物理图形能转换为神经能，短暂地留在感觉库后传送到记忆系统进行加工，大脑开始对这些刺激进行处理，并最终通过理解、预测、判断形成对应的概念，最终进行决策反应，即点击图标操作系统，系统做出响应后反馈给用户进行确认。用户通过系统的反馈来判断自己对该图标语义的理解正确与否，并加深对图标的认识，从而形成长时记忆[2]。在上述认知加工过程中，初始阶段的刺激、感知、识别属于用户对图标的浅层次的认知，后面的理解、预测、判断、反应阶段属于用户对图像信息的深层次获取阶段[3]。图标的认知过程如图3－9所示。

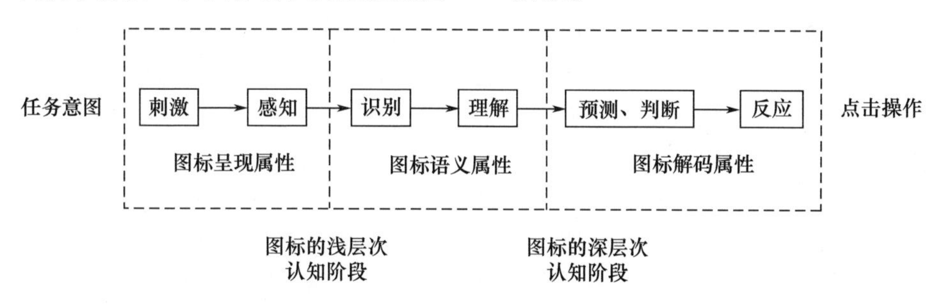

图3－9　图标的认知过程

从图标自身属性分析，图标的呈现属性对应用户对图像浅层次的认知阶段，主要获取图标信息中的视觉属性，即颜色、纹理、形状、位置等直观信息。图标的语义属性是需要用户通过识别、理解获取的信息，即对象、主题、事件、时空关系等信息内容。图标的解码属性与已储存信息相关，用户通过长时记忆对图标进行熟悉程度、关联程度以及相似程度的比对，基于自身经验对图标属性进行解码。图标的认知属性映射关系如图3－10所示。

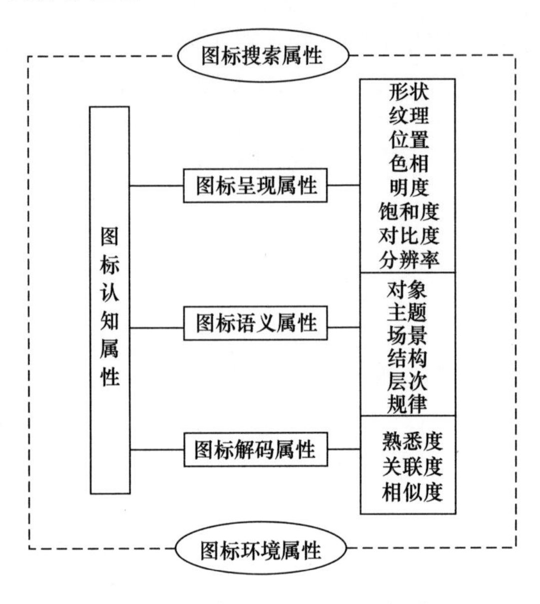

图 3－10　图标的认知属性映射关系

3.1.3　图标设计的人因需求

1. 图形语义一致性

图标设计中最重要原则是识别性强。在认知加工的知觉刺激阶段,用户会根据某个特定目标去搜索与其功能语义一致的图标。因此,图标呈现出来的图形语言需要能够帮助用户对图标语义进行初步确认,对应图标的搜索属性,即满足目标的图形语义一致性,从而符合用户对初始目标的心理意向。同时,多个图标的排列形式需要有一定的显著性与差异性,以方便用户区分对应的图标语义,使用户一目了然或通过学习可以很快领悟并灵活使用。

2. 视觉的美观和谐

在认知加工的感知阶段,是用户对图标要素中设计形式的直观感知,对应了图标的呈现属性。每一个图标的图形、色彩、纹理等都属于呈现属性,用户通过对图标视觉属性的感知,进一步获取图标的特征和属性。同时,图标的设计通常对美学要求较高,需要采用合理、美观的呈现形式进行设计,权衡复杂度与简明性,结合不同的表现维度和设计手法,将色彩、形状、背景、纹理以及对比度等将图标具象化。在不考虑其他特殊情况下,尽可能符合以下几点:造型优美,轮廓清晰,色彩丰富,层次自然,立体感强,光源位置一致,有一定透视效果。除此之外,还需要考虑图标的复杂程度、背景形式等细节设计,保证单个图标与界面中所有图标之间的和谐、统一。同一操作系统的不同图标之间尽可能保证风格一致。风格一致的图标可以使用户在和谐的环境下工作,减小视觉疲惫和认知负担。

3. 恰当的隐喻

在认知加工的识别、理解阶段，用户通过语义属性才能获取到图标内在的核心信息。图标的语义属性与语义表达设计手法相关，文字型与具象型图标的语义简单易懂，而隐喻型图标会根据原始语义进行视觉语言的简化，新手用户就需要对图标内在的语义属性进行挖掘，不恰当的隐喻形式会导致有歧义的模糊语义。因此，语义属性一定要采用通俗易懂的关联元素进行表达，设计恰当的隐喻形式，如握手（友情）、心形（喜欢）等。同时，语义属性不仅需要满足单个图标的语义清晰准确，还需要保证上、下级图标之间的语义关联性，同级图标之间的语义区别性等，以避免相关图标之间的语义重叠。

4. 符合设计规范

图标的语义设计必须符合国家标准与行业规范。在图标设计中，图标的尺寸是有严格规定的，常见的图标尺寸有4种：48像素×48像素、32像素×32像素、24像素×24像素、16像素×16像素。在Windows操作系统中，24像素×24像素的图标由系统自动生成，用于开始菜单的右侧，而在工具栏中，图标的标准大小为24像素×24像素、16像素×16像素[4]。MACOSX具有强大的图标管理功能，它的图标最大可以达128像素×128像素。在设计每一款图标时都需要考虑到它在各种计算机操作系统下的可用性，根据系统不同的运行环境，采用同系列、不同尺寸的图标设计以供用户选择。

5. 精准的用户研究

在认知加工的预测、判断、反应阶段，是用户在获取语义属性后对图标的信息解码阶段，对应了图标的解码属性。用户自身基于长时记忆对图标的熟悉度、相似度以及关联度进行综合判断，即使是面对相同的图标，不同的用户也会产生不同的理解和判断。因此，图标的解码属性需要充分考虑目标用户的认知行为习惯，综合考虑用户的思维习惯、生理特征、潜在的目标意向以及个人经验，应尽量采用大多数用户熟悉的常规图形或具象手法进行图标设计，保证图标的语义和用户心理认知相一致。如果是专业性较强的图标则需要适当减少复杂性，增加新手用户的学习时间，以降低用户的认知难度。

6. 符合环境需求

用户在进行人机界面操作时会处于一些特殊的环境，图标设计需要根据不同环境的属性特点进行相应的变化设计。例如在密闭的操作空间，用户长期操作容易出现疲劳感等一些负面的情绪，图标设计就需要考虑用户的心理感受，可以适当降低图标的复杂程度、增加活泼的色彩设计，以尽可能地减缓用户的心理压力与疲劳程度。又比如在强日光下的作业操作或暗环境下的作业操作，需要优先考虑用户的视觉感知能力，可以适当减少图标组的呈现数量、增加图标边缘的亮度，对常用图标增加阴影设计或叠加背景色，保证用户操作的准确性。

需要注意的是,界面中的图标并不是孤立存在的,图标作为最小单位的设计要素,通常与其他要素之间是相互关联、相互影响的关系。因此,图标与整体界面之间的统一与呼应也是保证用户对界面整体信息认知流畅性的重要因素。

3.2 控件设计的人因分析

3.2.1 控件的概念及分类

控件是图形用户界面所有界面构件的总称,与图标不同,控件通常采用组信息的形式进行区域化呈现,一个界面中可能出现多个类型的控件,每类控件包含了自身的空间分类和排列规则。通过在界面中设置各种不同的控件,构成具有确定功能的人机交互界面。控件的分类有很多种,从功能上可以分为复合型控件和操作型控件,复合型控件是指同时包含多类信息呈现和操作的控件,如窗口、菜单、标签、文本框、列表框、树状图等。操作型控件是指仅包含单一操作的控件,如滚动条、单选框、复选框等。

1. 常见的复合型控件

1）窗口

窗口也称为窗体,是屏幕界面上带有边界的矩形区域。用户通过窗口与系统进行交互处理,如图 3－11 所示。根据设计要求,在窗口中可以定义菜单和其他控件以构成相对独立的人机交互界域。目前对窗口类型并没有一种公认的划分标准。按照窗口的功能和作用,可以把窗口分为注册窗口、主控窗口、数据处理窗口、事务处理窗口和信息查询窗口等类型。

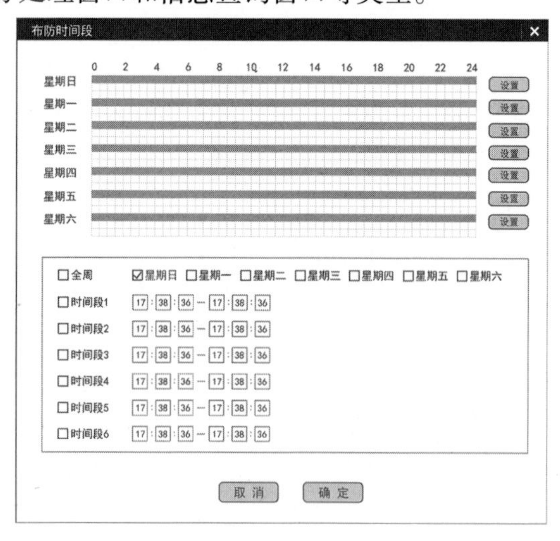

图 3－11　窗口

2）菜单

菜单是由系统显示给用户的一种可选项目的列表，用户可以从中选择一项要做的工作，它采用的是一种人机界面技术，如图3－12所示。

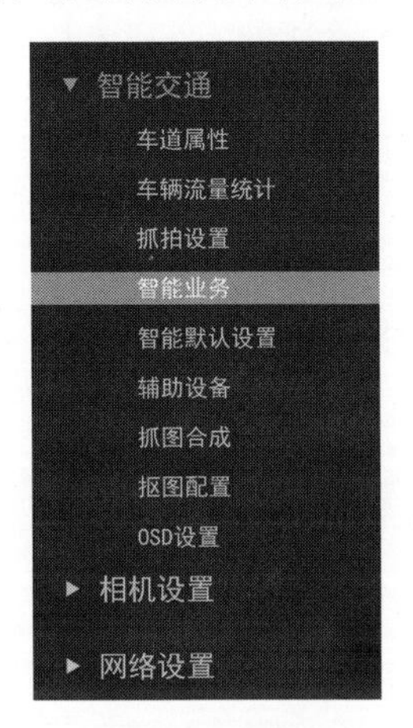

图3－12　菜单

3）标签

标签是用来在窗口中显示一段不能编辑的文本。使用标签，可以对文本框、列表框等控件进行解释或描述，也可在窗口中输出一段说明性文字信息，还可向用户输出提示、出错等信息，如图3－13所示。

图3－13　标签

4）文本框

文本框是用来接收用户输入信息的正文编辑区域，用户可以在文本框中的光标位置输入信息。文本框可以分为单行和多行，输入内容超出编辑框宽度时，可以自动滚动，如图3－14所示。

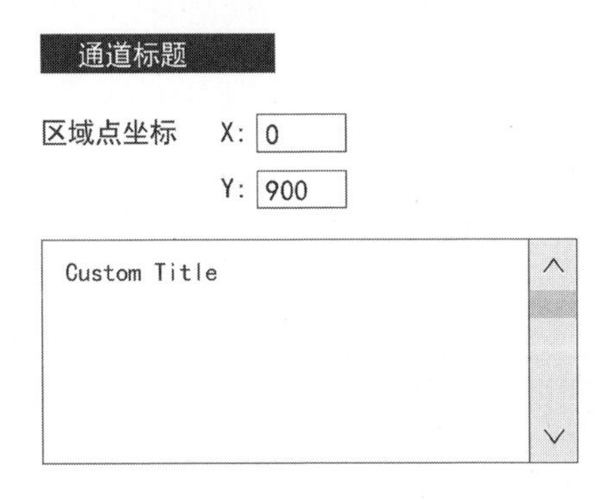

图3－14　文本框

5）列表框

列表框是向用户提供功能、信息或参数的选项列表。进入列表框后，光条显示在列表框的第一个选项上面，用户可以把光条移动到所要选择的选项上。当列表框中的选项超过列表框的长度时，列表框上会显示滚动条，可通过按滚动条来移动选项。滚动条可以设计成上下方式、左右方式或上下左右方式，一般为单列的上下滚动方式，如图 3－15 所示。

序号	时间	用户	事件
1	2015-05-26 10:20:14	admin	登录
2	2015-05-26 10:20:14	admin	登录
3	2015-05-26 10:20:14	admin	热插拔
4	2015-05-26 10:20:14	admin	应用程序启动
5	2015-05-26 10:20:14	admin	异常退出
6	2015-05-26 10:20:14	admin	登录
7	2015-05-26 10:20:14	admin	登录
8	2015-05-26 10:20:14	admin	热插拔

图 3－15　列表框

6）树状图

树状图是数据树的图形表示形式，以父子层次结构来组织对象，是枚举法的一种表达方式。为了用图表示亲缘关系，把分类设置在树枝顶部，用分枝可以表示其相互关系，如图 3－16 所示。

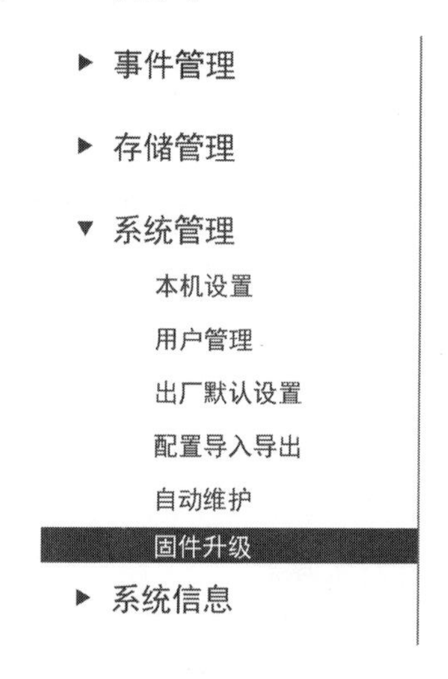

图 3－16　树状图

2. 常见的操作型控件

1）滚动条

滚动条控件主要应用于实现界面信息的滚动输出。通过滚动条可以实现当前窗口中输出信息的水平或垂直滚动，以方便浏览和显示大量信息。滚动条分为水平滚动条和垂直滚动条两种类型，一般出现在列表框、文本框等控件中。

2）按钮

按钮是在屏幕上显示的小矩形框，通过单击按钮可以触发确定的功能操作。例如，单击“确定”按钮可以对当前操作进行确认；单击☒按钮则关闭或放弃当前操作。

3）单选按钮

单选按钮用来实现从多项选项中，选且仅选择一项的应用。一个单选按钮表示一个选项，用小圆圈表示，在圆圈中带小点的单选按钮表示当前要选择的选项，如图3－17所示。

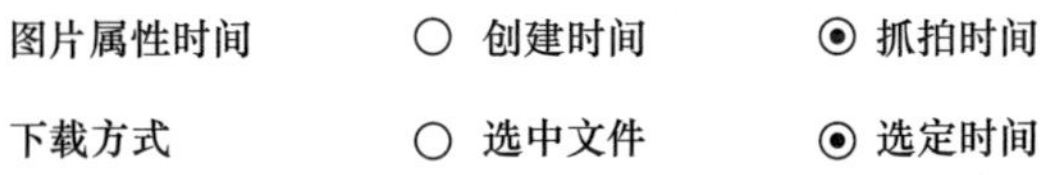

图片属性时间	○ 创建时间	⦿ 抓拍时间
下载方式	○ 选中文件	⦿ 选定时间

图3－17　单选按钮

4）复选框

复选框可以用来对多个选项进行选择。复选框用一个小方框表示。如果选中复选框所表示的选项，则复选框中显示一个小对号，没有选中不显示对号，如图3－18所示。

图3－18　复选框

3.2.2　控件的认知属性

与图标相比，控件在界面中的分布较为分散，不同类别控件之间的语义与功能也各不相同。通常，用户对控件的认知过程是一个从视觉刺激、信息理解到最终判断的过程。常见的认知行为主要包括刺激、识别、理解、判断、反应这5个阶段[5]。单一型控件以信息识别、判断为主，复合型控件包含了信息呈现和更复杂的操作,涉及较高层面的认知与解码。因此,可以把用户对控件的认知分成4个层次:直观感知层、视觉凸显层、内在信息层和解码加工层,如图3-19所示。在直观感知层面,用户对控件的认知主要涉及如何察觉到各个控件并区分控件之间的差别,视觉凸显层是用户如何理解各类控件所传递的信息,内在信息层是用户对各类控件内在信息的获取阶段,而解码加工层则是用户对控件操作方式的判断和执行。这4层结构是对控件认知过程的进一步分工,直观感知层中的刺激是认知加工的基础,视觉凸显层、内在信息层中的识别和理解是认知加工的途径,解码加工层的判断是认知加工的目的,最终引导用户进行操作。

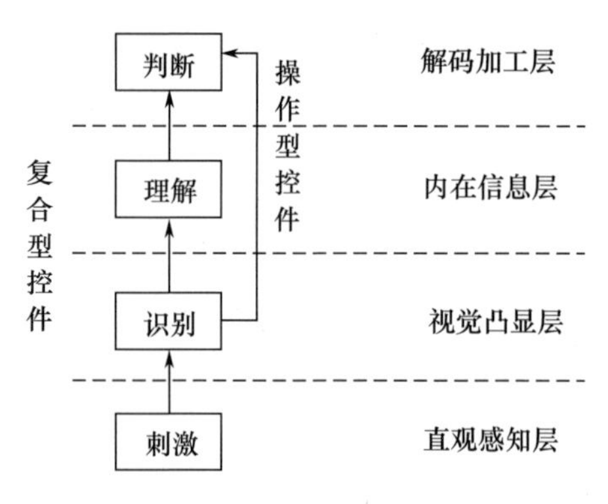

图3-19　控件认知的4层结构

3.2.3　控件的人因需求

1. 复合型控件的人因需求

复合型控件通常同时包含图文、列表类信息,具有信息量庞大、实时性强、信息交叉点多、综合性强等特点,通常在界面中以矩形区域来综合呈现一组信息。根据控件认知的4层结构,复合型控件的认知属性需求需要从直观感知层、视觉凸显层、内在信息层和解码加工层展开。

1)合理的空间排布

由于人机界面中信息量日益增加,界面中的复合型控件数量也越来越多,如何采用合理的空间排布、保持有序的控件呈现是优化控件认知的直观感知层的主要需求。复合型控件通常以带有边界的矩形区域来呈现单行(列)组信息或多行(列)列表信息,信息内容多样化,有时也会包含图形图像类信息。界面中的窗口、菜单、标签这类控件通常是采用常显的形式,如果不能将控件的呈现方式进行合理的设计,界面就会显得复杂、无序。因此,需要根据用户的视觉容量将各类控件进行合理的空间排列,并根据控件信息的重要次序结合人眼的最佳视角划分位置,最重要的控件应该在界面左上角进行呈现。列表、树状图这类层级较多的复合型控件,应该考虑采用隐藏-弹出的呈现形式,以减少用户在直观感知层的认知负荷。

2）清晰的功能语义

复合型控件的语义属性是指各个控件自身的信息主体的功能语义，对应了认知加工的识别、理解阶段，用户通过语义属性获取到各个控件的内在核心信息。复合型控件内部通常存在较多的文字信息，因此，需要结合分割线条或色块区分等图形编码来呈现内部语义的主次顺序，以确保控件内信息层级的分类清晰，保证用户获取控件语义的流畅度。各个复合型控件之间应按照功能进行统一归类，适当结合色彩编码的设计，如透明度变化、明度变化等，以保证相关控件之间具有连贯性和引导性。对于一些需要实时、联动呈现的复合型控件，可以在关联控件之间增加高亮、动态抖动等辅助形式来帮助用户准确获取语义信息。

3）连贯的操作流程

在获取内在信息的语义属性后，用户对控件信息的认知进入解码加工层，对控件进行判断后实施操作。复合型控件的操作动作包括查看、选择、点击、输入等，有时包含多个连续步骤，操作动作和对应操作对象之间应该保证明显、清晰的区分。同时，在操作过程中需要为用户提供必要的操作反馈和容错机制，例如鼠标划过时相关信息高亮，删除信息时弹出再次确认窗口等，以保证用户进行操作的连贯性。

2. 操作型控件的人因需求

与复合型控件不同，操作型控件的呈现形式简化很多，信息量较小且信息类别单一，用户的认知加工过程通常主要涉及识别和判断两个阶段。需要注意的是，操作型控件自身的设计形式需要具有引导属性，与用户在实际生活中的操作习惯相呼应，以保证用户可以快速、准确地识别出控件的操作方式。

1）简洁的呈现形式

操作型控件通常的呈现形式较为简单，使用场景多为直接进行快速操作的控件，对应视觉凸显层和解码加工层。操作型控件的呈现形式可以分为独立形式和组合形式。例如，滚动条、单一按钮等属于独立形式，这类控件的设计应该满足形式服从功能，便于用户进行“所见即所得”的操作。组合形式是指需要进行批量操作的组合控件，通常以一定规律的排列组合形式呈现在界面某个区域内，这类形式需要合理考虑控件的呈现数量和分布规律，数量太少无法在界面上呈现必要的交互功能，数量太多则会造成不必要的视觉冗余和干扰，增加用户搜索时间，从而导致用户进行反复识别才能进入解码加工认知阶段。

2）必要的操作引导

引导属性是操作型控件的一个重要人因需求，大部分的操作型控件都是简单易懂、操作简单。需要注意的是，一些操作型控件不提供文字说明或操作提示，需要用户通过自己的理解后进行操作。例如，滚动条本身只是一个简单的条形图形,但在人机界面中其对应的操作方式是选中后上下移动,这一过程与真实生活中的滑轨操作相似,为用户提供了自主性引导。因此,操作型控件需要为用户提供相应的操作引导,以便用户在识别控件后能够立刻进行正确的操作,并为用户提供上下文环境,通过贴近真实世界的隐喻,来呈现控件之间的操作次序,为用户下一步的操作提供引导线索。

3)准确性和连贯性

操作的准确性和连贯性是操作型控件最重要的人因需求。常见的操作动作包括点选、下拉、滑动等。操作属性必须符合用户的认知习惯,以便用户根据经验进行操作,避免有歧义的模糊操作形式。同时,应基于用户的操作习惯进行控件排列,保证用户的视觉流畅,重要控件的操作也需要考虑相应的反馈、提示、容错及撤销等功能,以保证操作的准确性和连贯性。此外,操作型控件还需要遵守尺寸规范及行业标准,例如最小化、关闭等功能应出现在右上角,实心图形表示已选中,空心图形表示未选中等。

3.3 导航设计的人因分析

3.3.1 导航的概念及分类

导航作为人机交互界面的重要组成部分,贯穿整个界面的始终,引导用户进入所需界面完成目标和任务,起到桥梁和路标的作用。它解决用户“现在在哪”“从哪而来”“要去哪里”“如何到达”等一系列问题,既涉及一个界面到另一界面的关联和过渡,也包含单个界面信息间的内部导向[6]。

在人机界面中,导航的类型有很多,按不同角度有不同的分类方法,常见的导航类型包括主导航、局部导航、菜单导航、分步导航、树状导航、选项卡导航等[1],其特征如表3-1所列。

表3-1 导航类型及特征

类型	特征
主导航	位置统一、统领全局
局部导航	灵活多变、辅助分流
菜单导航	超大容量、多级结构
分步导航	有序访问、基于任务
树状导航	层级访问、条理清晰
选项卡导航	内容紧凑、关系明确

在人机交互界面中,以上导航类型一般不会单独存在,每种导航类型都有自己的优缺点,只有取长补短,开展以用户为中心的设计,才能构建一个高效、易用的导航系统。

3.3.2　导航的认知属性

人机交互界面信息导航设计包括设计用户如何操作界面以及互相的反馈，如何组织系统各类菜单信息内容和结构[7]。如图 3－20 所示，根据导航的认知流程，可以将导航的认知属性分成隐性导航与显性导航两个方面。显性导航主要引导界面中各视觉信息单元之间的外在关联性，如不同图标、控件之间的功能分布，以视觉信息的显性结构作为导航；隐性导航主要引导各类层级信息之间的内在关系，如信息层级之间的关系，强调潜在的信息架构，使整个人机交互界面中各信息结构之间关联。

1. 显性导航

显性导航对应了用户对界面导航认知过程中的刺激、感知、识别 3 个初步阶段，是用户对导航中如文字、色彩、图形等视觉元素的直观感受，并基于这些视觉元素直接引导用户行为。例如，通过导航标签的位置、大小和比例来呈现界面信息的重要性层级、阅读顺序和视觉焦点，用户通过直接观察这些元素进行对应的操作。

2. 隐性导航

隐性导航对应了用户对界面导航认知过程中的理解，预测、判断，反应 3 个深层加工阶段，是用户对导航中信息排列方式、上下文位置关系、信息关联性、全局导航和局部导航等信息属性的内在解码，属于隐性认知过程，用户需要进一步进行解读后，由各类导航之间的信息框架和层级次序来引导操作。

根据认知属性特征，显性导航主要涉及导航的呈现属性和语义属性，而引导属性、解码属性、操作属性可以归纳到隐性导航中。

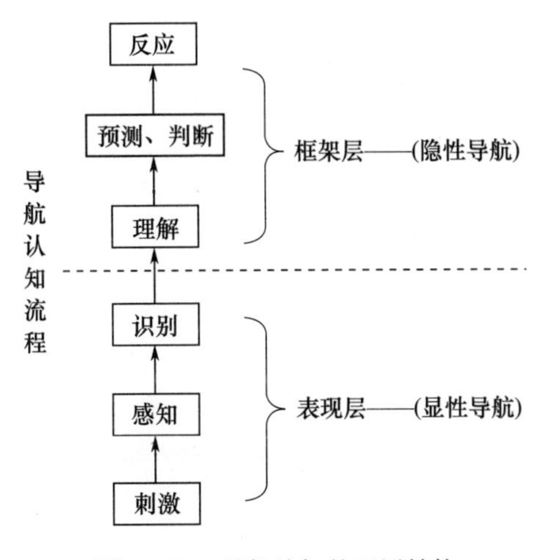

图 3－20　导航认知的双层结构

3.3.3 导航设计的人因需求

导航设计并不只是每个页面上放置允许用户跳转的链接,它应同时完成以下3个目标:①它必须提供给用户一种在界面间跳转的方法;②它必须传达出导航元素和它们所包含的内容之间的关系,使用户明确“哪些选择对他们是有效的”;③导航应传达出内容和用户当前使用界面之间的关系,帮助用户理解“哪个有效的选择会最好支持他们的任务或他们想要达成的目标”[8]。

1. 清晰的主次关系

显性导航本质上是引导用户对界面有清晰的主次关系认知。导航中包含的各种视觉元素种类较多,包括导航控件、图标、文字、色彩等,过于绚丽花哨的导航有时会分散用户的注意力,导致视觉重心偏离界面主体,太过复杂的视觉元素不符合用户的视觉认知规律。因此,导航的呈现属性应依据“少即是多”的设计原则,保持在整体界面中的视觉均衡。主导航、局部导航、菜单导航之间的层级关系应该结合字体的大小、色彩的明度变化进行主次关系的区分;主导航和局部导航的背景色、主色和辅助色应该运用同色系的不同明度和纯度变化进行搭配设计;当前位置及选中标签可采用较高纯度和明度的色彩与非选择状态进行区分。

2. 广度与深度的平衡

导航的结构包括广度和深度。一方面,由于眼睛扫描比鼠标点击运行得快,在广度选项间的扫视比在深度选项间的选择轻松;另一方面,如果广度太大而将所有选项全部展示出来,缺少一定的深度层级,用户会难以选择,如图3-21所示。

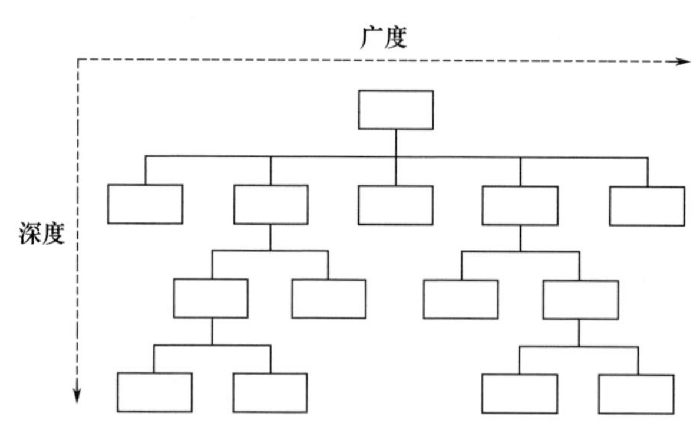

图3-21 导航的广度和深度

导航的组织架构需要实现广度与深度的平衡,即界面上可见菜单项的数目与层级结构数目的平衡。导航广度越大,深度应越浅;导航深度越深,广度应越小。人类视知觉短时记忆容量是(7±2)个信息块,每个导航的选项视为一个信息块,执行任务时用户须回忆其结构及层级,导航广度可以保持在4~13个最佳[9]。同时,可以根据一些关联性或逻辑性分配导航的各个选项,为用户提供某种内在的搜索线索,缩小搜索范围,用户可以通过较少的扫视次数发现目标,有效地提高导航的认知绩效。设计时可以运用卡片分类法将所有导航按类别分组,归纳出一定的广度类别,再进行信息层级深度结构设计,但广度和深度的层级都不宜过多。

3. 自然的导航流

当用户全身心地关注某项任务时,不会意识到外界干扰,这种状态称为流。用户在导航过程中,基于各类导航的语义解读而产生关联信息之间的导航流。通常,人机界面的导航发生在相关语义的多个层级中,如菜单与对话框之间的导航,菜单与工具栏之间的导航、多窗口之间导航等,若语义属性分类不当将打断导航流。因此,构建和谐自然的导航流,需提供清晰的导航标志和准确的对应语义,以加强用户位置感知。例如,语义呈现简洁易懂的导航标签,或者通过色彩语义区分不同情境;同时提供当前位置的上下文导航,让用户不必通过主导航就能快速链接到目的界面。

4. 必要的多路径导航

良好的导航信息架构应当满足用户的心智模型,即以用户目标为导向,按照用户容易理解的方式进行路径设计。导航的主要功能是为用户指路,帮助其找到目标位置,同一目标位置可以由多个路径来实现,路径之间可以自由切换,由不同类型的导航搭配构建,即多路径导航。例如,一些"下拉菜单导航"模式中,所有功能模块只能通过主导航中的路径前往,任务过程中必须频繁调用主导航菜单才能更换当前位置,严重影响操作效率。在这种情况下,如果采用主导航模块与分步导航模块两种路径,用户可以根据两种导航方法随意切换路径,效率会得到很大的提高。因此,依据任务流程加入必要的多路径导航模式,将单一导航分成多种路径导航,为用户提供更多路径选择,可以很大程度地降低认知负荷。

5. 操作与反馈的统一

操作与反馈是一对信息输入和输出的关系,合理的操作反馈能帮助用户及时获知上一步的操作结果,并产生下一步的操作动机。在导航的交互行为中,操作动作包括单击、悬停、双击等,反馈体现在导航的形态、色彩等状态变化上,如初始状态、划过状态、按下状态等多种形式反馈。操作与反馈的统一应当体现在:操作前导航的目的界面可预知、操作中导航方向路径有指示、操作后导航的跳转结果可撤销。同时,每步操作都应具备合乎逻辑的反馈,且反馈形式应尽可能清晰、准确。

3.4 界面色彩的人因分析

色彩是人类视觉感知中最敏感的属性。色彩不仅具有很强的艺术感染力，还具有情感性、联想性以及象征性等特点。在人机界面交互过程中，色彩的视觉效果不仅直接影响界面的美观，还影响用户的操作体验，并能够引导用户的行为。因此，科学、合理地运用界面色彩不仅能够使界面设计更富有艺术感染力，还能够辅助其他视觉信息更为准确、清晰地传达，从而高效地实现人机交互、提升用户体验。

3.4.1 界面色彩的构成及功能

在界面中，色彩是给用户最强视觉冲击力的视觉要素。通常，色彩的应用是需要与界面中其他设计要素相互结合的，如背景、文本、符号、图标等，通过这些视觉对象的色彩设计，可以对整体界面的布局与空间关系进行分层，并加强界面中各层级信息的可识别性，最终提高用户的信息感知效率。人机界面的色彩构成可以总体概括为 3 种：背景色彩、文本色彩和图形图像色彩，它们的特征如图 3－22 所示。

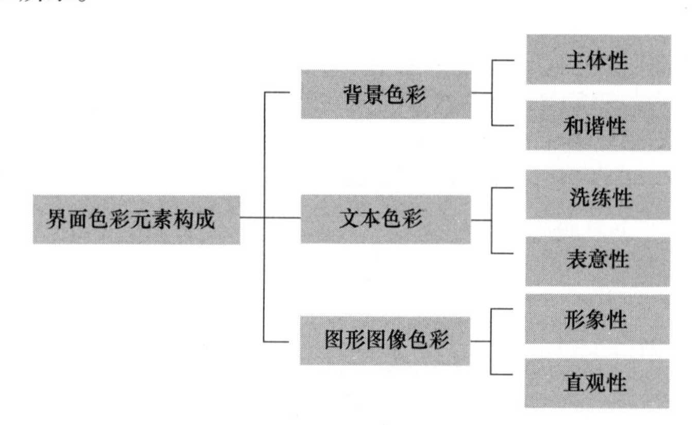

图 3－22 人机界面色彩元素构成

1. 背景色彩

背景色彩是界面色彩设计的主体，背景色在界面中所占的比重较大，是形成界面色调的重要因素，也是影响学习者情绪的重要因素[1,10]。在设计时需要根据内容主题进行恰当地选择，先确定一种主色，同时还要注意色彩的繁简衬托关系，在细部设计上精致编码各种对比因素和协调因素，这样可以给用户带来色彩美感，增强艺术感染力。

2. 文本色彩

文本在界面中承担着对主题、功能、内容等信息的介绍、说明、概括等作用。

色彩本身是具有一些语义和情感意向的，但在人机界面中，文本的色彩变化不宜过度使用。因此文本的色彩应该较为单一，尽量避免多色彩综合使用，同时文本色彩要与背景色彩形成对比，以保证文本的阅读舒适性。

3. 图形图像色彩

图形图像是界面显示中最重要的形式。图形图像可以形象、生动、直观地表现大量信息，其色彩要做到主题突出，保持形式与内容的协调一致。当图形图像数量较多时，可以根据其内容的重要性，合理分配各类图形图像中不同色彩所占的面积、位置、色相、明度，保持所有色彩在整体界面的视觉均衡。

3.4.2　界面色彩的认知属性

色彩是以色光为主体的客观存在，是用户对界面的视觉感想。色彩不仅具有装饰和美化的效果，同时它能够影响用户的心理并引导用户的操作。色彩的生理识别度也对人机界面的认知绩效有重要影响。通常，色彩属性的认知过程可以分为生理层面和认知加工层面。在生理层面中，界面中各元素的色彩通过不同波长的可见光波进入人眼，人的视觉中枢神经对不同频率的光波进行感知后，人眼视觉系统中视网膜的 3 种锥状细胞分别对应色觉通道中的红、绿、蓝，人开始识别色相、明度和饱和度，完成色彩信号传达。在认知加工层面中，可以根据用户对色彩的认知加工次序分为由浅到深 3 个层次，分别对应色彩中呈现属性的认知、语义属性的认知和引导属性的认知。

浅层次认知是用户对色彩刺激中呈现属性的感知阶段，用户通过整体界面中的前景色、背景色、主题色等属性展开第一印象的风格化认知，并形成初步的感性体验以及对界面的视觉美感评价。如图 3－23 所示，在需要动态呈现的 GIS 人机界面设计中，深邃的主色体现了科技的主题，高对比度的前景色与背景色有助于用户进行视觉与注意力聚焦，降低用户视觉疲劳，同时高明度的黄色和绿色能有效凸显出各个数据信息点的动态变化。

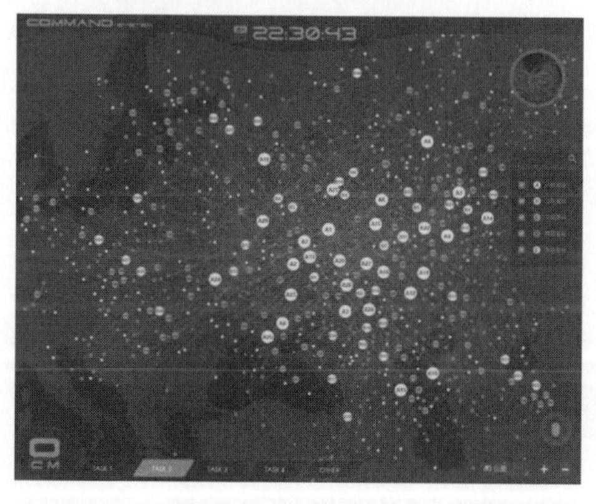

图 3－23　色彩编码运用案例一（见彩图）

中层次认知是用户对色彩中语义属性的识别和理解阶段,用户通过具体分析色彩在界面中分布形式的点、线、面等维度变化,从而获取蕴含在不同色彩中的各类语义属性。色彩的语义属性包含特定语义的图元关系、信息单元的归纳与分类以及重要信息的视觉凸显等。如图 3－24 所示,当文本信息量较多时,可以运用色相编码叠加“线”“面”的二维设计对信息单元进行视觉维度的区分,直接在视觉上分类呈现文本内容,帮助用户快速获取所要传达的分类信息,并进行快速的决策响应,从而提高操作效率。

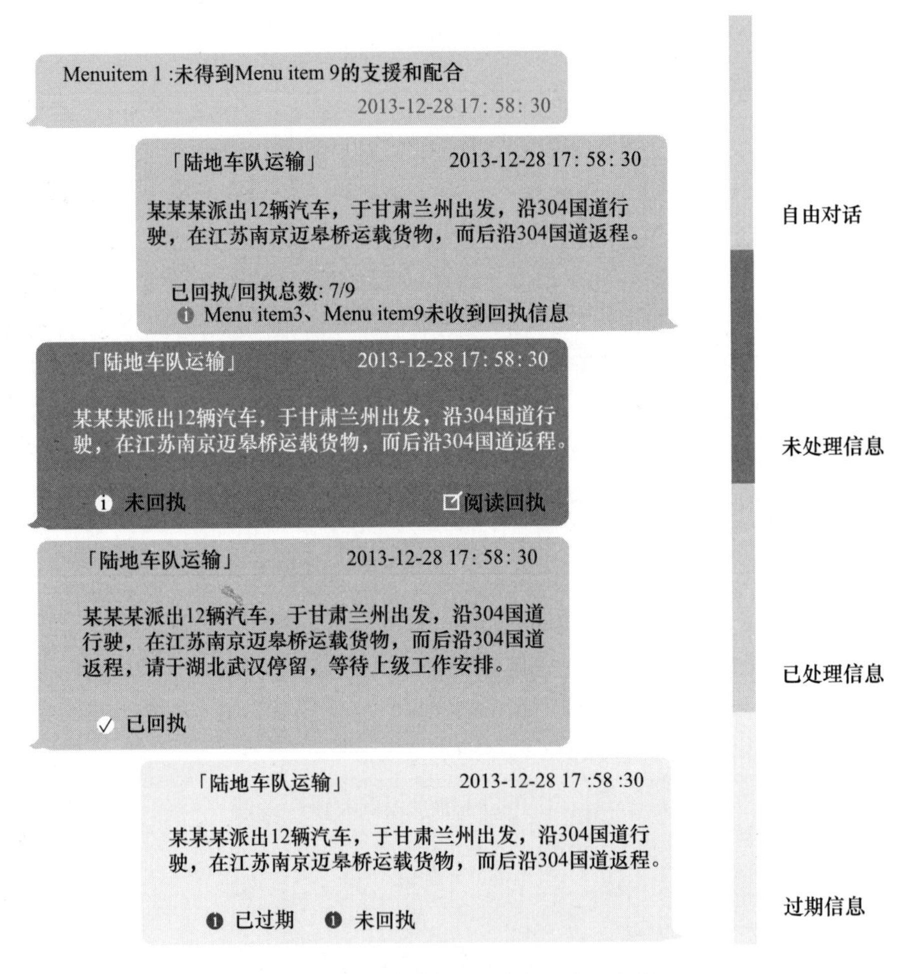

图 3－24　色彩编码运用案例二(见彩图)

深层次认知是用户对色彩属性的解码加工阶段,用户通过具体分析色彩在界面中的色相、饱和度、明度等属性变化,获取蕴含在不同色彩中的各类信息属性,从而提取界面内在信息的关联性引导,如同主题同级信息的功能划分、不同层级主次信息的关联性、相关信息之间的重要性分层等,都是由界面色彩编码实现的。例如图3－25所示案例，根据基站的层级对不同站点采用色彩编码，在需要直观呈现各站点属性及站点之间关联性变化时，点击某站点后出现同色相数据连线进行相关站点的链接，可以清晰、有效地呈现海量数据之间的关联性，为用户提供对应站点信息的视觉引导。

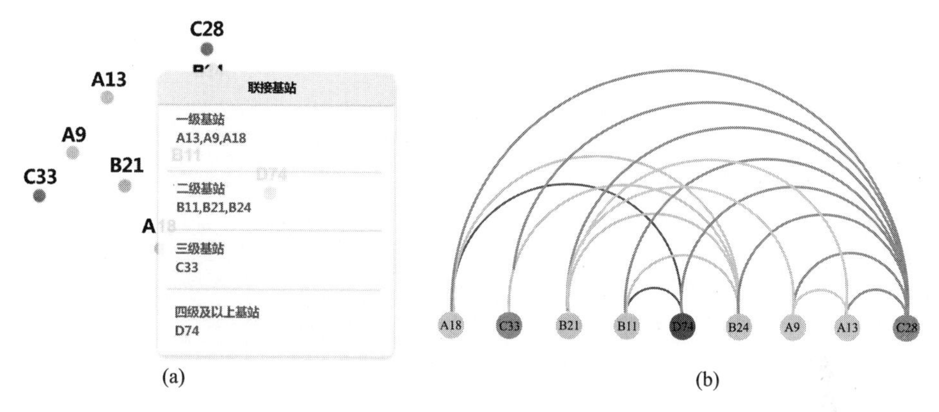

图3－25　色彩编码运用案例三(见彩图)

(a)站点层级的色彩编码；(b)站点关联性的色彩编码。

在人机界面中，用户通过对界面色彩的呈现属性、语义属性以及认知引导3个属性由浅入深的认知，形成完整认知加工过程。这3种属性的合理组合，可以进一步完善人机界面中由色彩传递的各类信息，并给用户带来舒适的情感体验。色彩属性认知加工映射模型如图3－26所示。

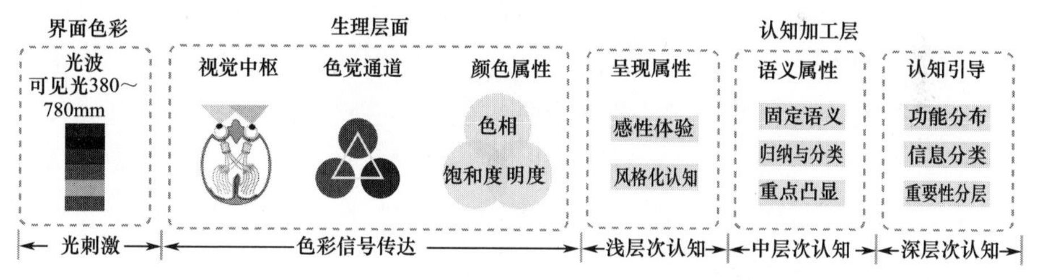

图3－26　色彩属性认知加工映射模型(见彩图)

3.4.3　界面色彩的人因需求

1. 符合感性认知

不同的色彩对人的生理感觉有不同的影响，经典的色觉理论根据波长不同将颜色分为冷色和暖色，如冷色调使人安静，暖色调使人兴奋。在色彩心理学中，色彩也同样可以影响人的心理感知。例如，色调、明度、饱和度的变化可以让人产生强弱、远近、冷暖等诸多心理感受。同样，人机界面中的色彩可以通过对位置、面积、时间等维度空间的变化，引导用户产生不同视觉生理感受和心理情绪认知。同时，在选择界面配色方案时，应考虑用户的短期记忆负担和认知速度，数量过多的颜色会干扰用户的视觉注意，加重用户的认知负荷，引起用户的烦躁情绪。需要注意的是，醒目的颜色会过分刺激人眼，长时间观察会加重操作者的视疲劳，不适合大面积使用。因此，同一界面中的色彩应当控制在7种以内，在简单的区分任务中，色彩的数量可以适当宽松，但是色彩之间的对比度不宜过高。

2. 树立主题风格

通过色彩的风格化运用可以帮助用户了解、信赖、牢记一个产品或企业的理念，企业都渴望传达给用户一种专业、信赖感强、充满活力、积极向上的品牌形象。因此，人机界面的整体色彩设计应符合界面的主题风格，充分考虑品牌的传达、环境适应性以及行业适应性效应等方面，采用情感语义与主题风格、企业文化相互吻合的色彩，传达给用户积极向上的品牌形象。例如面向智能家居类的界面，可以选用代表植物和大自然的绿色作为主色调，体现环保、自然的主题风格；航空航天类的人机界面，可以选用代表天空的蓝色作为主色调，体现科技感、安全感的主题风格。

3. 合理的视觉凸显

在人机界面的海量信息中，如何快速定位用户想要关注的内容，需要设计师合理地运用色彩来有效地突出重要信息。运用色相的对比与调和，可以在视觉上产生差别化刺激，形成落差感，从而突出重点信息，提高用户信息的接收效率。同时，色彩的饱和度、纯度也可以用来强调不同重要程度的元素，重要的信息应选择饱和度与纯度较高的色彩，次要信息可以选择饱和度与纯度较低的色彩。例如，界面的背景色一般采用饱和度低的颜色，使用户在注视界面时产生视觉上的空间感，形成界面元素背景后退的假象，减少背景因素的视觉干扰；而需要凸显的主体信息可采用饱和度较高的色彩，在视觉上形成主体信息前进的空间感，便于用户聚焦注视点并降低视觉疲劳；对于面积较小的信息要素，如按钮、菜单等，需要使用饱和度更高的色彩进行填充，使它们更容易被用户辨识，达到强化重点信息、弱化次要信息的目的。

4. 功能的归纳与区分

色彩在人机界面认知过程中的重要功能是信息归纳和区分，人们在使用人机界面的过程中，随着信息量的增多，采用色彩的变化编码可以有效地将信息进行视觉分类。色彩变化编码包括色相、明度、纯度或者透明度等色彩属性的单一变化或叠加变化。设计时可以将信息按功能等加以归类整合，采用互补配色、相似配色和拆分互补配色的色彩差异化编码[11]。互补配色是指选择在颜色环上对立的颜色，比如黄色和紫色、蓝色和橘色，这样的色彩组合对比最为清晰，认知难度最小，但有时对比视觉刺激过于强烈，易造成用户的反感与疲劳，不宜大面积使用。相似配色是指选择色相环中的相近色相，可以产生次序区分的效果。拆分互补配色是考虑基于互补颜色和相邻颜色之间的配色方案，可以有效地将信息进行区分,同时视觉刺激较温和,适用性更强,为最常见的方法。运用色彩的差异化编码进行归纳和区分,往往可以取得比形状特异或方向特异更好的效果。

5. 准确的固定语义

色彩的固定语义是指一些特定的色彩本身具有特定的语义信息和提示功能。用户基于客观经验通过对这些特定色彩的色相、明度和纯度的感知,产生相同的语义映射和景象联想。例如,红色对应最高等级的重要性强调,表示重要提醒、严重的错误、否定或限制性操作等固定语义;黄色对应第二级的重要性强调,有时也包含警告、提醒等固定语义;绿色对应安全、正确、完成或通过等固定语义,有时也表示帮助或指示的作用等。色彩的固定语义在人机界面中十分重要,具有固定语义的色彩如果被错误运用,用户会对目标信息语义产生认知歧义,从而导致严重的错误。因此,在色彩选择时应优先采用对应语义的色彩,以保证信息的准确传达,让用户在色彩感知时快速获取对应信息。需要注意的是,同一种色彩在不同的用户眼中可能产生不同的固定语义,需要综合考虑目标用户的行业标准、地域性、民族、宗教等因素,以免对用户造成误导。

6. 环境需求

通常,人机界面的操控主要发生在日常环境中,但在某些特殊行业,也需要面对一些极端的人机操控环境,比如无光密闭的操作环境,或者强日光照射的环境。对于这些特殊环境的色彩设计,需要满足以下两个方面的要求:

(1) 明暗环境需求。色彩设计要优先考虑人眼的舒适性,以信息传达的清晰、准确为色彩设计的第一位。设计时,应根据环境光选择背景色与前景色的纯度与明度,适度调节界面中各类信息要素的明度、对比度,保证界面内容与目标控件在明暗光源下的清晰呈现。同时,可以采用简单的色彩线条与色彩块面来引导用户进行相应的界面操作,凸显界面中的功能控件色彩,弱化界面中的装饰性色彩,以减轻特殊光环境下用户的认知负荷。

(2) 目标动态环境需求。在一些特殊的操作环境中,比如车载环境、户外环境等,用户进行人机操作的环境一般为动态环境。这种动态环境下用户的心理压力较大,操作干扰较多,且长时间操作易产生疲劳,并对眼睛造成损伤。在这种情况下,界面设计中色彩的选择应当起到降低视觉疲劳的作用,尽量避免高纯度的色彩设计,同时动态环境下注意力较难集中,需要控件之间的色彩区分清晰且避免强烈刺激,宜采用中纯度、高对比度的色彩搭配,减少对用户的视觉损伤。

3.5　界面布局的人因分析

3.5.1　布局的概念及分类

人机界面布局设计,即以一定的方式将界面元素进行排列和分布,使其达到某种最优指标。界面布局方式是人机界面的重要组成部分,良好的界面布局有助于用户快速获取界面信息、高效进行视觉搜索并顺利完成相关操作,强化用户对系统的积极认知,从而减少用户认知负荷,同时得当的视觉信息布局形式能够满足用户的审美需求,提高用户对界面的满意度。

通常,人机界面的布局按照信息排列形式可以分成5种基础形式。

(1) 左右型,一般界面的左面是导航等功能控件,右面是正文或主要编辑操作区域,形成以左右区分的布局结构。

(2) 上下型,与左右型类似,一般顶端是导航等功能控件,中部和下端是正文或主要编辑操作区域,形成上下框架分类。这两种类型的结构非常清晰,一目了然。

(3) "口"型,即四周型界面布局。一般上下左右都有菜单排列,左面一般是主菜单,右面放些导航条等,中间是主要内容。

(4) "三"型,是将整个页面分成三部分以上,一般用于没有主次的功能界面。

(5) 对称比较型,是在左右型或上下型的基础上将两个部分以颜色区分,优点是视觉冲击力强,缺点是很难将两部分结合。

布局设计一般会基于上述5种基础形式,再结合界面自身的信息架构和功能属性,进行合理的变化和拓展,使其在界面上合理呈现。随着交互技术的更新、时代的流行趋势发展和人的审美变化,布局的形式同样也会不断地发生变化。

3.5.2 布局的认知属性

在人机界面各设计要素中,布局是与人的视觉感知原理以及认知特性最相关的要素。用户通过布局获取界面中的信息分布和各区域内的信息表征,同时确定各区域间的关系和秩序。Shneiderman[12]提出,布局设计中的信息呈现应遵循"概览—聚焦与过滤—信息细节"的原则。为了能够让用户对信息的认知更加有效,在布局结构设计时需要建立完善的用户浏览策略,以辅助用户全面和准确地获得所需信息[13]。因此,布局的认知属性可以从视觉感知规律、视觉流程和关注点3个方面展开。

1. *布局中的视觉感知规律*

视觉系统处理信息的机制是利用多个处理单元完成不同的处理任务,可以简化为一个三阶段的模型,如图3-27所示。视觉感知活动由两个过程确定:自下而上的过程和自上而下的过程[1]。自下而上的过程源自呈现在视网膜上的视觉信息,即在人机界面的信息内容。自上而下的过程可由注意力来描述,它由完成某些目标的需要来驱动,即用户的任务与目标。

人机界面中用户的视觉感知过程如下:眼睛运动获取界面布局的粗略特征

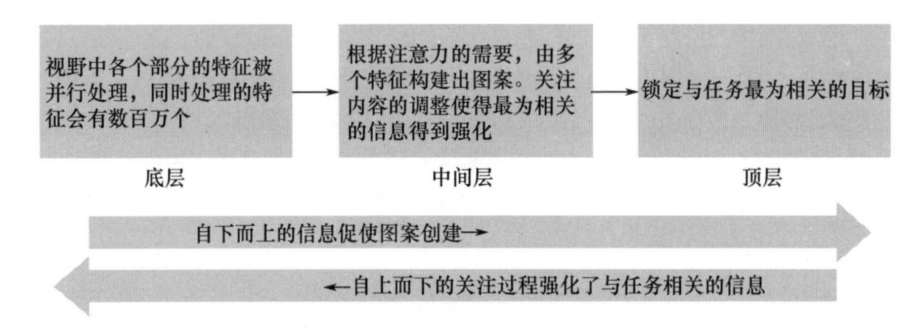

图3－27　视觉处理层次结构模型

图,并将其传递至大脑,根据注意力的需要,大脑加强与目标相关的局部信息并抑制不太相关的信息,指引眼睛关注目标的潜在区域,并进一步构建详细的信息架构分布图,再通过对布局中各类区域信息连续的选择和过滤,用户最后锁定目标区域从而获取所需信息[14]。因此,如何通过界面布局的位置关系引起用户注意,帮助快速、有效感知并获取目标信息是界面布局设计的重要内容。

2. 布局中的视觉流程

视觉流程是指视线在界面上具有方向性的运动轨迹,它是一个从整体感知到局部感知的过程[15]。视觉流程与界面的布局形式息息相关,用户使用界面时,视线并不是按直线进行平行运动,而是随着界面布局形式进行视觉空间的流动,同时伴随一系列的跳动和注视,形成视觉流程。不同的视觉流程对应了不同的布局形式,视觉流程主要有如下3种形式:

(1) 单向视觉流程。单向视觉流程一般有两种形式:直线视觉流程和曲线视觉流程。直线视觉流程表现为3种形式:横向视觉流程(图3－28)、竖向视觉流(图3－29)和斜向视觉流。曲线视觉流程最具代表性的是“S”形态的视觉流程,其韵律感较强,视线从左上向右下运动。根据人的认知规律可以发现,这类单向视觉流程较符合人的自然视线运动,这类布局形式有明显的视觉引导性,能够提高用户认知速度。

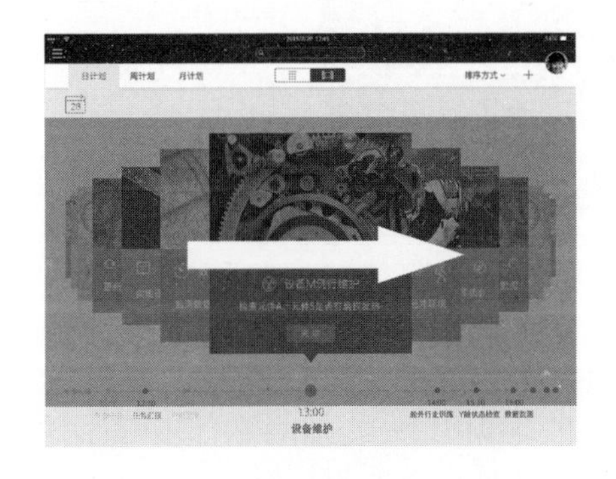

图3－28　横向视觉流程界面

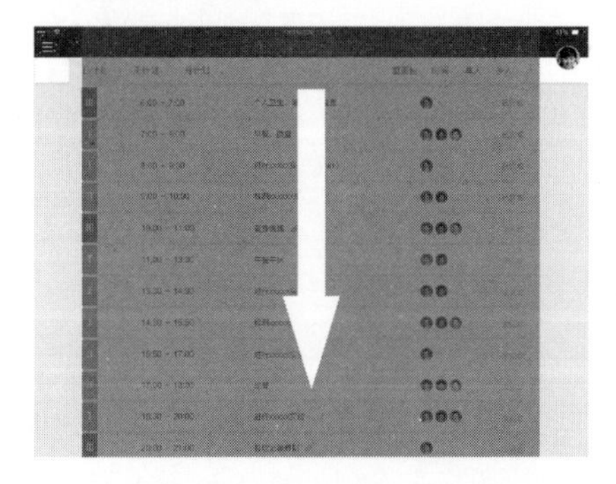

图3－29　竖向视觉流程界面

（2）导向视觉流程。导向视觉流程通常在布局中会使用一些视觉诱导符号和导向结构来引导用户视线，如线性结构、环形结构和树形结构等。这些明显的指示性符号赋予了界面视觉元素一定的视觉方向，让用户跟随导向结构进行认知，如图 3－30 所示。这类布局通常会按照时间相关性、功能关联性或步骤连续性进行排布，以上、下、左、右或前、后的次序呈现信息内容，从而形成分布清晰、重点突出、具有流动感的布局形式。

图 3－30　导向视觉流程界面

（3）焦点视觉流程。如图 3－31 所示，视觉焦点是在详情界面中比较常用的布局形式。这类布局通常会放大中心焦点的信息对象，用户在浏览信息时，视线会沿着中心焦点的倾向与力度进行，视线一般从界面中央区域开始向周围扩散。

图 3－31　焦点视觉流程界面

3. 关注点

当用户集中精力观察界面布局时，会有一个视觉锚点，其所关注的当前内容最多只有一个且具备唯一性，即关注点。布局设计时可以将主体对象高亮，背景增加灰色蒙板进行视觉空间的分割，或在关注点的对象周围放置一些无内容的留白空间,以便用户专注于当前目标信息。合理的布局形式可以将界面元素的呈现序列与视觉流程相对应,使用户关注点锁定在目标上,能够降低用户认知负荷,提高操作效率。

3.5.3　界面布局的人因需求

1. 布局中界面的人因需求

1）视觉分布均衡

心理学的研究表明,界面中的用户视觉扫描习惯是从左至右、从上至下,上半部分与左半部分让人感到轻松和自在,下半部分和右半部分则让人感觉稳定和压抑。因此,在设计时需要考虑布局中的视觉均衡,注意界面元素的大小、比例、间距、空白等因素,包括合理的分布形式、视觉容量、布局密度以及适度的视觉冗余,保证布局在视觉上的对称和平衡,以及整体设计风格的一致性。同时,在信息量较大的界面中,权重最高的任务应置于界面的视觉中心,适当结合“留白”的布局设计,避免界面中信息的密集堆积,均衡用户的注意力资源,减轻用户的视觉压力。此外,合理控制视觉元素,集中呈现与任务相关的部分,不要把所有的信息都同时呈现在界面中,保持布局的视觉分布均衡可以让用户觉得恰如其分,避免拥挤与堆砌造成的不舒服,提高用户舒适度。

2）合理的主次分区

界面布局的主次分区包括了信息间的重要性层次和区域间的逻辑层次。从信息属性的重要性出发,可将界面中的信息划分为重要信息、次要信息和相关信息3类。同时,界面布局中各区域之间也存在不同的逻辑关系,例如任务逻辑关系、属性逻辑关系和物理关系。布局设计的主次分区应根据信息的重要性和逻辑关联性进行,首先将最重要的元素排布在视觉中心,其次将次重要元素按一定方式放置在适当的位置,如操作频率、使用习惯等,最后将剩余元素进行排布。同时,合理分配布局的最佳视域和有效视域,保证重要任务的优先权,从策略上使得设计者对界面元素进行重新思考,而不仅停留在美观和视觉平衡的层面。最终统筹布局内部结构之间的逻辑关系,使之在界面上有序排布、疏密有度的呈现,使用户保持高效操作。

3）优化视觉流程

布局中的视觉流程是影响用户视觉行为的主要因素,直接影响了用户的认知加工方向。恰当的视觉流程可以优化用户的视觉轨迹,使用户可以沿最简洁、高效的逻辑路径进行操作,避免无用的注意资源浪费。因此,布局中视觉流程应根据实际的信息呈现需求来选择对应的导向结构,并基于用户的浏览习惯和任务连贯性进行后续的布局设计与优化。合理运用视觉流程中的移动规律和一致性原则,可以有效地引导用户视线自然、舒适地进行流动,保证用户快速、清晰地获取目标信息。需要注意的是,当界面信息量较大、布局形式受到一定局限时，视觉流程的设计需要考虑新手用户的熟悉程度和易学程度，适当增加一些视觉诱导符号或图形进行引导。

4）基于用户习惯

界面布局的认知加工涉及主体界面与客体用户两个因素，用户作为客体接收信息后，借助自身的知识和经验进行理解和判断。因此，布局设计需要重点考虑用户自身的经验和习惯，适当地保留用户的习惯，将布局中的视觉信息与用户的心理预设进行对应呈现，才能让用户轻松、快速地理解界面的信息分布，避免因习惯不同而引发错误。布局要素与其他要素不同，并不推荐采用推翻式的创新设计，过于打破常规的布局形式容易与用户已有的认知经验产生冲突，造成理解歧义，同类型或同系列的布局通常建议采用延续性的设计。基于用户经验进行布局规划，可以帮助用户以更贴近需求的方式获取新目标，在熟悉的环境中去进行操作。同时需要注意，用户持续使用某种界面布局也会形成固定思维，养成难以放弃的新习惯，设计时应考虑这些潜在的新习惯必须具有普适性和延续性。

2. 布局中文本的人因需求

除了考虑布局本身的人因需求外，界面布局的人因分析还需要考虑布局中的一个重要元素——文本。文本由文字组成，对用户来说，文字的语义信息传达是最简单、最直接的。文本除了被用来输入、输出、传达控件语义、辅助说明控件信息等功能外，文本的编排形式也对布局的认知有一定影响，合理的文本设计能够提升界面整体美感，有助于布局的信息分布，并且能辅助信息更好地传达。通常，文本在人机界面中的编排主要包括字号、字体、分段与行距几个方面，因此，文本的人因需求也与这几点相关。

1）层次分明的字号

字号大小可以用多种方式来表示，常见的如磅或像素。在字号的选择上，不同的字号对应了不同布局区域的信息层级和重要性。较大的字号可用于一级标题或其他需要强调的区域，较小的字号可以用于次级内容或附加信息。但需要注意的是，字体过大会导致整体布局协调性差、视觉中心偏移，字体过小会导致辨识度过低，耗费用户读取信息的时间。因此，比例适中、层次分明的字号最符合人因需求。

2）与整体风格一致的字体

目前，人机界面中的常用字体种类繁多，不同字体之间的细微差别，都会给用户带来不同的视觉体验。符合人因需求的字体需要满足既能准确、高效地传达信息，又能够保持自身风格与整体风格一致的要求。因此，布局中字体的选择需要依据字体所处的不同人机界面的主题风格来确定。此外，字体本身具有视觉引导作用，可以采用加黑、变灰、加粗、倾斜等设计，以进一步呈现字体所代表的布局信息之间的重要性层级。对于同一界面上不同布局区域中的文本，则需要考虑字体间的相互匹配程度，尽量保持整体布局的和谐统一。

3）合理的分段、行宽与行距

在界面中，独立散乱的文字通常不易被理解，只有当文字组成文本时，文字本身才具有意义。在同一界面中，分段、行宽与行距不同的文本代表着它们隶属于不同的布局模块。因此，在设计文本时，合理的分段、行宽与行距不仅可增强整个界面中的空间层次感，还可以线条分隔文本，辅助引导用户的视觉轨迹。而过大或过小的分段、行宽与行距会使文本整体变得散漫或过度拥塞，不仅影响文本整体上的连贯性，还会导致用户产生厌烦感，造成不必要的认知负荷。

3.6　交互设计的人因分析

3.6.1　交互的概念与分类

交互是人与界面之间互动的一种机制。人与界面互动的基本框架是通过用户输入及界面输出而实现的人机对话。因此，人与界面的交互可以认为是在某种环境下人机对话的机制，交互设计则是研究在特定环境下如何构建出符合操作者生理模型和心智模型的互动机制。

Preece 等[16]在《交互设计——超越人机交互》一书中提到，可用性和体验性是交互设计实现的目标，可用性体现在系统功能的实现，体验性则体现在能够给用户带来自然流畅的互动体验。人机界面交互设计的目标是通过人机系统交互使得用户可以高效地使用界面，并能够在与界面的互动中得到良好的情感体验，它是用户、界面和环境三者的和谐运用。其中，用户是人机交互的主体，界面是人机交互的载体，而环境是贯穿于整个人机交互过程的影响体，在进行交互设计时只有充分考虑这三种因素，才能设计出真正好用的交互界面。交互按照其作用可以分为提示类交互、推送类交互与展开类交互。

1. 提示类交互

提示类交互包括操作的提示、信息的提示以及故障、误操作等的系统报警。操作提示是为了降低用户的学习难度，告知用户当前操作所处的进程；信息提示和故障告警是为了用户快速识别、获取信息，基于信息的重要程度不同，提示的手段方式不同。

2. 推送类交互

推送类交互是指对于一些特殊的信息在运用提示方式的基础上，直接推送到屏幕的最前端，方便用户快速获知，这一交互方式建立在对信息重要等级的分层基础之上。

3. 展开类交互

展开类交互主要指的是对话框的弹出、收起等动作，这里自然过渡的过程可以降低用户认知负荷,缓解用户的疲劳。

3.6.2 交互中的认知属性

交互是检验界面可用性和用户体验的重要部分,它的设计好坏直接影响用户的认知活动和操作结果。人机信息交互过程主要包括界面信息的输入与输出,系统通过界面提供用户显示和操作机制,用户通过生理感知系统(视觉、听觉等)接收相关信息,并对信息进行认知和决策,最后用户通过特定的交互方式向界面输入信息,界面对输入信息进行处理后向用户呈现相应的信息反馈。因此,交互首先要考虑信息输出和输入在人生理层面的舒适区范围,并基于用户的视觉舒适区与操作(触控)舒适区展开交互的人因分析,如图3-32所示,不合理的视觉显示区域容易引发长时间注视,易产生视觉疲劳,从而增加视觉负荷。同时,操作(触控)区域布置不合理,会导致任务无法执行且极易在关键操作或长时操作时产生误操作。

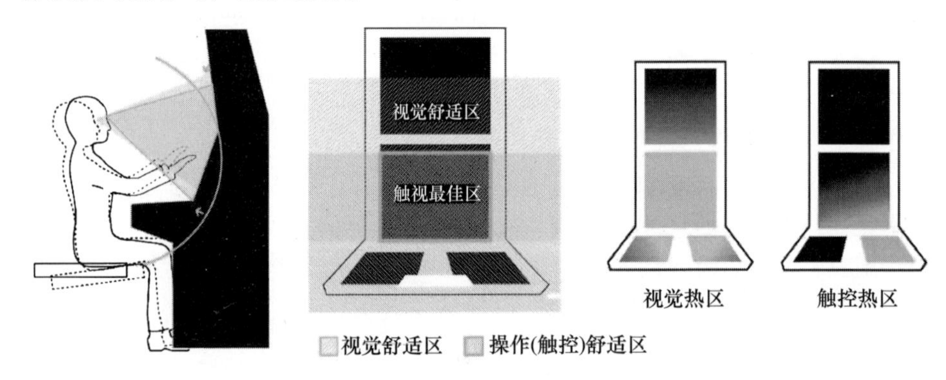

图3-32 人机交互中的视觉舒适区与操作(触控)舒适区(见彩图)

交互的主体是用户,应该以用户为中心,一般用户群体可以分成3种类型:新手用户、中间用户和专家用户。交互模式应兼顾这3类用户群体的心智模型,才能实现以人为本的交互。交互的客体是信息,人机界面中的视觉信息具有功能性、实时性和动态的特征。人机交互中信息的呈现通常会随着信息源的变化而改变,也会随着用户的交互动作改变而发生变化。

从交互的载体来看,人机界面的信息呈现主要以人的感觉通道为载体,常见的是以视觉、听觉通道为主。声音作为信息提示,可以表示信息提示、紧急告警和操作反馈等。同时,不断创新发展的科技也为人机界面带来各种新的交互方式,例如多点触摸、语音识别、手势识别和增强现实等。不同的交互方式的技术实现、应用场景以及满足条件各不相同,因此要基于人机界面的实际需求来选择交互方式。

从交互的复杂程度来看,可以分为外在复杂度和内在复杂度。外在复杂度是指用户对当前交互方式的执行难度,用户是通过具体的交互动作来实现不同的交互目标,交互动作包括过滤、控制、选择、缩放等,这些交互动作的操作步骤、执行难度会影响用户的交互体验。当用户将注意力集中在某个对象元素,如点击选择或鼠标滑过的过程中,应当给予用户简略的文字说明,便于用户通过关注点获取简单信息,避免了海量图元信息复杂度带来的认知负荷[17],如图3－33所示。

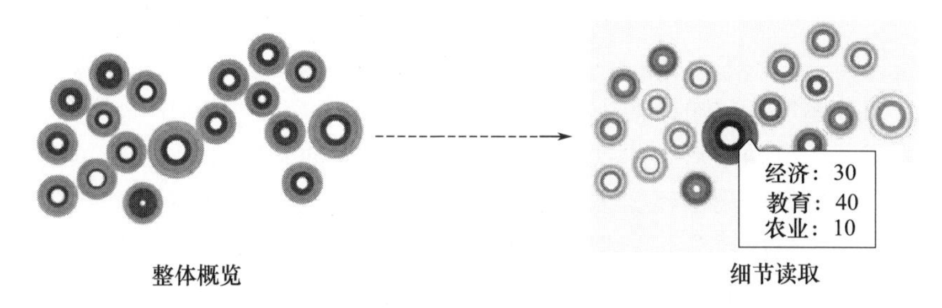

图3－33　鼠标划过时带有信息提示的交互设计

内在复杂度是指交互方式对有效信息的过滤难度,当前的交互方式是否能够精准、快速地挖掘、过滤信息,内在复杂度检验的是交互方式与用户的信息解码过程是否匹配。一些界面的数据信息自身多维且大,常见的二维交互形式存在很大局限性,可以采用用户的视觉角度能够随着操作进行自由变化的交互方式,让用户通过动态旋转等交互实现操作联动,实现多维信息的多层关系完整表达。如图3－34所示,用户从视角①旋转到视角②后,可以看到目标信息的更多维度。

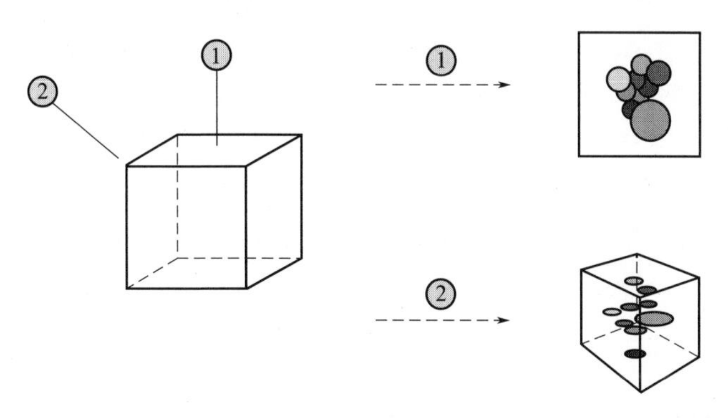

图3－34　可以动态旋转视角的交互设计

除上述属性之外,交互的目标应包括可用性目标和舒适的用户体验[18]。可用性目标是交互设计的核心,通常包含可行性、高效性、安全性、通用性、易学性和易记性6个子目标;舒适的用户体验指的是用户进行交互时的情绪体验,如愉悦感、舒适感和趣味性等。

3.6.3 交互设计的人因需求

1. 恰到好处的隐喻

隐喻是指交互设计应当符合用户的认知习惯,利用人们在日常生活中积累的经验来识别交互方式中的相似属性,与已知的熟悉事物联系起来,进而快速理解、识别目标对象的交互方式。交互中的常见的隐喻形式包含视觉隐喻和听觉隐喻。视觉隐喻指通过视觉元素进行语义映射,让用户通过熟悉的视觉元素产生相似的联想;听觉隐喻指将界面中的信息映射成自然声音,并通过音频与音调的高低属性来隐喻界面中的信息变化。隐喻本质上是在用户已有的知识基础上建立一组相似知识,实现界面视觉提示和界面功能之间的知觉联系,进而帮助用户从新手用户转变为专家用户[19]。例如,苹果公司的 Mac 产品在开机解锁的时候运用摇头动作表示密码输入错误,这个运用的就是交互动作的隐喻。这种恰到好处的隐喻借助了用户过去的经验和习惯,可以让交互方式契合用户的心理模型,以降低用户的认知、理解难度。

2. 高效性与趣味性的权衡

优秀的交互设计应该具高效性和趣味性两大特性,适用于不同场景和任务需求。高效性是指界面中的交互形式可以提高信息传递的效率,例如通过重要信息的分层推送来帮助用户获取信息。趣味性是指在交互中增加一些轻松、活跃的变化形式,以建立界面和用户之间的情感联系。需要注意的是,如果一味追求高效性,易营造紧张的氛围,加速用户的疲劳,缺少人机界面的吸引力。而一味追求趣味性,纯粹为了取悦或震撼用户设计出累赘的交互动效,则会使得整个界面冗余部分过多,操作效率降低[20]。因此,既不能一味追求交互高效性,也不能一味追求交互趣味性,而是应当在风格场景匹配的前提条件下,对高效性和趣味性进行权衡,选择最合适的交互动作形式。

3. 自然的多通道交互

多通道交互是近年来迅速发展的一种人机交互技术,它适应了“以人为中心”的自然交互准则。多通道界面将自然语言理解、手势输入、姿势理解、视线跟踪等多种输入通道综合起来,从中提取用户交互语义,识别出最终交互目的,提高人机交互的高效性[21]。多通道的交互方式在构建空间关系、凸显功能、提升用户体验等方面具有重要意义。随着科技的不断发展,虚拟现实、增强现实等多通道技术的引入给人机界面带来了越来越自然的交互方式。自然的多通道交互可以在不影响用户当前操作的基础上,将相关信息通过视觉、听觉、触觉等多通道呈现,打破了人机交互必须专注于屏幕的局限,减轻了用户的视觉认知负荷。因此,将多通道技术与交互方式进行匹配,提供给用户更加友好的界面,让用户在进行交互操作时富有沉浸感,营造自然而然的互动体验,也是交互设计中的重要需求。需要注意的是,过度增加多种交互的输入模式也易引发的错误,需要根据实际情况进行选择设计。

4. 必要的容错和恢复机制

通常,在人机界面中的交互动作并不是单一的,交互的动作与操作方式会随着不同的交互目的而变化,但是保证各类交互方式的正确、精准操作是最重要的人因需求。因此,在用户出现错误时,交互设计需要考虑必要的容错和恢复机制,通过提醒、反馈、二次确认等方式,最小化用户的误操作的发生率,以减少误操作带来的影响[22]。同时,还需要保证交互的连贯性,特别是人机操作过程中可能出现一些突发状态,比如监控对象故障,这时可以采用彩色突变、动态提示、声音报警等交互形式,让用户在第一时间注意到,引导用户去对故障信息进行及时处理。

5. 风格场景的匹配与平衡

在人机界面中,交互设计的好坏并不是由自身决定的,而是由交互所应用的场景匹配性决定的。和图形、色彩的设计一样,人机界面的交互动作设计也要考虑到风格场景的匹配,创造实用、自然和谐的交互形式才是核心目标。比如在游戏类软件中可以运用一些炫光、转动的交互动作以增强视觉效果,但是运用到日常管理类的软件界面中却不适用,易造成降低操作效率、增加机器负荷的不良后果。适用于手机界面的“摇一摇”等趣味功能,也不适用于学术研究、管控类等严肃、理性的人机界面中。同时,界面中交互呈现出的交互种类和步骤的数量必须考虑人机界面的视觉平衡、视觉容量、短时记忆容量等,以保证用户的认知负荷不会过载。

6. 必不可少的设计评估

人机界面的交互设计是一套从用户需求调研到设计评估的完整流程,需要在不断的程序开发和实际评估过程中完善。因此,在设计过程中对具体案例中的交互进行科学评估,尽可能发现交互设计的可用性问题,并指导和改进后续设计,是整个交互设计中的不可或缺的步骤。目前,人机界面系统的人因绩效评价方法较多,从评价方法的主要基点上划分大体可分为基于专家知识的主观评价方法、基于统计数据的客观评价方法、基于系统模型的综合评价方法和基于设备技术的生理评价方法4类。这部分会在第6章详细介绍。总的来说,交互设计的核心主体是用户,只有完成必不可少的设计评估,才能真正从用户角度获得实际反馈,并完善最终设计。

参考文献

[1] 薛澄岐. 复杂信息系统人机交互数字界面设计方法及应用[M]. 南京:东南大学出版社,2015.

[2] 蔡明琬. 增强认知效率的音乐情感缩略图研究[D]. 杭州:浙江大学,2013.

[3] 张晶,薛澄岐,沈张帆,等. 基于认知分层的图像复杂度研究[J]. 东南大学学报(自然科学版),

2016,46(6):1149 - 1154.
[4] 戴蓉侠. 智能建筑中火灾监控系统的图形用户界面设计[D]. 上海:上海交通大学,2008.
[5] 李晶. 均衡认知负荷的人机界面信息编码方法[D]. 南京:东南大学,2015.
[6] 田胜,温阳. 基于认知心理学的信息系统界面导航设计研究[J]. 科技创新与应用,2015(32):28 - 29.
[7] 匡雨驰. 数字界面信息架构设计研究[D]. 南京:东南大学,2014.
[8] 王芳. 基于眼动追踪的数字界面布局设计研究[D]. 南京:东南大学,2014.
[9] 金涛. 数字界面态势感知的评价理论和方法研究[D]. 南京:东南大学,2014.
[10] 刘一凡. 浅谈界面色彩设计[J]. 教育教学论坛,2009(03):158 - 159.
[11] 苗馨月. 基于界面设计要素的数字界面设计方法与评价研究[D]. 南京:东南大学,2014.
[12] Shneiderman B. Designing the user interface:Strategies for effective human-computer interaction [M]. New York:Pearson Education,2010.
[13] 史铭豪,薛澄岐. 用户界面信息编码研究[D]. 南京:东南大学,2011.
[14] 张伟伟,吴晓莉,华飞. 数字界面用户信息获取的可视化研究综述[J]. 科技视界,2018(33):32 - 35.
[15] 官睿. 基于 ERP 技术的界面信息认知和布局研究[D]. 南京:东南大学,2016.
[16] Preece J,Rogers Y,Sharp H. 交互设计——超越人机交互[M]. 刘小晖,张景,等译. 北京:电子工业出版社,2003.
[17] 张守雪. 高维数据可视化结构模型分析与设计[D]. 南京:东南大学,2017.
[18] 鲁晓波. 信息设计中的交互设计方法[J]. 科技导报,2007,25(0713):18 - 21.
[19] 陈月婷. 数字界面信息呈现及交互方式研究[D]. 南京:东南大学,2014.
[20] 郑佳佳. 大数据信息显示界面交互设计研究[D]. 南京:东南大学,2015.
[21] 李启元,宋胜锋,雷琴. 多通道战场态势交互系统研究[J]. 舰船电子工程,2007(01):28 - 30.
[22] 魏园. 复杂系统数字界面信息可视化中的交互设计研究[D]. 南京:东南大学,2015.

4 界面信息架构的人因分析

界面信息架构是进行界面设计的基础,是人和信息交互时所查看到的结构化或者非结构化数据的依托物。当信息系统为复杂信息系统时,界面的信息架构设计尤为重要。本章从信息架构的概念入手,阐述了界面信息架构所依托的不同信息分类方法。随后从信息熵和行为分析两个方面提出了信息架构的客观评价方法,分析出信息架构所涉及的人因要素。最后,通过复杂信息系统界面信息架构改良设计的实例来综合阐述信息架构设计和评价的方法。

4.1 信息架构概述

4.1.1 信息架构的定义

信息架构是在 1976 年由美国建筑师 Richard Saul Wurman 首次提出的,1989 年他在《信息焦虑》一书中正式提出对信息架构(information architecture)的定义,其描述为:①将数据中固有的模式进行组织,使复杂之处清晰化;②创建信息结构或图表以让用户能找到所需知识;③21 世纪信息空间架构将应用于信息组织科学等领域。简而言之,Wurman 认为信息架构就是从信息复杂的状态中抽取本质要点,并将这些要点以清晰、美观、易用的方式呈现给用户[1]。

进入信息社会之后,人们获取信息的途径越来越方便,人们每时每刻都处在信息的海洋中,数字化信息的发展演变使得人们的生活方式发生了改变,人们每天都在使用数字界面,如 Web 页面、软件界面和手机应用界面,信息表现形式和信息传递形式也越来越多样化,网络技术的发展使人们由物理世界走向数字化空间,人们通过与数字界面的交互过程来获取有效的信息。如何把握数字界面的信息架构是帮助人们获取、处理和应用信息的重要前提,数字界面能否让用户找到想要的目标、完成既定的任务是关乎用户体验甚至是数字界面设计成败的重要问题[2]。

目前,信息架构已成为近年来国内外信息科学、计算机科学和数字界面设计等领域共同关注的前沿课题,是数字领域的新兴学科和实践活动,研究内容为信息的有效组织和表达,应用于网络化、数字化的信息结构设计。

从广义上来讲,复杂信息系统数字界面中的"信息"指的是各种形式的信息集合,包括文字、图片、声音等信息内容,还包括各类型的界面组件以及信息流通方式等表现和操控信息内容的载体[3]。通常可以描述为信息片段、信息集合和信息结构。信息片段由信息的基本元素,如文字、图片、图形等构成;信息集合是各种信息聚集在一起形成信息形式;信息结构则是信息聚集起来的方式。三者之间的相互关系如图 4-1 所示。

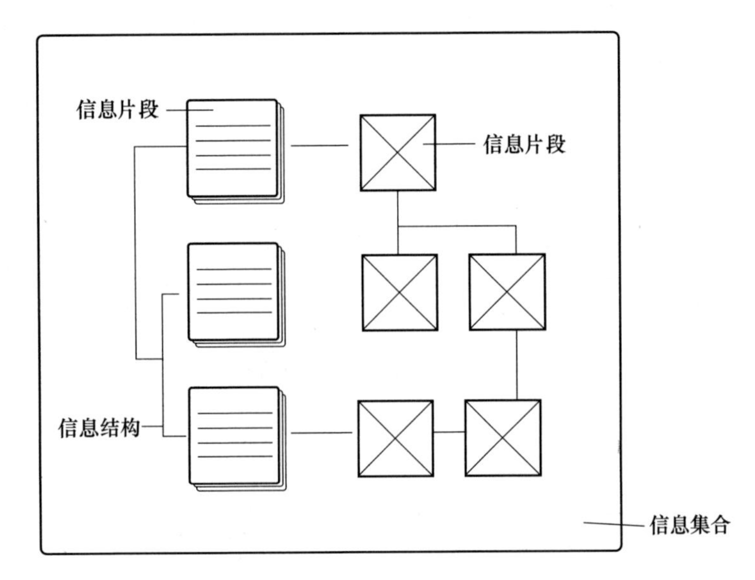

图 4-1　信息片段、信息集合和信息结构之间的相互关系

在界面设计中,设计信息结构的基本对象是信息节点,可以是一个信息片段,也可以是一个信息集合,小到一个词语,大到某个界面。对于复杂信息系统,不仅要从软件设计的角度思考界面框架、功能按钮等问题,还需要从传统信息出版的角度考虑信息的呈现、理解问题。设计信息结构包含多个方面的含义:

(1) 从信息的属性来看,可将信息架构设计分为组件信息设计和内容信息设计两部分,其中组件信息包含菜单项、按钮、导航等,内容信息包含如文档、使用说明等,如图 4-2 所示。无论是软件界面、Web 页面,还是移动应用界面,它们中的信息都具有这两种特性。从数字界面设计的角度,以任务为中心,分析每一步的操作,分析用户如何完成任务,界面是用户完成任务的工具。从信息出版的角度,所要设计的系统为用户提供了哪些信息,以及这些信息对用户的意义。有的信息节点同时属于组件信息和内容信息,比如鼠标放在工具栏的图标上时会弹出工具使用说明。

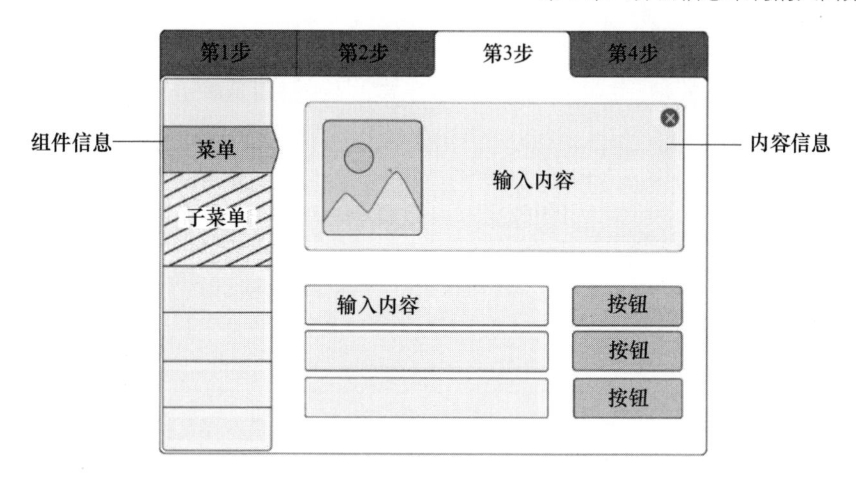

图 4－2　组件信息与内容信息

（2）从信息之间的关系来看，可将信息架构设计分为信息组织方式的设计和信息之间连接路径的设计，如图 4－3 所示。信息组织决定如何表达信息内容，包括信息的组织管理、分类、排列顺序以及内容呈现等[4]。信息交互决定用户如何操作和完成任务，提供给用户路径，描述用户在所有路径中的行为以及用户行为对系统产生的结果，目的都是为了确定呈现给用户的信息内容和顺序[5]。

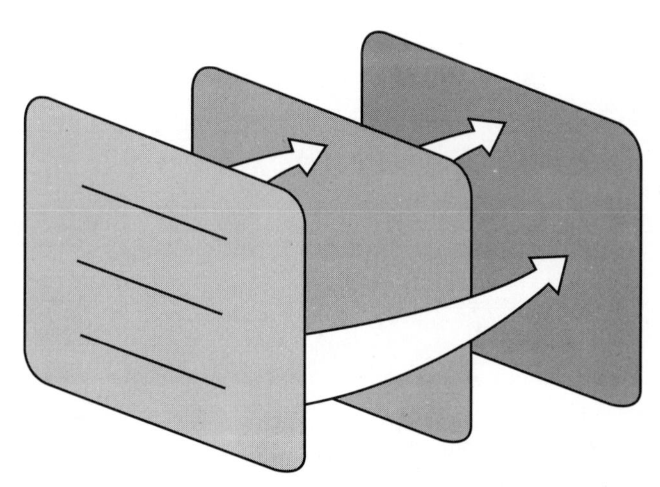

图 4－3　信息分组与信息交互设计

4.1.2　信息架构的类型

1. 线型结构

在简单的线型结构中，页面按照一定顺序排列，用户需要完成当前页面的操作才能跳转到下一个页面。即信息元素之间通过一条“线”连接，一个元素跟在另一个元素后面,如图 4 -4 所示。通常用户需要完成当前操作才能跳转到下一步的情况下才使用线型结构的架构方式,否则使用这种方式反而会引起用户反感。

另一种线型结构为"中心与辐条结构",是简单线型结构的扩展,是一组有共同起点的线型结构,从主页出发,可以分别到达其他辐条页面,只需一步"返回"即可到达主页,如图 4 -5 所示。

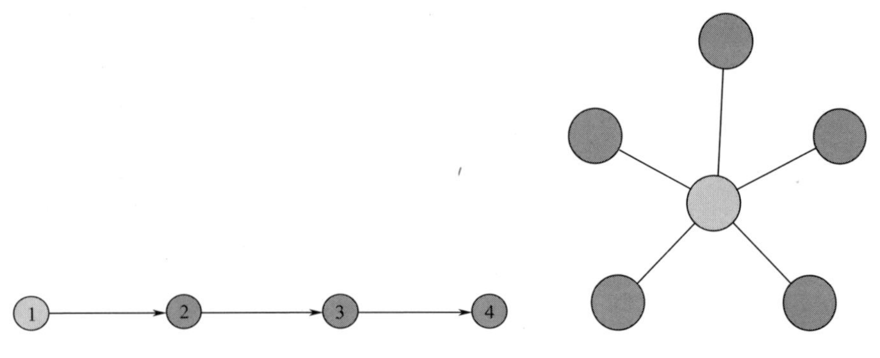

图 4 -4　线型结构示意图　　图 4 -5　中心与辐条结构示意图

2. *层级结构和多层级结构*

层级结构和多层级结构也称为树型结构,如图 4 -6 所示,由父级和子级构成,以上下级关系排列信息节点,将较低层的信息元素合并成父级,或将较高层的信息元素分解到子级。用宽度和深度来描述层级结构。宽的层级结构有很多的分组,但每一组的层数不多;深的层级结构的最高层没有很多组,但每一组有很多子级。一般而言,某个信息元素只被分到某一组当中。

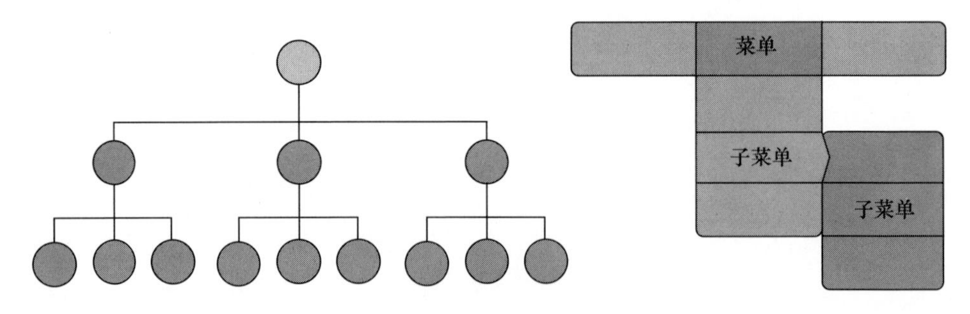

图 4 -6　层级结构(左)与菜单分类(右)示意图

大多数软件界面中信息都有层级结构的展示方式,如菜单。多层级结构指某个信息节点有多个父节点的情况,为用户提供多种路径到达同一信息节点,如图 4 -7 所示。但是可提供的路径不能过多,太多的情况下会给用户带来记忆负担。同时要注意多层级界面在导航中的问题,如果界面使用颜色编码,子界面该继承哪个父界面的颜色,相关问题都应该在早期规划好。

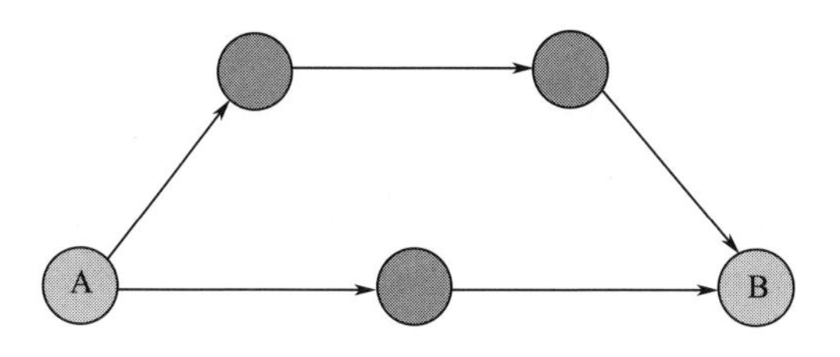

图 4 -7　多层级结构示意图

多层级结构是一种重要的信息架构方式,重用界面和信息内容,让同一界面在两个或多个类别中出现。原因是用户需求或喜好不同,就好比到达同一个目的地,不同的人喜欢走不同的道路一样。例如在某基于地图的监控软件中,用户可以点击菜单栏上的“地图”按钮,弹出下拉菜单,选择“显示地图”选项来打开“地图窗口”,如图 4 -8 左侧所示,或者直接点击常显在软件界面中的一个快捷按钮来打开“地图窗口”,如图 4 -8 右侧所示。计算两种不同方式打开“地图窗口”所需步数,在图 4 -8 左侧显示中,用户从界面到地图窗口需要 4 步,而在图 4 -8 右侧显示中,完成相同的任务用户只需要 3 步。

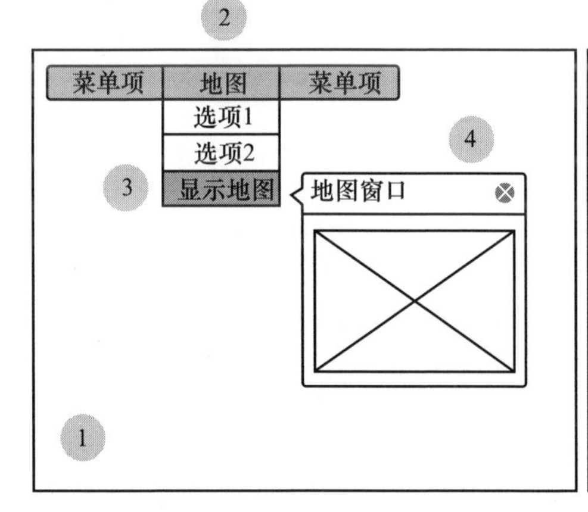

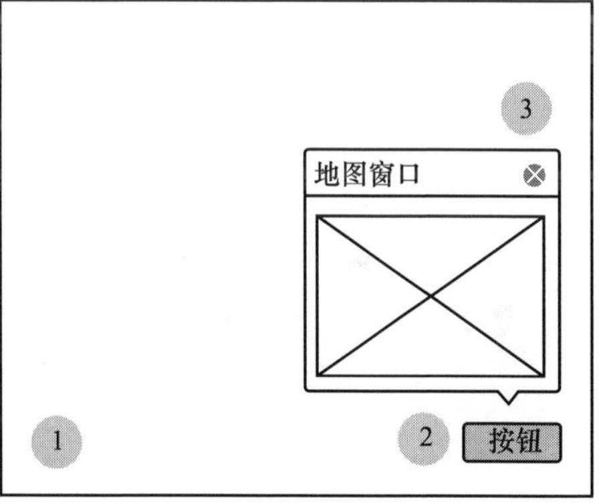

图 4 -8　两种不同的多层级结构示意图

3. 网状结构

网状结构中信息节点之间的连接关系复杂多样,没有层级或顺序。信息之间互相交叉引用和链接,没有起点和终点,如图 4 -9 所示。用户可以创建信息并链接到其他用户或信息。

4. 分面结构

分面结构提供了一种层级结构的替代方案。在层级结构中,信息节点的位置由其所在层级和分支决定,严格的层级结构限制用户只能按照预设的路径到达目标节点。分面结构为目标信息节点提供了多种访问路径,允许用户从多个角度访问信息,信息的定位由其属性决定,更具有灵活性。分面的属性是彼此互斥的类别。每个分面类别下面又有具体的描述。在层级结构中,信息位置由父级、同级和子级信息给出,在分面结构中,目标信息的位置由信息各属性的子类别共同决定,如图 4-10 所示。除了为信息提供多个路径,改变信息某个分面下的子类别不会影响其他分面,但层级结构中,某个级别的改变会影响到整体结构。

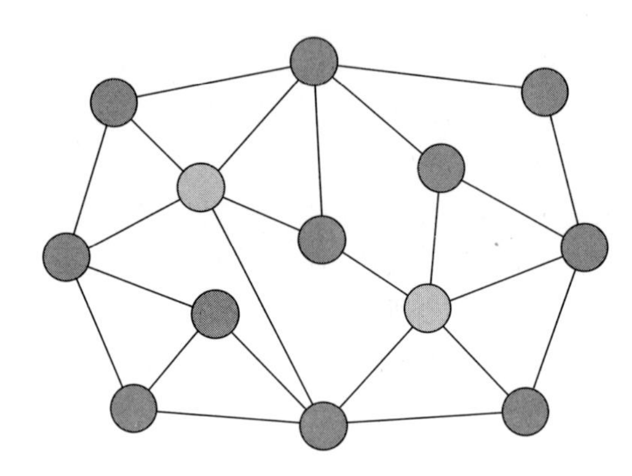

图 4-9　网状结构示意图

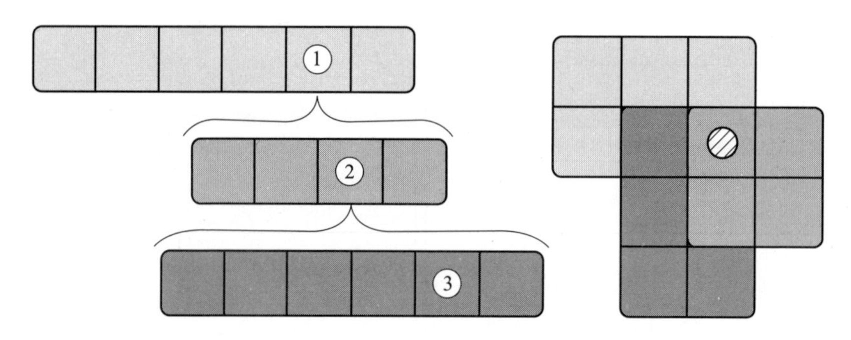

图 4-10　分面结构示意图

5. 综合结构

一般而言,复杂信息系统界面中不会只是采用某一种信息结构形式,大多是几种结构形式的混合,使用什么结构和使用几种结构都要依据具体的功能需求来定。如图 4-11 所示,界面首先采用了线性结构,"第 1 步"至"第 4 步",确定整个任务流程,然后每一步中采用了层级结构和网络结构,如界面左侧的"菜单"和"子菜单",用于选择界面中间操作区的内容。在界面中间的操作区中,各种按钮可以通往不同的界面或窗口,形成网状结构。

6. 自组织结构

这种结构不是事先设计好的,而是自发形成的,自底向上的过程。例如维基百科,允许用户添加、编辑和删除信息内容或页面,用户不断地修改内容和添加新的主题,网站的结构有组织的增长。每个参与的用户都决定了信息架构的

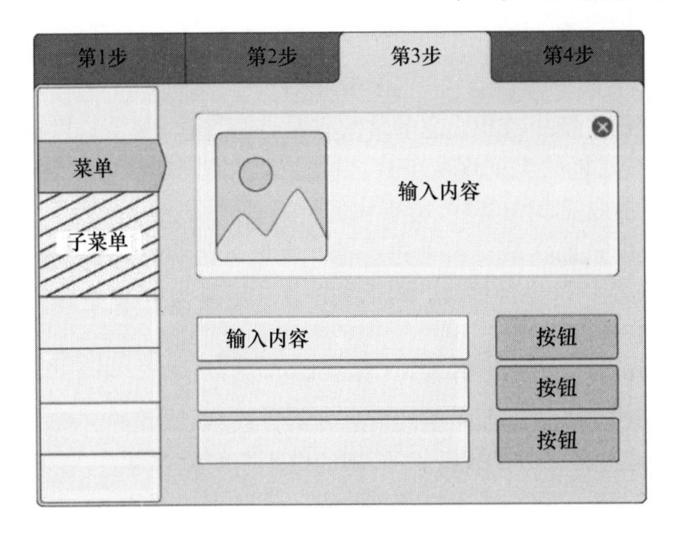

图 4－11　综合结构示意图

规模、方向和增长，这种结构建立于某种规则之上，随着用户的贡献而增长。

除了以用户操作而定义的自组织结构外，随着人工智能的发展，自适应界面也得到愈加广泛的应用[6]。自适应界面是针对“人－机－环”中一个或多个因素的变化，而产生的更符合使用情境的自响应界面结构。其中启动因素中人的因素包含用户的使用频率、历史或者实时的兴趣区、用户的使用习惯等。例如，可以通过对眼部的追踪来确定兴趣区，以增加、减少信息模块或者改变信息模块的面积范围或显示区域。除了人的因素以外，不同终端设备的显示设置等构成了启动因素中“机”的因素；而环境中的光线、振动以及环境中的信息通道传递的流畅性可以构成启动因素中环境因素。

4.2　信息分类方法

分类是人的基本逻辑思维形式之一，是人类认识和区分客观事物的思维活动。这种概括、分析的思维方法可以使人们将大量缤纷杂乱的事物条理化和系统化[7]。当把大量的信息进行分类整理以后，就能全面、系统地从不同角度呈现事物的内在层次关系与逻辑关系，从而为信息的查找和使用奠定基础。

如何将信息分类没有对与错之分，目的是寻找满足用户需求和软件功能的分类方式。任何信息的分类方法都有无数种，没有最好的一种方法，关键是如何找到适合用户，适合设计目标的方法[8-9]。常用分类方法大致可以分为精确分类和模糊分类。精确分类可按时间、首字母、地理位置等进行分类，只需要确定细分的程度，如地理位置精确到城市还是街区。模糊分类可按科目、目标用户、任务等进行分类，这些分类比较容易产生歧义。

4.2.1 传统分类法

在已组织的系统中查找信息的常用方法有两种:一种是按目标名称直接搜索;另一种是按目标的类别逐次查找。按目标的类别逐次查找便是分类查找,将目标分类的方法称为分类法,将事物的特征、属性以分类的手段加以描述、记录、整理和存储,从而实现分类查找目标。常见的传统信息分类一般是按照信息的主题和形式来划分,比如图书馆的图书以学科为分类标准,辅助作者、时间、出版方等分类方式。

分类查找的形式有浏览式查找、直接搜索、浏览与搜索相结合 3 种。

(1) 浏览式查找。按照系统的信息分类方式,以线性的方式沿着某个起点逐级查找,浏览过程可以是跳跃式的,即能够不断变化起点。

(2) 直接搜索。用户可以对需求明确的信息直接搜索,输入某些关键词来进行查找。

(3) 浏览与搜索相结合。在进行浏览式查找的过程中,在特定类目的限定下输入关键词以便迅速找到信息,或者先输入关键词查找信息,在此基础上进行浏览。

基础分类法有以下几个原则:

(1) 分类大纲清晰明了。分类大纲是用户浏览信息的入口,用户浏览分类大纲的过程即用户将自己的认知经验与系统的信息结构相匹配的心理过程,应尽量减少用户思考时间,要求分类大纲能清晰的展示系统所包含的知识领域,并以科学的、通用的语言加以描述。

(2) 类目划分层次适当。层次决定了分类体系的详略程度,层次越多越深,信息被组织得越细密,用户找到信息的准确度越高,但同时也会导致较低层级的信息难以被找到,因此类目层次应结合所属领域选取适当的层级数。

(3) 类目划分标准易于理解。不同对象的划分标准不同,同一层级中使用了不同标准的对象需要相互区分,同时也要考虑用户自己可能的类目划分标准。

(4) 集中显示全部相关信息。由于信息的多重属性,可以被划分到不同的类目下,此时可以考虑在一定范围内集中呈现相关信息。

(5) 为用户浏览提供导航和指引。用户需要能够随时返回初始位置或退回到某一级类目,系统应该提供必要的导航与引导功能。

4.2.2 自上而下法与自下而上法

(1) 自上而下法:从设计目标和用户需求着手,将任务拆解,信息的分层随着操作步骤而层层深入,一步步详细至每个具体操作。

(2) 自下而上法:从最末端的信息逐级上推,将低一级的信息归属到高一级的信息中，直至最高级。自下而上的信息架构很重要，因为用户会通过搜索跳过界面“自上而下”的结构，此时用户处在软件深处，需要明确的指引让用户知道自己所处位置和能到达的地方。

通常的界面信息结构为网状结构，一个好的信息架构方案主要从两个方面考虑：①优化信息节点关系；②优化信息路径。优化信息节点关系指的是设计者要找出所有信息节点之间的相互关系，对其进行分组，使关系紧密、功能相近的信息节点在界面中处于较近的位置，将关系疏远、功能无关的信息节点区别开来。

优化信息路径指的是对信息节点进行分层，使得信息层级在拥有较好的用户体验前提下最少，用户使用界面是通过一系列操作来完成某项任务或是获取某个信息。若用户为了完成某项任务，则可采用自上而下的分层方法（图4－12），信息的分层随着操作步骤而层层深入；若为了给用户传递某个信息，则可采用自下而上的分层方法（图4－13），从最末端的信息逐级上推，将低一级的信息归属到高一级的信息中，从而保证信息的全面性和准确性，同时设计者要注意平衡层级数与每一层的信息节点数目之间的关系，层级数太多导致操作烦琐，层级数太少导致每一层信息节点过多，都不利于给用户带来良好的用户体验。大多数情况是用户完成某项任务的同时，界面也向用户传递信息，因此自上而下法与自下而上法应当合理运用。

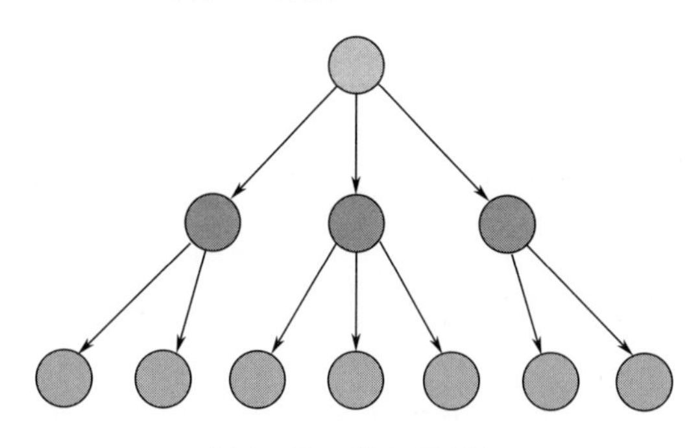

图4－12　自上而下法

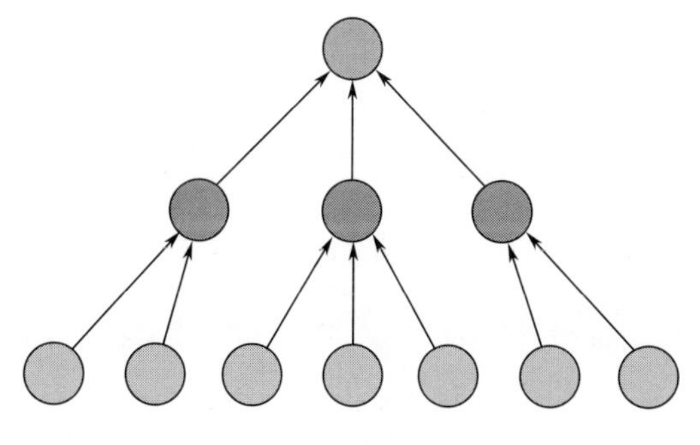

图4－13　自下而上法

自下而上法中常见的有卡片分类法。卡片分类法是指让用户将代表了各个信息节点的卡片进行分类来获得用户期望的方法,例如网站的信息结构设计中,设计者只知道网站大致包含哪些内容,而不知道这些内容的具体结构,利用卡片分析法便可得到用户期望数据作为早期的设计依据。

4.3 信息架构的评价

4.3.1 信息熵

信息论的创始人香农,给出了信息的定义、测度方法和传播模式,使模糊的信息概念变得在数学上可以操纵。香农用公式来表示信息的不确定性程度,我们可以认为这种不确定程度是对信息复杂度的描述[10]。于是用信息熵来表示一个各事件出现概率已知系统的不确定性:

$$H = -\sum_{i=1}^{n} p_i(x_i)\log p_i(x_i) \tag{4-1}$$

式中,对数一般取 2 为底,单位为比特,其中$p_i(x_i)$表示系统中事件 x_i 出现的概率,有$p_i(x_i) < 1$ 且$\sum p_i(x_i) = 1$。

在信息论领域,熵表示信息的不确定性。若要降低不确定性。则需要降低系统信息熵。信息熵是描述复杂性的宏观度量方法,熵表示系统的无序状态,熵值越高,系统越无序,系统熵值减小时,代表系统的信息趋于有序状态。

4.3.2 信息熵值的计算

由于数字界面信息表征方式和组织结构具有的多样化特点,对某种信息架构进行适当的定量测度是比较困难的,本章通过计算界面信息架构熵值来测量系统信息架构的复杂度。

信息的不确定性包括语法、语义和语用 3 个方面。语法是分析句子里各类成分和层次(名词、动词、形容词等),即句子的形式;语义指一个句子的含义,同样的含义可以用不同的形式来表达;语用是解释为什么要用不同的形式,例如,“我不认识这个人”和“这个人我不认识”两个句子虽然成分和含义一样,但传达给听者的感觉是不一样的,前者强调“我”,后者强调“这个人”。

在界面信息架构中,对系统信息的分类和组织更多的是影响信息的语用层面,即影响用户使用界面时对界面的理解和操作,信息的语法和语义则是在组织架构之前就应该已经设计好的。因此在评价界面信息架构时主要针对信息的语用效果,同样的信息处在不通的信息集合中时用户的理解是不同的,这种不同的结果是用户会对界面信息节点进行不同的操作。本书计算界面信息节点复杂度的方法是通过分析用户对该信息节点采取的可能操作来进行计算。

除此之外，界面信息的复杂度还来源于信息结构的复杂度，因此需要测量节点信息熵和信息结构熵的综合值来评价界面信息架构复杂度。

1. 节点信息的熵值计算

香农用来计算通信领域的信息量公式应用到界面的信息量计算中有很多问题是没法解决的。人使用界面是一个从“无从下手”到“熟练操作”的过程，这个过程可以说是一个人和界面的通信过程。与机械通信不同的是，在这个过程中人对自己进行某项操作预计可能产生的几种结果的概率是无法确定的，只能采取估值的办法或用未知数代替。此外，人作为信宿与其他信宿不同的是，不同的人认识能力各不相同，同一信息会引起不同人的不同反应，产生不同的信息量。再者，用户使用界面有一个从新手用户到高级用户的过程，因此对界面的操作带来的信息量也是动态变化的。这些在香农信息论里面都是不允许的。

信息量度量的是一个具体事件发生所带来的信息，而熵则是在结果出来之前对可能产生的信息量的期望——考虑该随机变量的所有可能取值，即所有可能发生事件所带来的信息量的期望。一个具体事件通信领域使用公式为

$$I_i = \sum_{i=1}^{x} p_i \log_2 p_i \tag{4-2}$$

式中：I_i为某个消息带给人的信息量；p_i为人在接收消息前对事件 i 的期望概率。若事件实际发生的信息量比人对该事件期待的信息量小的话则认为I_i的值为零，即该事件发生没有给此人带来任何信息量，就好比一个人已得知今天天气很好且有东南风，这时另一个人告诉他今天天气很好，则此人得到的信息量为零。

对于界面设计，对某个信息节点进行操作通常指向另一个信息节点，比如“返回”按钮，点击该按钮当前的信息节点会跳转到另一个信息集合中，操作的结果只有一个，但用户在点击按钮之前会有自己预期的操作结果，有可能是一个也有可能是多个。假设用户预期的每个跳转操作结果发生概率为p_i($i = 1,2,\cdots,n$)，实际的操作结果发生概率为 q，而界面中一种操作对应于一种结果，因此 $q = 1$，那么用户完成 j 次操作后，操作结果为第 i 个可能的信息量表示为

$$I_{ij} = \log_2 q_i - \log_2 p_i \tag{4-3}$$

其中$q_i = 1$，即

$$I_{ij} = \log_2\left[\frac{q_{ij}}{p_i(j-1)}\right] = -\log_2 p_{i(j-1)} \tag{4-4}$$

p_i的值越大，I_{ij}的值越小，表示这个结果给用户带来的信息量越小，代表操

作结果越贴近用户心理；反之，p_i的值越小，I_{ij}的值越大，表示这个结果给用户带来的信息量越大，代表操作结果越背离用户心理。当操作结果不在用户预期范围之内时，$I = I_{max} = +\infty$，当用户预期刚好是实际操作结果时，$I = I_{min} = 0$。对新手用户而言，信息量通常在最大值和最小值之间，随着使用次数和对界面的熟悉程度增加，信息量会逐渐等于零，这时也就是用户能非常熟练地使用该界面的时候。一般情况下，取 $n \leqslant K$，K 为概率大于某个值的可能结果数目，即概率过于小的结果被忽略不计。

既然用户使用界面的过程中操作界面带来的信息量是一个动态变化的过程，本书设定由同一个人对采取了不同的信息架构方法的同一界面进行同样的操作，那么这个动态过程将可能是如下 3 种结果中的一种（初态——第一次使用时对某一操作的结果预期和实际的操作结果；收缩——从新手用户到高级用户的过程）。

（1）相同的初态，一个收缩快，一个收缩慢。

（2）不同的初态，初始信息量小的收缩快，初始信息量大的收缩慢。

（3）不同的初态，初始信息量小的收缩慢，初始信息量大的收缩块。

已经知道用户完成操作后，用户进行了 j 次操作，第 i 个结果发生的总信息量为

$$I_{i总} = \log_2\left[\frac{q_{i1}}{p_{i0}}\right] + \log_2\left[\frac{q_{i2}}{p_{i1}}\right] + \cdots + \log_2\left[\frac{q_{in}}{p_{i(n-1)}}\right] = -\sum_{i=1}^{n}\log_2\left[\frac{q_{ij}}{p_{i(j-1)}}\right] \tag{4-5}$$

因此，无论上述 3 种情况中的哪一种，只要知道用户操作稳定前所需要的次数和每次操作所得结果在用户预期中所占的比重，即可计算出这个界面的所有信息节点带给用户的信息量。

2. 结构信息的熵值计算

系统结构信息的熵值计算即计算系统结构的有序度，从信息传播速度——系统时效性和信息传播的质量（准确度）——质效性来分析，根据系统结构的有序度计算方法：

$$R = 1 - \frac{H}{H^*} \tag{4-6}$$

式中：H 为系统的结构熵；H^* 为系统结构的最大熵；R 为对系统有效性的度量，R 值越大，表示系统信息架构越有效，反之，R 值越小，表示系统信息架构越混乱。而系统结构熵又可以从时效熵和质效熵两方面来计算。假设系统共包含 m 个节点，系统时效熵为所有节点对(i,j)层间路的时效熵 R_{ij}之和：

$$H_{\mathrm{T}} = \sum_{i=1}^{n}\sum_{j=1}^{m} R_{ij} \tag{4-7}$$

其中节点 i 与节点 j 层间路时效熵为

$$R_{ij} = -P_{ij}\log_2 P_{ij} \tag{4-8}$$

式中：$P_{ij} = L_{ij}/L, L = \sum_{i=1}^{n}\sum_{j=1}^{m} L_{ij}$，$L$ 为系统全部要素微观态总和，决定了信息在系统中传递的总体效率，最大时效熵为

$$H_T^* = \log_2 L \tag{4-9}$$

再计算系统质效熵，质效熵表示为

$$H_Q = \sum_{i=1}^{n} H_i \tag{4-10}$$

式中：H_i为节点 i 的质效熵，$H_i = -F_i\log_2 F_i$，且$F_i = D_i/D$，$D = \sum_{i=1}^{n} D_i$，D 为系统全部节点的连通总量(边)，决定了信息在系统中传递的总体质量。最大质效熵为

$$H_Q^* = \log_2 D \tag{4-11}$$

因此系统的整体有序度可以表示为

$$R = \alpha R_T + \beta R_Q \tag{4-12}$$

式中：α、β 分别为系统时效性和质效性的权重系数；$R_T = 1 - H_T/H_T^*$；$R_Q = 1 - H_Q/H_Q^*$。R 越大，表示系统结构的有序度越高，可用于多种信息架构方案的比较分析和评价。

4.4　信息架构的人因设计

4.4.1　基于用户知识的信息架构人因设计

在操作和使用界面时，不同的用户有着不同的操作习惯。有些用户喜欢从主页面开始逐层地分级查询，有些用户喜欢使用搜索模式直接到达定位目标点。不同的行为习惯和用户的知识背景是相关的。这里所说的知识包括领域和技术上的知识。可以说用户的专业知识对于认知模式和界面操作行为有着巨大的影响。了解新手和专家用户之间的差异能够让信息系统的界面设计给所有用户以更好的操作体验。

在进行用户划分时，将专业知识分为两个维度，即领域知识支持和技术知识支持。领域知识支持是指该用户对于一个既定主题非常熟悉，例如对生物化学领域非常熟悉的专家；而技术知识支持则是指拥有使用互联网和界面软件，例如对各种搜索模式和操作方式非常熟悉的专家。这两个维度上的专业知识都是非常有价值的，当用户兼具这两者时往往可以得到最理想的操作和认知绩

效。从这两种熟悉度维度来看,用户可以简单地分为以下 4 类,如图 4 – 14 所示[11]。

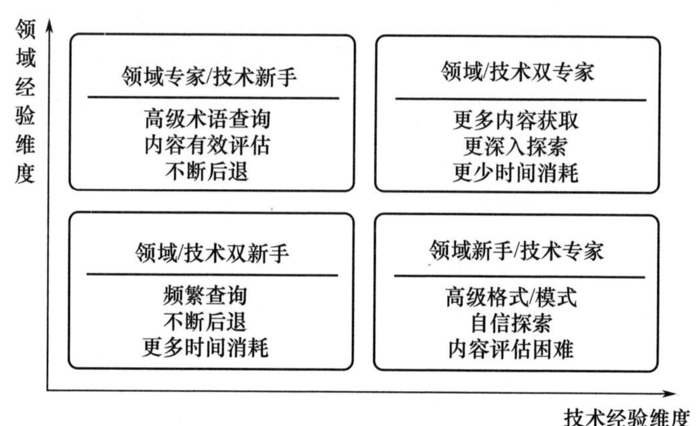

图 4 – 14　领域/技术经验双维度用户分类

1. 领域/技术双专家用户

当新手用户还在研究操作方式和表征意义时,专家用户已直接开始目标探索。具有较高领域和技术熟悉度的专家用户很容易直接跳至目的地,跨度大且定位精准。双专家用户对模式适应,对领域熟悉,往往能够感知到更多的信息内容,页面浏览的深入花费的时间不多。支持高级语法过滤的用户界面可以允许用户输入特定领域的术语并支持多维度的过滤、选择和排除,实现快速引导和定位。

2. 领域专家/技术新手用户

对于技术不熟悉的领域专家用户,他们可以对知识进行快速有效的感知和评估,但是技术上的不自信会让他们不敢尝试探索一些未知领域。但是依靠他们丰富的术语掌握,可以构建出丰富的主题查询以及设置更多的感知目标。有效的评估是他们重要的优势所在,丰富的领域知识可以让他们对可视化页面快速及时地做出意义评估,但是由于技术上的缺乏,他们往往会不停地返回以防止在多页面中迷失。

3. 领域新手/技术专家用户

对于领域相对陌生的技术专家用户,他们往往在对信息界面的使用充满信心,但会遇到一些相关内容识别上的困扰。他们采用高级格式化的操作模式,对于界面的探索充满自信,并不会担心在页面跳转中的迷失。但是他们最大的困难是难以快速地评估信息界面中展示的图形的意义。

4. 领域/技术双新手用户

在没有卫星定位设备辅助,行走在完全不熟悉的荒野,当无法辨别方向时,保险的做法是回到上一个有记忆的地方再重新找方向,防止在道路中迷失。领域、技术双维度的新手用户在可视化认知操作中也会遇到同样的问题。他们会频繁地重构问题，进行更多的操作但却获得较少有用的结果。在操作过程中频繁地返回，因为担心过多的深入会偏离目标结果，同时却在认知过程中比专家消耗了更多的时间。在针对双新手用户的信息界面设计中应当设置足够多的路标，并且能够让用户方便返回到上个层级或者初始状态中，在页面的跳转中设置足够多的关联，让用户感受到多页面之间的相关性。例如，图4－15所示的面包屑技术既可以定位用户当前位置，提供信息结构的视觉提示，又能够提供返回路径。

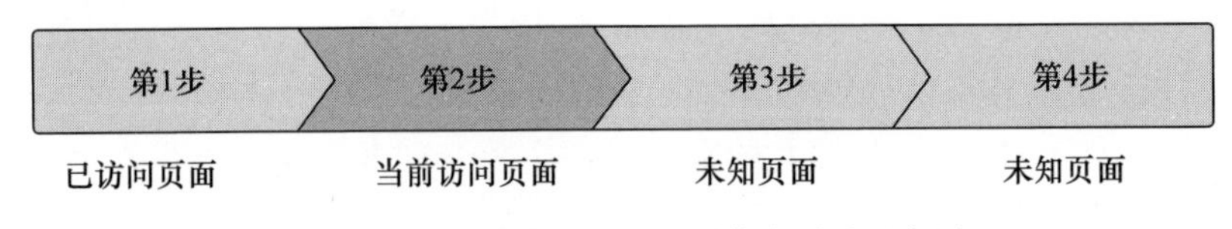

图4－15　一个典型的面包屑技术引导示意图

信息界面架构要兼顾不同类型的用户群体，适时的增加一些必要的模式引导与内容评估的拓展以及位置指引来帮助各种类型的新手用户快速学习以获得更好的认知绩效。上下文关联式指令、沉浸式叠加等都是合理而有效的视觉结构。

4.4.2　基于用户行为的信息架构人因设计

信息架构可以引导人的视觉和操作行为。信息的架构应当以人的任务流程为导向来设计，而不是局限于数据集的结构特征。视觉行为可以表述为人的视觉流程，包括视线运动的轨迹、在凝视点停留的时间等。操作行为在鼠标控制界面中可以包括鼠标的移动、停留和点击动作，在触控界面中包括手指的移动、单击、双击和多指动作（旋转、缩放等）。

1. 视觉行为

“眼睛是心灵的窗口”。人的视觉行为是认知行为的外显。人的视线可以定位用户的兴趣区，视觉行为通常通过眼动仪来监测。一般常用的眼动仪可以通过光学追踪系统定位用户瞳孔中心坐标，从而计算出用户在屏幕上的注视点位置。通过眼动追踪技术，可以在无须用户主动触发指令的情况下，锁定用户的兴趣关注点。一个通常的眨眼行为和凝视行为都是百毫秒级事件，因此30Hz以上采样频率的眼动仪就可以大体还原用户的视觉行为。

人眼的行为包含有意识行为和无意识行为，无意识行为包括眼颤、眨眼、辐辏、调节等。在研究人的视觉行为时通常关注有意识的视觉行为。有意识行为是眼睛的注视点落在兴趣区内，并随着心理活动而持续对新的兴趣点的追踪。因此，我们可以通过眼动扫视轨迹和凝视点来推断用户的心理活动过程[12]。实验证明，凝视时间和扫视幅度能够体现出视觉刺激材料的差异[13]。

通常来说,我们认为当任务复杂性增加时,扫视程度大幅度降低而自发性扫视则被极大地限制了[14]。当即时认知负荷增加时,观察者的搜索绩效会降低,同时伴随着凝视点数目[15]、扫视数目[16]、长时间凝视频率[17]的增加。在复杂视觉搜索任务中,当任务复杂性增加时,微扫视率会增加[18-19]。眨眼频率受疲劳度影响较大,随任务时间增加而上升,随着搜索任务难度增大而降低[20-21]。

2. 操控行为

用户通过一些输入设备可以对计算机进行操控,引导界面系统向着任务目标前进。在以屏幕显示的图形操控界面中,用户的操控行为通常采用鼠标、键盘来完成。在界面的导航任务中主要采用的是鼠标事件。人机界面是人和机器之间交互的载体,人和机器共同来完成一个目标任务。用户首先需要对任务进行拆解,变为可以执行的子任务,如下个搜索层级名称的查看、目标的缩放等。当用户完成一个子任务的思考时,就开始使用鼠标等设备来进行操作。在鼠标事件中,悬停、右键等行为可以查看对象信息,左键双击可以执行图形控件动作,移出则往往对应着取消操作。

界面的信息架构可以影响用户的操控行为。例如,一个复杂任务通常由一系列操作而完成,而这一系列操作之间的空间位置关系、逻辑层次关系都会决定用户的行为。在信息的逻辑层次架构中,应当将使用频率高的控件放置于较浅的层级上;在信息的空间架构中,应当按照任务的顺序来设计流畅的点击动作。操控行为通常是跟随着视觉行为的,操控行为往往伴随着视觉行为。

3. 认知行为

视觉和操控行为都是由人的认知行为所决定的。人的认知行为包括注意、感知、记忆、思维、决策等。在人机界面交互过程中,人的认知行为具有行为顺序的多样性、层次性、策略性、信息流向性、相互依赖性等特点。可以通过测得的视觉和操控行为来推断人在进行界面交互中的认知行为。

以某飞机的交互式电子技术手册(interactive electronic technical manual, IETM)操作手册的界面为例,来解释信息架构对于人的操控和视觉行为的影响。在研究用户行为时,将搜索行为离散为基本的行为动素,用阿拉伯数字编号。如图4-16所示,一个典型的飞机IETM使用界面,当需要进行如对飞机发动机维护的任务时,我们定位到需要查询的节点目标所需的可能操作路径。①为主页导航,②为侧边栏目录导航选择,③为二级菜单搜索,④为三级菜单搜索,⑤为目标信息查看,⑥为信息名称确认,⑦为信息属性确认。在信息搜索的过程中,首先进入系统主页,在目录区进入到维护手册中,但飞机的手册类别中往往包含几百项内容,在目录区需要多次来回滚动才能够找到所需要的对象的对应链接。然后在信息检索区搜索“发动机”查看位置、维护说明、维护步骤和注意事项等。视线再次跳转到内容区了解内容。并且需要在图中所示的③、④、⑤中不断进行视线的移动和相对应的鼠标操作来判断内容是否符合搜索预期。

可以看到,在该例子中不同信息层级出现在同一个显示画面中,信息架构并没有在空间上清晰地展示出来,并且主体页面的呈现区域过小,不方便细节信息的查看。造成这些认知障碍的最根本原因是信息架构的设计依据,其信息不是按照用户的任务流程来架构,而是依照数据库的便捷性来设计的[22]。

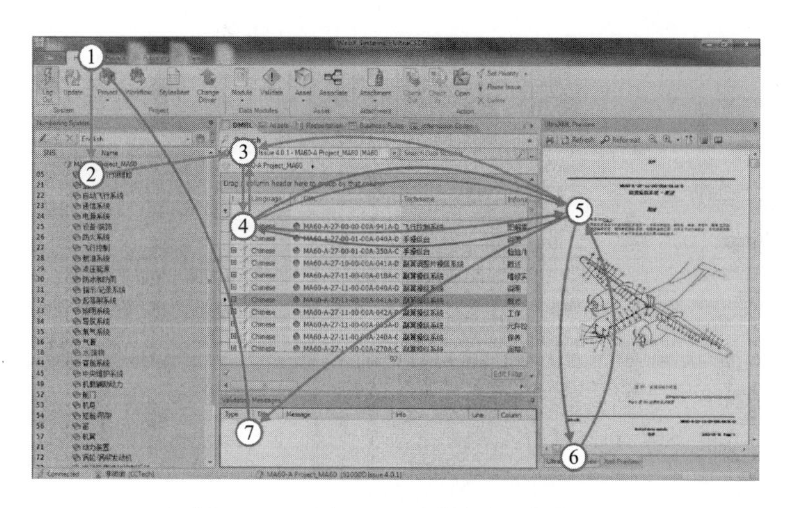

图4-16　飞机IETM查询任务操作流程

因此,基于上面的分析可以得出,基于用户行为的信息架构人因设计需要实现的因素包括以下两点。

(1) 以用户任务流作为信息架构的依据。信息架构应当按照用户使用界面时的任务流来设计,并且任务上的时序性应当和空间上的序列相匹配。这样能够减少冗余操作和冗余的跳视动作,从而减少冗余操作和不必要的视觉流程和操控步骤,以此达到提高认知绩效的目的。

(2) 在任何页面下均应提供清晰的返回路径。无论是专家用户还是新手用户,都会有探索性的界面浏览动作,这就需要界面支持到前一个页面的导航。缺少返回路径,用户会很容易在使用中产生迷失感,新手用户会更容易产生挫败感或者放弃进一步的探索。因此,信息架构应当允许用户快速、方便、通识地向前跳转交互动作。

4.5　信息架构实例分析

本节以某联网联控系统的改良设计来说明信息架构设计的优化对使用和

操作界面带来的影响及评估验证。该系统是基于 GPS/GIS/GSM 开发的车辆动态监控调度系统,用于车辆监控调度的交通电子地图的制作、双向通信功能的实现等,具有良好的定位与监控功能[23]。

4.5.1 信息架构优化设计

图 4 - 17 所示为“全国重点营运车辆联网联控系统”的原版主界面。从界面框架上来看,原版主界面中存在的问题有:

(1) 搜索方式单一,如果选择“高级搜索”需要再点击一次,进入新页面进行搜索,增加了操作次数。而“高级搜索”往往是领域和技术上的专家用户,专家用户相对新手用户则要求人机交互界面提供最少的操作路径。因此这种方式不符合用户知识对信息架构的要求。

(2) 搜索结果列表中,针对每个对象的操作不需要重复放置在列表中,可以统一放置在列表下。用户无法同时操控多个对象,每个搜索结果的操作控件放置在同一列表中会增加人的视觉干扰,不符合用户视觉、行为和认知上的要求。

(3) 结构松散,相关相似的功能没有合理地归置在一起,如消息弹出框在界面右下角,不易被发现,此信息节点相对孤立。用户在处理相似功能的时候,需要进行认知上的平行检索与比较,从而做出决策。而相似功能控件的分散信息结构则不符合人的认知行为的要求。

(4) 信息分组还有可以改善的地方。

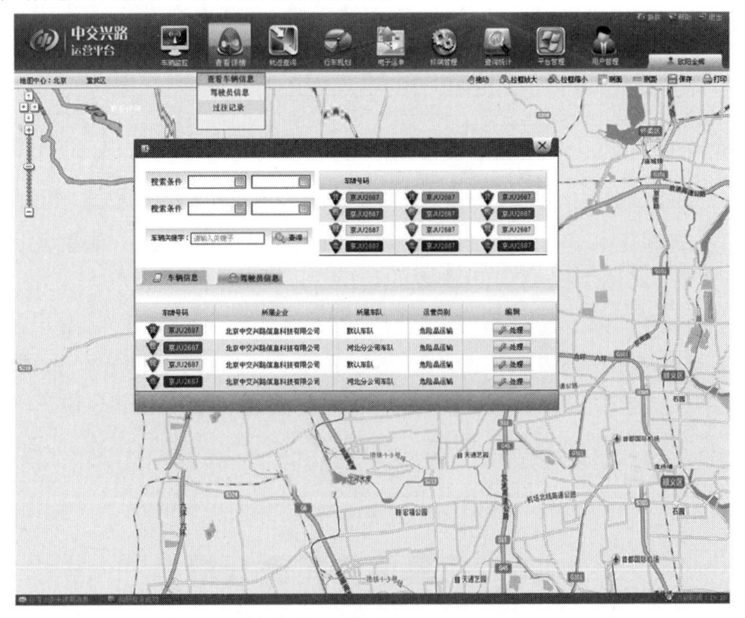

图 4 - 17 原版主界面(图片来源:中交兴路运营平台初始版本)

依据对该联网联控系统的需求和功能分析，结合原版界面框架设计，得到了新版系统界面流程图如图4－18所示。本次新版界面的信息架构设计目标如下：

（1）结构清晰，功能一目了然。由上到下、从左到右的信息层级排布符合用户视觉和操控行为习惯，能够快速形成交互认知图式，对于新手和专家用户来说都能够提升操作绩效。

（2）用户容易理解任务流程，按使用频率划分功能优先级。按照用户任务流程和使用频率进行信息架构，可以极大地提升用户操作绩效，符合用户视觉和操控行为要求。

（3）信息分组关系明确。成组的信息架构方式有利于用户对于界面相似功能的检索，符合用户的认知行为要求。

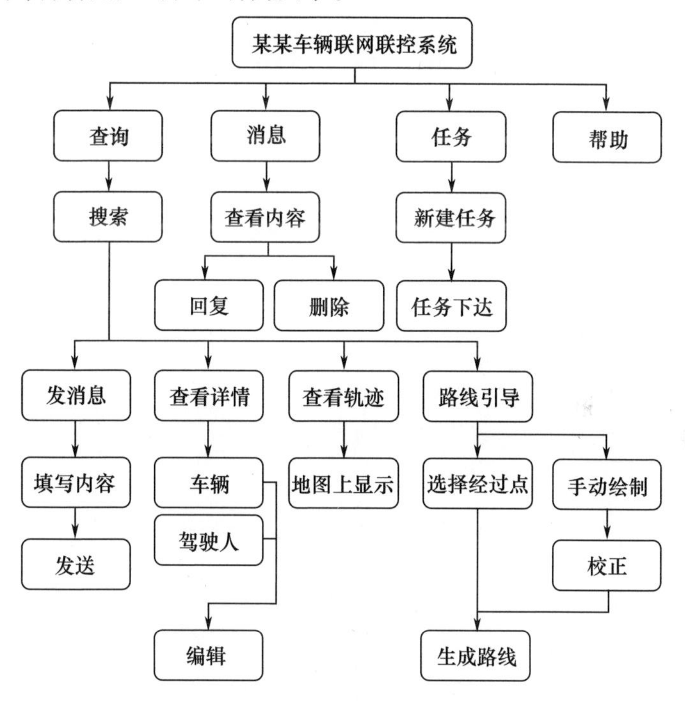

图4－18　新版界面流程图

首先确立了系统的“查询”“消息”“任务”“帮助”几项基本功能，每一项下面均有子项目，其中对搜索结果的操作——“发消息”“查看详情”“查看轨迹”“路线指引”，均使用图标的形式置于列表底部，抛弃了原版界面针对每个目标车辆都放置一行操作按钮的形式，用户可勾选几个目标车辆，向其发送消息、查看详情和轨迹，以及进行路线指引。

充分理解界面信息内容，并对设计方案有较明确想法后，可以开始定义更多的细节，并准备进行原型设计。在结合了原版界面中的优缺点后，新版界面原型如图 4－19 和图 4－20 所示。

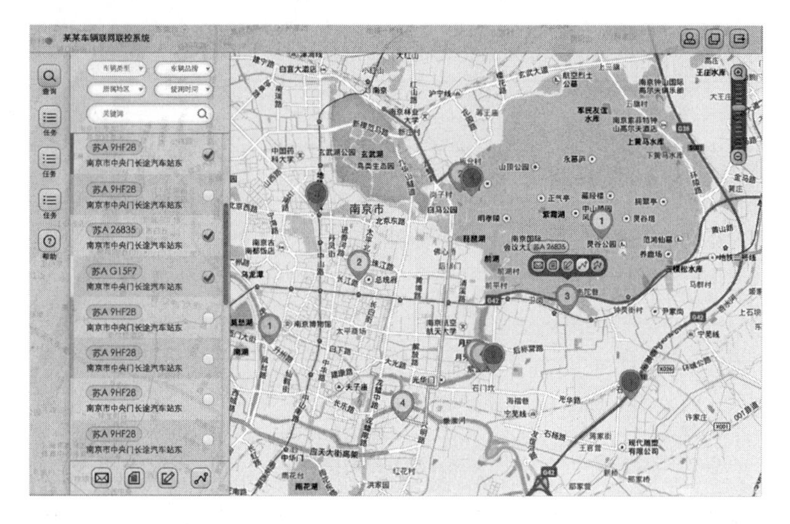

图 4－19　新版界面原型主页

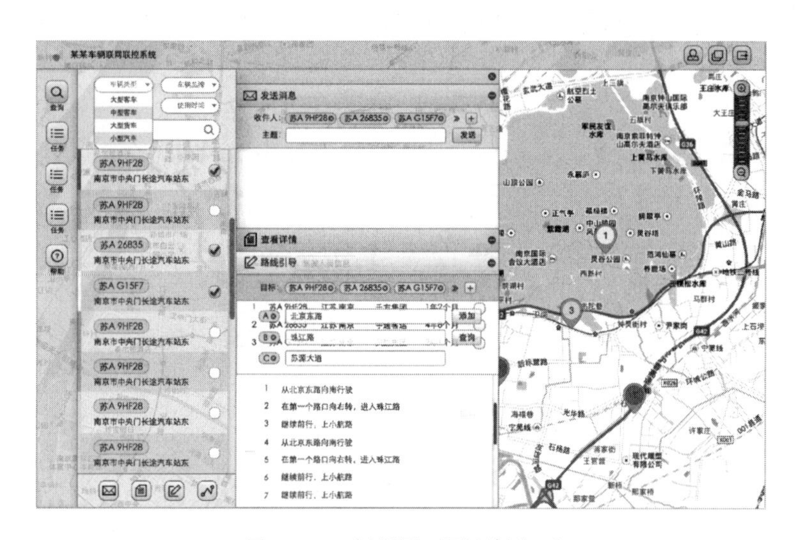

图 4－20　新版界面原型任务页

新版界面原型信息架构设计说明：

（1）可以看到，在图 4－20 所示页面的左侧，“查询”“消息”“任务”“帮助”这几大功能以图标加文字的形式呈现。点击图标弹出包含了搜索区的中间栏，搜索区采用分面搜索结构，并且底部有 4 个操作图标。搜索后显示结果列表，可以勾选车辆对其进行操作，点击操作图标之后弹出右侧面板。包含“发送消息”“查看详情”“路线指引”的内容。而在界面的最右侧，“实时轨迹”同步呈现在地图上。整个信息搜索页面虽然复杂，但是按照人的操作流程和流畅的视觉路线来呈现,符合人的视觉行为和操控行为的要求,提升了界面的可用性和易用性[24]。

(2) 不同类型的车辆以不同颜色和数字标示出来,车辆的属性包括种类、地区、品牌等,可以选择用颜色表示何种属性。色彩是一种典型的分类视觉表征维度,用该维度来表征车辆属性容易识记,符合人的认知行为特征。

(3) 点击地图上代表目标车辆的点,弹出车辆名和“历史轨迹”等按钮,查看历史轨迹时,底部时间轴上小方块可以拖动,用来选择时间段,查看这段时间里目标车辆的行驶轨迹,车辆停靠时以点标示,鼠标放在该点上可以显示位置和车辆停靠起止时间。增加鼠标悬停信息显示,有利于新手用户接收更多的节点信息,引导操作。

(4) 绘制车辆指引路线时,会弹出工具条,不用时隐藏。可以拖拽到地图上的任意位置,如图 4-21 所示。

图 4-21　工具条

以“全国重点营运车辆联网联控系统”界面为例,计算新、原版界面的信息结构熵值。由于该系统功能较多,结构复杂,因此选取某项任务流程,通过计算该任务流的信息结构熵值来对比分析新、原版界面的信息架构设计。选取的任务流程如图 4-22 所示。

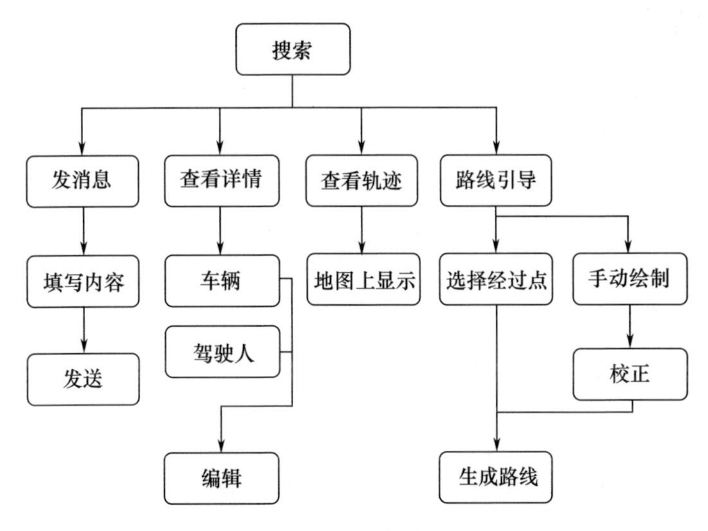

图 4-22　“搜索”任务流

针对该任务流程,原版界面和新版界面的信息结构分别如图 4-23 和图 4-24 所示。经过优化后的信息结构中信息节点,明显减少,信息搜索效率提高。

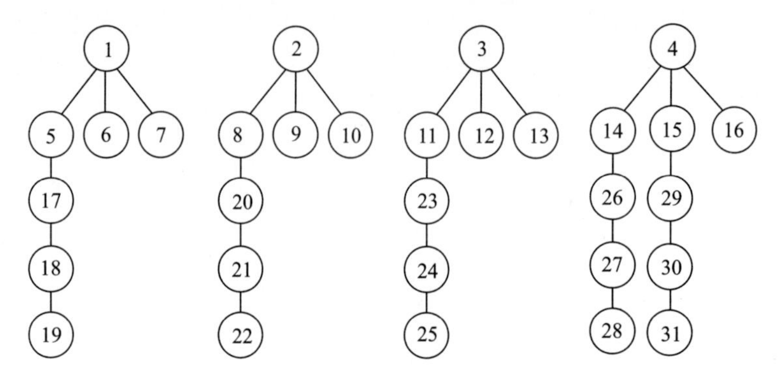

图 4-23　原版界面中“搜索”任务流的信息结构

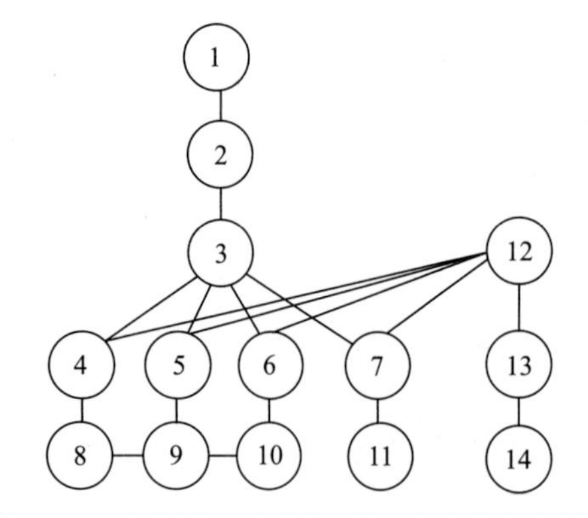

图 4-24　新版界面中“搜索”任务流的信息结构

4.5.2　界面信息架构优化评价

1. 熵值计算评价

图 4-23 和图 4-24 中的每个点都代表界面中的一个信息节点,分别统计出两图中各节点层间路,即到达某个节点需要的边数,原版层间路最长为 4 节,新版的最长也为 4 节,因此根据系统结构时效性和质效性的公式,得到表 4-1 和表 4-2 中界面的时效和质效计算结果。

表 4-1　界面时效计算

路长 $r(L_{ij})$	原版界面		新版界面	
	路长为 r 的点数 S_r	概率	路长为 r 的点数 S_r	概率
1	12	1/57	6	1/46
2	5	2/57	6	2/46
3	5	3/57	4	3/46

续表

路长 $r(L_{ij})$	原版界面		新版界面	
	路长为 r 的点数 S_r	概率	路长为 r 的点数 S_r	概率
4	5	4/57	4	4/54
边连通总和	57	1	46	1
最大时效熵 H_T^*	5.175		5.920	
时效熵 H_T	4.436		5.023	
时效性 R_T	0.152		0.168	

路长 r 为到达某个信息节点所要经过的边的数目，如图 4－24 中到达点 6 的路径为 1—2—3—6，因此点 6 的路长为 3。统计出所有节点的路长总和 $\sum r\times S_r$，即为表中“边连通总和”的值。

表 4－2　界面质效计算

边的数目 $k(D_i)$	原版界面		新版界面	
	边数为 k 点数 N_k	概率	边数为 k 点数 N_k	概率
1	12	1/48	3	1/36
2	12	2/48	4	2/36
3	4	3/48	5	3/36
4	—	—	0	0
5	—	—	2	5/36
点连通总和	48	1	36	1
最大质效熵 H_Q^*	5.082		5.157	
质效熵 H_Q	3.412		3.589	
质量性 R_Q	0.301		0.322	

边数 k 为某个信息节点所连接的所有边数目，如图 4－24 中点 6 所连接的边数为 3。统计出所有节点的边数总和 $\sum k\times N_k$，即为表中“点连通总和”的值。

根据系统的整体有序度计算公式，得到原版界面的 $R=0.143\alpha+0.329\beta$，新版界面的 $R=0.157\alpha+0.402\beta$，α、β 分别为系统时效性和质效性的权重系数。因此新版界面的 R 值更大，表示新版界面“搜索”任务流的结构有序度更高。

2. 用户行为分析评价

分别在新、原版 Axure 原型界面上完成实验要求的 4 项任务流程，即“发送消息”“查看详情”“路线指引”“查看轨迹”这 4 个任务，通过对 20 名被试操作情况的分析，测试新、原版本界面的信息架构的使用效率。使用 Axure 制作的可交互原型界面如图 4－25 和图 4－26 所示。

原、新版界面主要信息结构区如图 4－27 和图 4－28 所示。图 4－27 所示

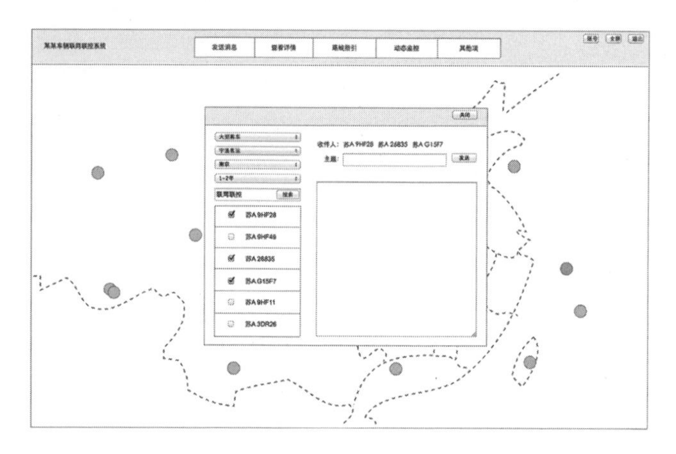

图 4－25　原版界面原型

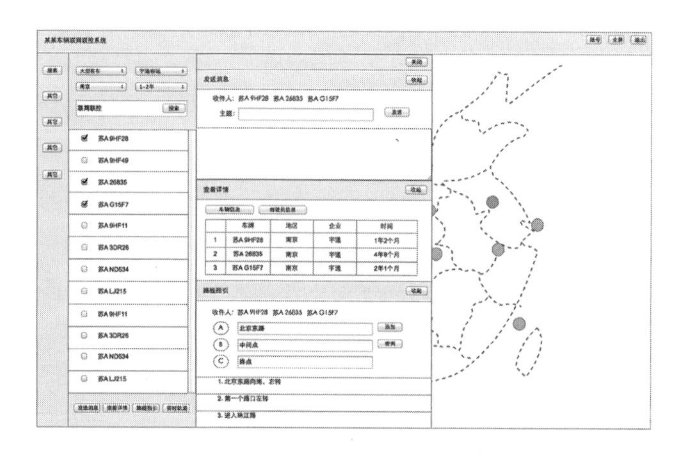

图 4－26　新版界面原型

原版界面主要信息结构区中各字母代表含义为：A—主菜单；B—子菜单；C—弹出窗口；D—搜索区；E—搜索结果列表；F—复选框列表；G—4 项任务操作区；H—地图上目标车辆；I—地图；J—退出区。图 4—28 新版界面主要信息结构区中各字母代表含义为：A—搜索图标；B—搜索区；C—搜索结果列表；D—复选框列表；E—任务图标；F—发送消息操作区；G—查看详情操作区；H—路线指引操作区；I—地图上目标车辆；J—点击 I 之后的弹出栏；K—地图；L—退出区。

通过分析这 20 名被试的操作过程记录视频和用户反馈，从以下几个方面来考察新、原版界面信息架构特点。

1）用户操作路径对比评价

参照图 4－27 和图 4－28 的原、新版界面主要信息结构区示意图，在操作原版界面过程中，由于任务“发送消息”“查看详情”“路线指引”的操作模式基本一致，因此这 3 项任务的操作路径可以一起分析，用户主要出现的操作路径

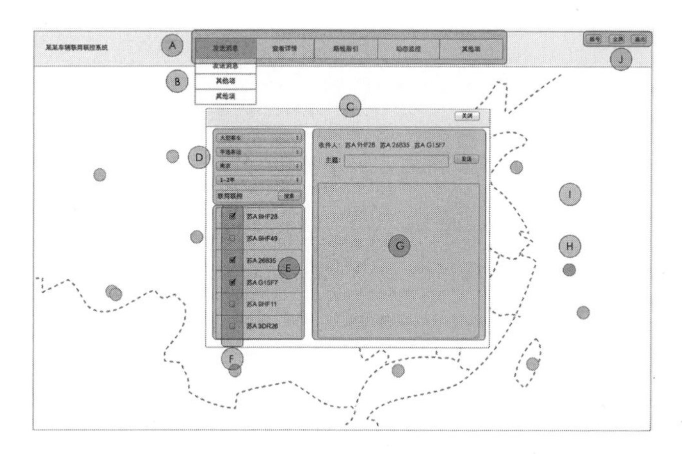

图4-27　原版界面主要信息结构区

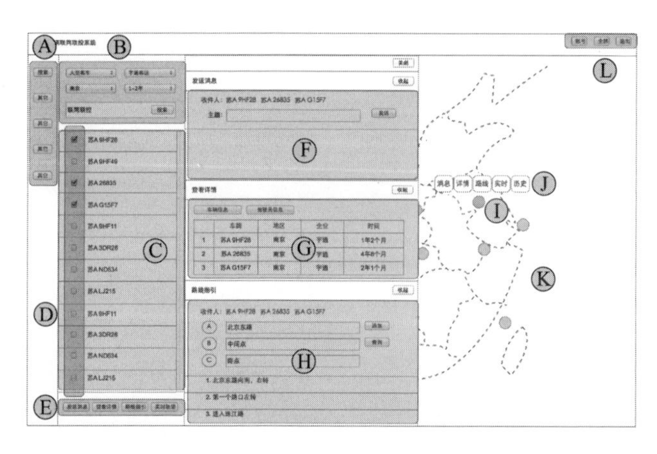

图4-28　新版界面主要信息结构区

有:①A—B—C—D—E—F—G;②A—J—A—B—C—D—E—F—G;③A—B—C—D—G—D—E—F—G;④A—B—C—D—E—G—F—G。其中路径①为最短的操作路径,也就是设计者期望用户使用的操作路径,路径②、③、④为实验过程中用户使用的其他路径,最后也都能完成任务,但步骤要多于路径①。从这4项路径可以看出,使用路径②的用户在寻找任务入口时,看到主菜单后并未直接点击进入子菜单,而是尝试去点击J,尝试失败后返回A,然后点击打开子菜单完成任务流程,说明任务入口设计得不够明显,一是由于使用界面原型而不是实际界面进行测试;二是由于用户第一次的操作需要时间适应。使用路径③的用户在输入搜索条件以后并未点击搜索按钮便直接进入G,发现无法继续后返回D点击"搜索"按钮,弹出"车辆列表",然后进入G继续操作,说明用户对"选择筛选条件—勾选目标车辆—进行相关任务"这一流程还不够明确。使用路径④的用户虽然搜索出了"车辆列表",但未勾选目标车辆便直接进入G,也是对任务流程不够清楚而造成的。

任务“查看轨迹”又可分为查看“实时轨迹”和查看“历史轨迹”,用户查看“实时轨迹”的操作路径有:⑤A—B—C—D—E—F—H—I;⑥A—B—C—D—E—F—D—H—I。其中⑤为最短路径,而在路径⑥中,用户在勾选了目标车辆之后并未发觉地图上已经出现了实时轨迹,而是点击搜索区的“搜索”按钮尝试打开实时轨迹,原因是前3项任务中用户在勾选目标车辆以后都需要进一步操作才能完成任务,而查看“实时轨迹”时勾选了目标车辆便完成了任务,与用户心理预期有一点差别。用户查看“历史轨迹”的操作路径为:①A—B—C—D—E—F—G;⑦A—B—A—B—C—D—E—F—G,路径⑦说明用户没有一次性找到“历史轨迹”所在菜单。

路径①、②、③、④、⑤、⑥、⑦在原版界面4项任务中的使用概率如表4-3所示。

表4-3 原版界面4项任务中各路径的使用概率

路径	任务				
	发送消息	查看详情	路线指引	查看轨迹	
				实时轨迹	历史轨迹
①	50.0% (10/20)	75.0% (15/20)	80.0% (16/20)		95.0% (19/20)
②	10.0% (2/20)	5.0% (1/20)	5.0% (1/20)		
③	20.0% (4/20)	10.0% (2/20)	10.0% (2/20)		
④	20.0% (4/20)	10.0% (2/20)	10.0% (2/20)		
⑤				70.0% (14/20)	
⑥				30.0% (6/20)	
⑦					5.0% (1/20)
合计	1	1	1	1	1

在操作新版界面过程中,任务“发送消息”“查看详情”“路线指引”的操作模式也基本一致,用户主要出现的操作路径有:①A—B—C—D—E—F—G—H;② A—B—C—D—A—E—F—G—H; ③ A—B—C—D—E—F—C—B—G—H。其中路径①为最短的操作路径,路径②表示用户在搜索出车辆列表后并未点击E进行操作,而是返回A寻找4项任务图标,原因是E在界面下方不够醒目。路径③表示用户在顺利完成“发送消息”任务后并未立即展开折叠面板进行“查看详情”和“路线指引”任务,而是先返回C和B进行寻找,之后再展开折叠面板进入G、H区完成任务,说明用户在原版界面的影响下产生了一定的思维定式,会尝试使用原版界面的操作习惯来操作新版界面。

在新版界面中,由于已经搜索并勾选出了目标车辆,用户查看“实时轨迹”只需要在前3项任务操作完成后点击E区的“实时轨迹”即可,操作路径有:④E—I—K;⑤A—C—D—E—I—K;⑥F—G—H—E—I—K。其中④为最短路径,路径⑤表示用户在完成前3项任务后,返回A寻找“实时轨迹”入口,而不是在E区寻找入口,说明E区“实时轨迹”图标不够醒目。路径⑥表示用户在完成前3项任务后依旧在F、G、H所在折叠面板区寻找“实时轨迹”入口,说明前3项任务操作养成了用户操作习惯,“实时轨迹”的操作与前3项任务不同造成了一定的错误率。用户查看“历史轨迹”的操作路径有:⑦I—J—M(M表示历史轨迹弹出窗口);⑧E—I—J—M。其中⑦为最短路径,点击目标车辆在地图上对应的点,弹出J,然后点击“历史轨迹”按钮来查看该车辆的历史轨迹,而路径⑧表示用户尝试从E区寻找“历史轨迹”的入口,也是由前几项任务的操作习惯造成的。

路径①、②、③、④、⑤、⑥、⑦、⑧在新版界面4项任务中的使用概率如表4-4所示。

表4-4　新版界面4项任务中各路径的使用概率

路径	任务				
	发送消息	查看详情	路线指引	查看轨迹	
				实时轨迹	历史轨迹
①	70.0%(14/20)	65.0%(13/20)	95.0%(19/20)		
②	30.0%(6/20)	5.0%(1/20)	0		
③	0	30.0%(6/20)	5.0%(1/20)		
④				65.0%(13/20)	
⑤				15.0%(3/20)	
⑥				20.0%(4/20)	
⑦					90.0%(18/20)
⑧					10.0%(2/20)
合计	1	1	1	1	1

从表4-3和表4-4中可以看出,在用户进行任务“发送消息”“查看详情”“路线指引”的操作过程中,原版界面的错误路径为3条,新版界面的错误路径为2条,比原版界面的少,且在概率分布上,新版界面比原版界面更集中于正确路径,只有在新版界面“查看详情”任务中有较大概率(30%)选择了错误路径③,这是由于用户对原版界面的操作模式较熟悉之后会沿用到新版界面操作中,不能在第一时间找到“查看详情”的操作入口。总体而言,随着“发送消息”“查看详情”“路线指引”“查看轨迹”这4项任务的进行,用户使用正确操作路径的概率大体上是逐渐上升的,如原版中50.0%、75.0%、80.0%、70.0%、95.0%,新版中70.0%、65.0%、95.0%、65.0%、90.0%,其中“实时轨迹”出现概率小幅下降是因为该操作需要用户观察地图上的变化,这在前几项任务中没有出现过,所以造成“实施轨迹”任务中选择正确路径的用户概率下降。

2）用户操作用时评价

统计出20名参与评估的被试原版界面4项任务的操作时间和新版界面4项任务的操作时间。统计数据表明，新版界面中任务“发送消息”的操作时间比原版界面的减少了50.8%，“查看详情”的操作时间比原版界面的减少了70.9%，“路线指引”的操作时间比原版界面的减少了52.7%，“实时轨迹”的操作时间比原版界面的减少了46.9%，“历史轨迹”的操作时间比原版界面的减少了43.5%，4项任务整体上新版界面的操作时间比原版界面的减少了53.8%，说明重新设计后的界面大幅度提高了用户完成任务的效率。

3）用户满意度及偏好评价

操作完成后让被试对新、原版界面中各项任务的信息架构设计满意度打分，1分为最不满意，10分为最满意。各项任务满意度平均值如表4-5所示。

表4-5 用户满意度平均值统计表

任务版本	发送消息	查看详情	路线指引	查看轨迹		整体均值
				实时轨迹	历史轨迹	
原版	6.6	7	6.6	7.4	7.4	7
新版	8.6	8.6	8.4	8.4	8.2	8.44

由表4-5可见，用户对“发送消息”“查看详情”“路线指引”“查看轨迹”这4项任务的操作评价均值，新版界面的均高于旧版界面的。用户偏好为：20名被试中，15人偏向于选择新版本的界面，4人偏向于选择原版本界面，1人觉得差别不大。

从用户的反馈可知，对新版界面满意度较高的原因在于，完成相同的任务，新版本界面的操作路径和时间要明显少于原版本界面，并且新版界面的流程更加清晰。同时，用户也反馈了自己认为新、原版界面信息架构所存在的问题，主要有：

原版界面的主菜单不明显，用户第一次使用时不知道主菜单为任务入口，并且子菜单项较多，对用户产生一定的干扰。每项任务的操作过程中都要搜索一次，比较烦琐。各项任务之间联系不紧密。

新版界面的“历史轨迹”入口不够明显，用户第一次使用的情况下不知道可以点击地图上的点，但是操过之后比较习惯这种方式。新版界面中的折叠面板，用户首次使用时不知道可以展开来继续操作。新版界面各项任务之间有逻辑顺序，整体性较好。

综合以上测试的结果，总结得出了新版界面信息架构优于原版界面的原因主要有：

（1）新版界面信息分类明确，主要功能以按钮形式放在界面左侧，依次从左至右展开，形成明确的层次关系，符合用户视觉和操控行为要求。而原版界面的操作以弹出框的形式显示在界面中间,没有与上一级信息节点形成较强的依附关系,显得比较突兀。

(2) 新版界面中相似的功能聚集在一起,主要功能聚集在一起,符合用户认知行为要求。例如,使用可折叠面板将任务"发送消息""查看详情""路线指引"聚集在一起。但在原版界面中各项任务之间联系不够紧密。

(3)新版界面采用了多面板的形式,这样的好处是用户能在一个窗口中完成多项、多类的任务,而不用多次返回上一级节点再操作一次,符合用户知识对界面设计的要求。而原版界面多采用弹出框的形式,且位置不固定。

由此可见,界面的信息架构需要以任务为导向,充分考虑人机交互过程中的用户知识和用户行为,结合界面所承载的信息结构特征,才能设计出科学合理的人机系统界面。

参考文献

[1] Wurman R S. Information Anxiety[M]. New York:Doubleday,1989.

[2] Pirolli P,Card S. Information foraging [J]. Psychological Review,1999,106(4):643.

[3] Russell-Rose T. Designing the search experience [M]. Berlin:Springer,2011.

[4] 戴维民. 信息组织[M]. 北京:高等教育出版社,2009.

[5] 张树人,方美琪. Web2.0 与信息系统复杂性变革[M]. 北京:科学出版社,2008.

[6] Russ Unger. UX 设计之道:以用户体验为中心的 Web 设计[M]. 孙亮,译. 北京:人民邮电出版社,2010.

[7] 斯滕伯格. 认知心理学[M]. 杨炳钧,等译. 北京:中国轻工业出版社,2006.

[8] 黄厚石,孙海燕. 设计原理[M]. 南京:东南大学出版社,2005.

[9] 胡飞. 洞悉用户:用户研究方法与应用[M]. 北京:中国建筑工业出版社,2010.

[10] 张继国,辛格. 信息熵:理论与应用[M]. 北京:中国水利水电出版社,2008.

[11] 周小舟. 基于用户认知的大数据可视化视觉呈现方法研究[D]. 南京:东南大学,2018.

[12] Zhou Xiaozhou, Xue Chengqi, Zhou Lei. An evaluation method of visualization using visual momentum based on eye-tracking data [J]. International Journal of Pattern Recognition and Artificial Intelligence. 2018,32(5):1-16.

[13] Velichkovsky B M,Joos M,Helmert J R,et al. Two visual systems and their eye movements:Evidence from static and dynamic scene perception[C]//Proceedings of the XXVII Conference of the Cognitive Science Society. Mahwah,2005.

[14] James M,Robert K,Mary W,et al. Eye movement indices of mental workload [J]. Acta Psychological,1990,75(1):75-89.

[15] Jacob R J,Karn K S. Eye tracking in human-computer interaction and usability research:Ready to deliver the promises [J]. Mind,2003,2(3):4.

[16] Carolina Diaz-Piedra,Héctor Rieiro,Juan Suárez,et al. Fatigue in the military:Towards a fatigue detection test based on the saccadic velocity [J]. Physiological Measurement,2016,37(9):N62-N75.

[17] Van Orden K F,Jung T P,Makeig S. Combined eye activity measures accurately estimate changes in sustained visual task performance [J]. Biological Psychology,2000,52(3):221-240.

[18] Di S L, Renner R, Staehr P, et al. Saccadic peak velocity sensitivity to variations in mental workload [J]. Aviat Space Environ Med, 2010, 81(4): 413 - 417.
[19] Di S L, Antolí A, Cañas J J. Main sequence: An index for detecting mental workload variation in complex tasks[J]. Applied Ergonomics, 2011, 42(6): 807 - 813.
[20] Stern J A, Boyer D, Schroeder D. Blink rate: A possible measure of fatigue[J]. Human Factors, 1994, 36(2): 285 - 297.
[21] Zeghal K, Grimaud I, Hoffman E, et al. Delegation of spacing tasks from controllers to flight crew: Impact on controller monitoring tasks[C]. The 21st Digital Avionics Systems Conference, Irvine, 2002.
[22] 张雯君. 人机交互数字界面辅助设计软件研究[D]. 南京:东南大学,2016.
[23] 匡雨驰. 数字界面信息架构设计研究[D]. 南京:东南大学,2014.
[24] 邬焜. 复杂信息系统理论基础[M]. 西安:西安交通大学出版社,2010.

5

界面交互设计中的认知理论

本章对复杂信息系统人机交互数字界面设计的认知理论进行阐述，包括认知失误模型、认知摩擦理论、认知负荷理论、注意捕获理论、生态融合理论和情境认知理论。认知失误模型主要阐述人机界面中的人因失误，从认知层面建立不同失误类别；认知摩擦理论则是从其产生的原因、特点、如何降低以及如何量化进行系列分析；认知负荷理论从 CL 的概念、结构、分类、资源消耗机制，以及认知负荷与工作绩效的关系、认知负荷的有效控制策略几个方面进行了阐述；注意捕获理论探讨了数字界面中视觉注意的特征，并对如何基于注意捕获机制进行界面元素设计进行了分析；生态融合理论从生态学界面设计的原则、影响生态界面效果的因素进行论述，并基于生态融合理论进行具体的案例分析与设计；情境认知理论主要从 3 方面进行阐述，分别是情境认知特征、情境认知要素以及情境假设。

5.1 人机界面的认知失误

5.1.1 人因失误概述

Norman[1]基于记忆心理学的失误模型和 Reason[2]的信息处理失误模型成为心理学角度研究人因失误的基础。Swain 和 Guttman[3]将人因失误定义为超出系统可接受的界限范围的人的任何一个动作。Reason 等[4]认为人因失误是计划中人的心理和身体行为序列，在执行后没能达到意向中的结果，并且这种失效不能归因于随机触发因素的干扰作用。后来 Sträter[5]将人因失误定位为：人因失误一直存在于工作系统中，它具有引起工作系统处于非期望或者错误状态的特性，它的产生导致系统需求处于没有满足或未能充分满足的状态，个人是工作系统的一个组分，并与工作中的其他组分相互作用，工作系统中的所有成分相互依赖，相互影响。

随着计算机图形和用户界面的快速发展，人因失误的分类研究也应用到了界面的可用性改善研究。Nielsen[6]、Shryane[7]等提出减少失误率的方法，改善可用性界面。李乐山[8]在 Norman、Reason 对失误分类的基础上，提出了人机界面中的失误分类。他认为疏忽(inattention)和过分注意(overattention)为人因失误的主要研究内容。Hassnert 和 Allwood[9] 认为不可能有统一标准的失误分类,应该采用实验方法获得相应的人因失误类型,他们通过软件的用户界面测试,对用户失误进行归纳分类。Krokos 和 Baker[10] 提出了界面认知的失误分类方法。Maxion 和 Reeder[11]研究了通过减少失误来提高用户界面可靠性的方法。

5.1.2 人因失误的分析方法

工程科学中对人因失误的研究起源与二次世界大战期间的武器系统领域,也逐渐发展成为人因可靠性工程的专业研究领域。其中对人因失误的研究,不同领域的系统内容差别较大,多以人因失误的辨识、预测和量化等方面的分析系统及工具应用于各自的航空、核电等系统,出现了较为成熟的、能够广泛应用于其他系统的模型、技术等分析方法。例如,预测性人误分析技术(predictive human error analysis technique,PHEA)、人因出错率预测技术(technique for human error rate prediction,THREP)、人的可靠性因素分类(human reliability management approach,HRMS)、认知可靠性及人误分析方法(cognitive reliability and error analysis method,CREAM)等成了典型的人因失误分析方法和模型;人因分析和分类系统(the human factors analysis and classification system,HFACS)模型成了航空事故分析的通用模型。因此,对人因失误的定义更具有针对性和实用性,不同的分析方法和模型对人因失误定义的角度也有所不同。

1. Rasmussen 的人因失误分类

Rasmussen[12] 的人因失误分类以优化系统设计为目的,提出了 3 种认知控制层次,分别为技能层、规则层和知识层。按照这 3 种层次对失误进行系统分类,具体包括以下 4 种:

1) 学习和适应的影响

在技能层,需要根据行为可接受的界限,如速度和精确度之间的平衡的反馈;在规则层,最小出力原则可能会导致规则误用;在知识层,可能由于新环境所导致搜索信息和检验假设产生失误。

2) 竞争性控制线结构的干扰

在技能层,可能会受到频繁使用的图形、符号干扰;在规则层,由于功能上的模式固定,容易遵循相似性匹配或熟悉的规则执行;在知识层,由于受到方法 - 结果(means-end)链的干扰,容易产生错误的诊断。

3) 资源的缺乏

在技能层,可能由于速度、精确度和力量的缺乏导致失误;在规则层,无法达到充分记忆,从而缺乏记忆;在知识层,受因果关系的直接推理的限制,可能产生不充分的知识、时间、力量记忆等。

4）随机易变性

在技能层，注意力有易变性，导致人的动作驱动参数也会变化，如力量、动作精确度的易变性；在规则层，可能错误记忆了相关的参数和数据；在知识层，产生心智模型的记忆疏忽。

Rasmussen 认为要对人因失误分类进行扩展，将人因失误置于一个更加丰富的情境之中，从失误的外在表现、内在心理失误机理到外部影响因子等整个过程进行分类，如图 5－1 所示。Rasmussen 的人因失误分类从识别、输入信息处理、回忆、推理和身体协调分析了人的失效机理，特别是针对人的内部失效、外部失效模式进行阐述。这对于复杂信息系统的操作员行为分析，有很大的启发作用，能够从认知行为过程分析人因失误的内在和外在机理。

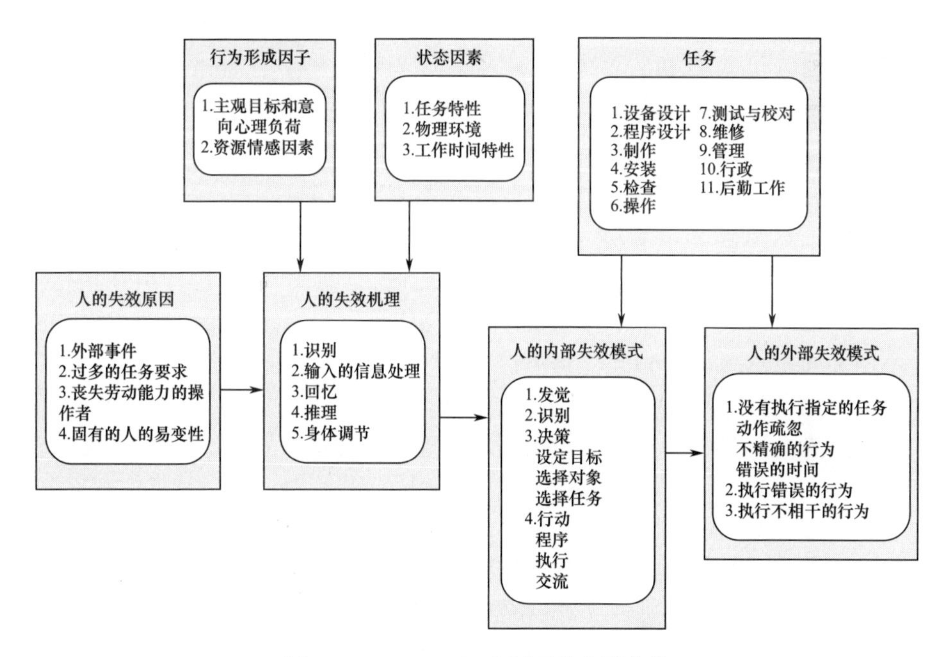

图 5－1　Rasmussen 多层面的失误分类

2. Norman 的失误分类

Norman[1]从概念上将失误分为两种：疏忽和错误。他认为疏忽是指意向正确，但执行的行为不是意向中的行为，如操作者想要关闭泵的控制阀门 C 和 E，但不小心错误的关闭了阀门 A、C 和 D；错误是指意向本身就存在缺陷，从而引发行为的错误执行，如操作者本身的操作方法就是错误的。

Norman[13]也在《设计心理学》（*The Design of Everyday Things*）一书中提到，有效的方法是预防错误的发生。首先是了解错误的性质，他提出了两种措施。

(1) 强迫性功能。强迫性功能具有很强的约束力,使人们很容易发现操作中的差错。编辑文字处理软件时,忘记了存档,结果是前功尽弃,而计算机上设有内锁装置,避免了这一失误;Window 7 系统,当用户点击关机时,它会提醒您还有未关闭的程序,询问是否强制关机,用户还可以考虑关闭重要的程序后,再选择关机。这一系列强迫性功能都使用户在操作界面时,预防了错误的产生。

(2) 限制因素。限制因素是预防错误发生的有效方法。在实际的操作中增加对应的限制性条件,使得相关的操作是可执行还是不可执行。在界面设计操作中,有个优秀的案例来说明限制因素的好处。许多应用程序中都使用了“灰色”限制,当没有选中图形时,点击右键进行编辑,就会发现菜单里的剪切、复制、旋转等功能已经变成了灰色,呈现不可用状态。

并不是所有设计都具有预防错误的能力。设计师只有在失误发生后,察觉到问题才加以纠正,改进设计方案。因此,人因失误的研究,能够有效地改进操作界面。对失误类型的进一步分析,寻找失误的研究方法,有助于改善设计,并指导设计。

3. Reason 的失误分类

Reason 认为 Norman 的疏忽和错误两种失误类型是不全面的。他强调应从“意图”出发,分析不同意图导致的人因失误。所谓意图,是指操作员在执行任务时,行为决策的过程。因此,Reason 又把操作失误分为 3 种类型:

(1) 如果意图(意向)建立得不恰当,就叫错误(mistake);

(2) 失手(slip)指不受动机引导的意外失误;

(3) 失误(lapse)指要经过更多心理处理过程转化中的失误形式,主要指记忆失效。

Reason 认为,在技能行为中,失手和失误在很大程度上来源于执行操作失效和记忆失效,无意识地激发了自动化行为,造成不适当的注意监控。而错误出现在更高一级的认知过程失败,包括对信息进行判断阶段、设置目标阶段和根据手段决定要到达到这些目标阶段。它的行动过程不是所计划的,或行动计划无法达到预期的目的。错误和失手都可能表现为个人的坚决,但出现了认知失败。失手的一个必要条件是注意被分心物捕获,或者当务之急占用了注意,使得有限的注意资源不能专心集中在自己的行动上。

Reason 等[14]进一步对失误进行了分类,列出了 8 种基本失误类型:

(1) 感觉不真实(false sensation);

(2) 注意失效(attention failure);

(3) 记忆失误(memory lapse);

(4) 不准确的回忆(inaccurate recall);

(5) 错误感知(misperception);

(6) 判断错误(error judgment);

(7) 推理失误(inferential error);

(8) 无意识的行动(unintended actions)。

4. Swain 和 Guttmann 的失误分类

Swain 和 Guttman[3]将失误分为疏忽型失误和执行型失误,这和 Norman 提出的疏忽和错误相似,Swain 和 Guttman 更为详细地从行为认知进行了细分。他们提出了人因失误率预测技术(technique for human error rate prediction,THERP),是一种人因可靠性分析方法,于 1983 年在核工业中逐渐应用起来。这种方法把失误分为了疏漏失误(error of omission)、执行失误(error of commision)和无关失误(extraneous error)3 种模式。疏忽失误是指在应该执行相关动作的情况下,没有采取任何动作;当任务要求是不执行任何动作时,若采取了动作属于执行失误,若采取了与要求不相符合的工作就属于无关失误。

Swain 和 Guttmann 认为疏忽型失误类型,主要指执行的任务或步骤被遗漏而没有执行,并认为存在 3 种表现形式,分别为行为遗忘、行为滞后和行为超前。执行型失误类型指任务或行为的不充分执行。根据不同的维度有不同的分类,主要根据选择、序列、时间和质量的不同维度来判断,具体内容如表 5-1 所示。

表 5-1　Swain 和 Guttmann 的人因失误分类

疏忽型	表现形式	
任务或步骤被遗漏	行为遗忘	在规定的时间内该做的行为完全被遗忘,该行为一直都没有执行过
	行为滞后	该执行的行为在规定的时间之后才被执行
	行为超前	该执行的行为在规定的时间之前就被执行了
任务或行为的不充分执行	选择失误	选择了错误控制(包括颠倒失误、松散连接等)
	序列错误	发出的指令或信息有误(通过说或写)、没有特定的细节
	时间错误	太早或太迟
	行为质量错误	太少或太多

5.1.3　人因失误的分析模型

对于人因失误分析方法,不同领域的研究人员开发了不同的分析模型和测评技术。从系统工程技术角度,关注重要事件和技术失效分析,如故障树和事件树等;从心理学角度,关注人因失误以及其机理的分析技术,从失误类型、失误机理和失误产生条件进行评价和分析,典型的是人因可靠性分析(human reliability analysis,HRA)方法,如认知可靠性与失误分析方法(cognitive reliability and error analysis method, CREAM)是第二代 HRA 方法的典型代表, PHEA、HRMS 等从认知心理学角度建立的人因失误分析模型。

1. 预测性人误分析技术(PHEA)

Embrey[15]提出了 PHEA,从计划失误、操作失误、检查失误、修补失误、交流失误、选择失误 6 个角度分析失误形成的过程,成为处理事故后操作员的人因可靠性的诊断模型,如表 5-2 所示。该模型从信息界面的角度分析可知,有部分失误的类型属于视觉认知的范畴,可以作为复杂信息交互界面人因失误分类的参考,例如检查遗漏、交流的信息错误等。选择错误的类型还可以从信息呈现角度进一步分类,是呈现格式不清楚还是对图符的不理解,这需要进一步划分。因此 PHEA 模型可以作为本章人因失误分类的参考依据。

表 5-2 PHEA 模型及分析

类型	失误形成过程	对失误模型进行再分析
计划失误	P1 执行了不正确的计划	计划执行与监视/发觉有着直接关系,需要从信息的搜索、发现、辨识联系起来,了解任务的执行度
	P2 计划正确但执行充分	
	P3 计划正确,但执行时间不对	
	P4 计划正确,但(执行时)顺序错误	
操作失误	01 操作时间太长或太短	反应时间问题
	02 操作时间不对	
	03 操作方向不对	操作员行为反馈与信息的认知加工有关
	04 操作不足或过量	
	05 未对准	
	06 正确操作,错误目标	属于视觉认知方面,需要从知觉理解分析错误原因
	07 错误操作,正确目标	
	08 操作遗漏	
	09 操作不充分	—
检查失误	C1 检查遗漏	—
	C2 检查不充分	—
	C3 对错误目标的正确检查	—
	C4 对正确目标检查失误	—
	C5 检查时间不对	—
	S2 做了错误的选择	—
修补失误	R1 没能获得信息	信息接收、转化和理解
	R2 获得了错误信息	
	R3 信息补漏不充分	—

续表

类型	失误形成过程	对失误模型进行再分析
交流失误	T1 没有交流信息	交流建立在信息理解基础上，理解程度与交流的有效性有关
	T2 交流的信息错误	
	T3 信息交流不充分	
选择失误	S1 选择遗漏	需要进一步分类，是因为呈现格式不清楚，还是与其他呈现格式的差异而做了错误选择

2. 层次任务分析的人因失误模式（HERA）

层次任务分析的人因失误模式（human error and recovery assessment，HERA）系统由 Kirwan 提出，可作为一种失误分析的框架式方法，包括任务分析、确定外在失误模式、确定心理失误机理、确定行为形成因子以及失误恢复和减少 5 个步骤（如表 5－3 描述的细节）。

表 5－3　HERA 的框架式方法

分析方法	分析过程
任务分析	该方法中主要采用层次任务分析。在任务分析中，采用表格式的层次任务分析，这样不仅能显示出任务的层次特性，而且突出了计划和目标，适用于各种系统任务分析
目标分析	将任务分成若干个子任务后，再将整个任务分层
计划分析	按照任务计划分析各个子任务
失误分析（external error modes）	确定每个任务步骤中的外在失误模式
行为形成因子分析（performance shaping factor）	一般基于一系列具体的涉及情境环境的问题和其他人的行为的主要影响对其进行确定
心理失误机理分析（psychological error mechanism）	心理失误机理的确定需要大量有关任务和情境环境相关资料，并依靠对相关状态的判断和理解程度才能对它们进行确定
系统工具中的人因失误辨识（human error identification in systems tools，HEIST）	人因失误辨识，采取一系列有效的措施或办法防止失误的再次发生
人因失误的危险分析	分析有可能遇到的各种危险
操作能力分析	分析操作员执行任务的能力

HERA 系统将以上步骤方法以图形的形式表示出来，如图 5－2 所示。人因失误危险和操作能力被排除在外，因为在任何层次都可进行该项分析。

该系统整合了当前各种有效技术的许多方面，其广泛性和可用性是不言而喻的，HEPA 为人因失误的分类及事故调查提供了可参考的方法，它的实用之处就是将大量的技术装入一个工具箱以供使用，从而发展为一种通用的框架式方法。从人机交互角度分析人因失误的过程，是一种可见的操作行为分析方法。

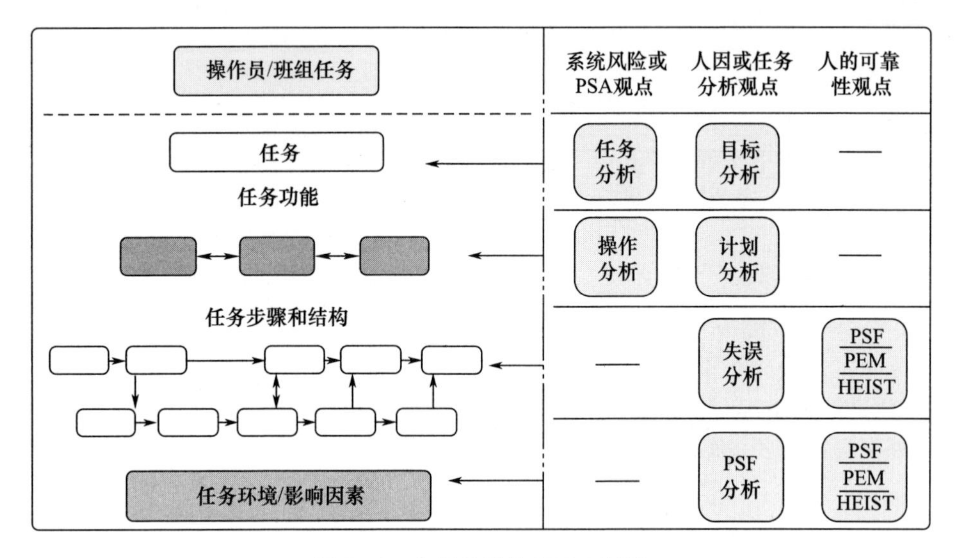

图 5－2　失误辨识的 HERA 框架

3. 认知可靠性及失误分析方法(CREAM)

认知可靠性及失误分析方法(cognitive reliability and error analysis method, CREAM)是由 Hollnagel[16] 提出的,他建立了认知模型、行为/原因分类方法和分析技术。CREAM 是 SHERPA(systematic human error reduction and prediction approach)、SRK(skill,rule and knowledge)和 COCOM(cognitive control model)整合的结果。

CREAM 采用分类方案,对人因事件的前因和后果之间的关系进行了系统化的归类,定义了后果和可能前因之间的联系,具有追溯和预测的双向分析功能,既可以对人因失误事件的根原因追溯,也可以对人因失误概率进行预测分析,是一种十分有效的人因失误分析方法,如图 5－3 所示。

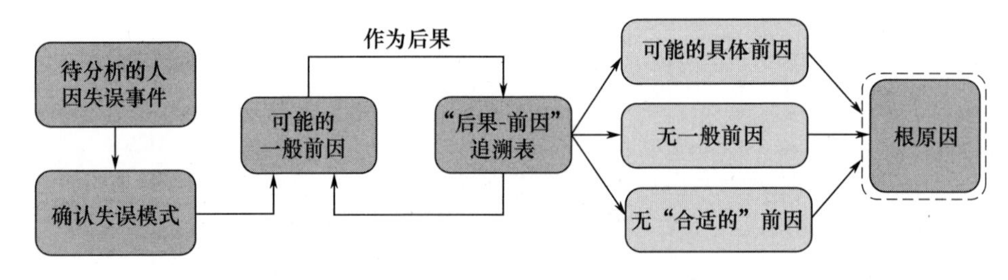

图 5－3　CREAM 追溯分析方法框架

CREAM 是基于认知模型和情境控制模式发展起来的一种 HRA 方法,主要步骤包括:

(1) 通过层次任务分析,构建事件序列;

(2) 分析情境环境;

(3) 确定认知行为;

(4) 确定认知功能;

(5) 确定认知功能失效模式(对应基本的失误概率);

(6) 考虑情境环境的影响,修正基本的失误概率。

4. 人因分析和分类系统(HFACS)

人因分析和分类系统(human factors analysis and classification system, HFACS)作为一种通过分级失误类别来分析事故原因的工具,为航空等重大事故提供了科学的分析方法。HFACS是Shappell和Wiegmann[17]在Reason[2,18]模型基础上,即组织影响、组织监督、不安全行为的前提条件和不安全行为,描述了这4个层次的失效。由于研究人因失误,则主要分析该系统的显性因素——不安全行为。

Shappell认为人的不安全行为是系统问题的直接表现,应分为差错和违规,如图5-4所示。这里的差错分为技能差错、决策差错和知觉差错。技能差错指漏掉程序步骤,技术差,注意力分配不当等;决策差错指经验不足,缺乏训练或理解错误、判断错误等;知觉差错指感知觉与实际情况不一致,如视错等。HFACS对差错的分类,体现了操作员认知行为的过程分析,系统所提到的注意、经验、感知觉等均为认知的主要研究内容。由Shappell对13年飞机事故数据分析(图5-5)可以看出,技能差错和决策差错占有高的百分比,也说明了技能、决策所对应的注意、理解等相关认知因素;感知层面的失误概率相对较低。不论是操作员行为的感知觉还是认知层面,都说明了人因失误与认知过程具有相对应的关联模式,这也是本章的研究重点和出发点。

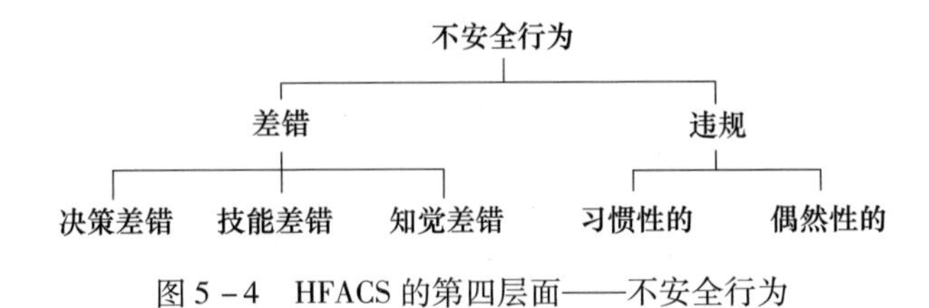

图5-4　HFACS的第四层面——不安全行为

然而,失误仅为该系统的最底层分类当中的一个分级因素,HFACS是一个系统分析工具,并没有专门针对这一分级失误设置更为深入的分析模式,而是更关注其他层面诸如组织影响、组织监督等的因素。

以上人因失误的分析模型与技术,从不同的角度建立了可分析导致任务失败的各种失误,为系统提供了分析失误概率、追溯原因以及预测未来的科学方法。然而,每种方法都是从工程领域的不同系统长期研究而获得的分析模型或技术,并不适用于各个领域,也没有哪种单一的人因失误分析技术能满足所有系统的需求。随着工程科学的发展,研究学者们将成熟的人因失误分析方法结合各自的新领域,延续并总结了新的分析方法,HERA就是将CREAM、HEIST等

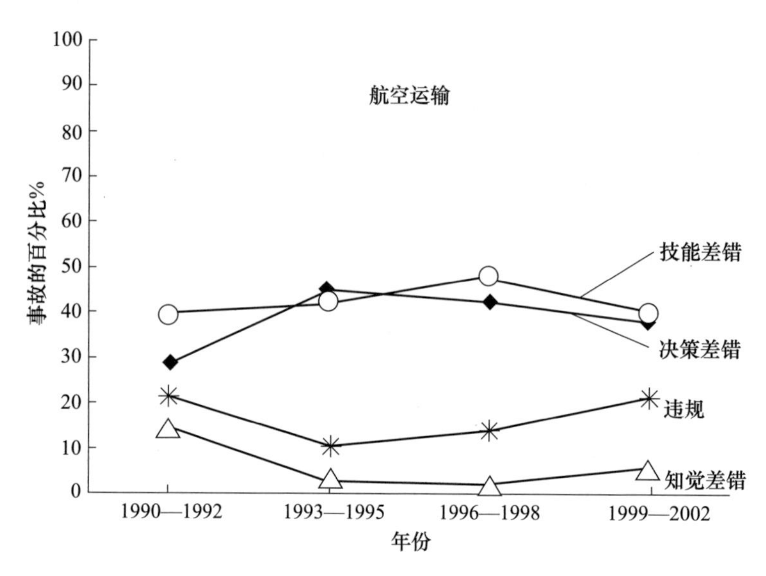

图 5－5　Shappell 分析的 13 年航空事故不同失误所占百分比

分析技术整合，以适用于自己的一种框架式方法，并为未来该类方法的建立和发展提供借鉴。

因此，各种人因失误的分析模型与技术，组合成了一个装载大量技术的工具箱，分析人员可根据自己的系统需求，选择合适的方法应用。本章将结合以上方法，主要围绕 CREAM 对人因失误事件的根原因追溯，以及 HERA 的失误辨识方法对操作员任务失败的认知行为分析，逐步建立操作员认知行为模型与认知失误辨识模型，从而进一步分析人机界面的失误因子。

5.1.4　人机界面的认知失误模型

1. 操作员的认知行为模型

复杂信息系统显示系统可以看作是通过操作员监视和控制的人机交互系统，操作员的任务包括视觉认知和行为动作执行，任务执行状态由显示系统将通过信息融合技术获取的整个系统信息显示在界面中。操作员的主要交互是与信息显示界面的视觉交互以及控制器的触觉交互。

如图 5－6 所示，操作员的认知行为过程包括监视/发觉、状态查询、响应计划和响应执行。当系统状态处于异常情况时，系统就会通过报警提示以及通过传感器将异常情况呈现在信息显示界面中。操作员任务执行过程包括以下内容：

（1）操作员可通过信息显示界面进行人机交互，从而获取系统的状态信息，并以此判断系统当前状态；

（2）然后依据评估和诊断结果确定异常状态，选择操作程序和路径；

（3）最后执行控制响应任务；

(4) 人机交互系统将执行结果以信息形式呈现在界面中,操作员再次进入监视/发觉、状态查询、响应计划、响应执行的任务过程中。

在上述各个阶段都有可能出现各种人因失误。

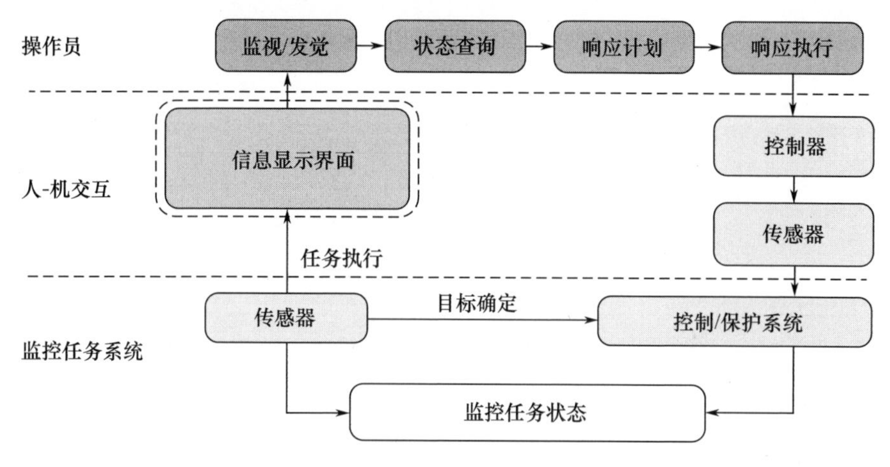

图5-6　操作员的认知行为模型

2. 人机界面失误因子提取

为了分析失误因子的认知机理,还需要进一步提取界面当中导致任务失败的失误因子。

这些失误因子应该包含所有可能出现的失误类别,才能为后期的失误分类提供全面的失误因子。这就需要采用模拟实验场景基于前人对人机交互界面中失误分类研究的观点,以及复杂系统中人因失误分析的研究成果。人因失误与认知加工过程相关联。

失误因子提取实验需要模拟操作员执行任务场景。本书中主要探讨的是视觉信息界面中的失误因子,不考虑场景操纵的行为反应,主要采集视觉认知过程的失误因子。因此,在人机交互实验室,以虚拟现实技术模拟飞行员场景。

1) 实验设计

首先,建立一个操作员失误的实验分析模型,如图5-7所示,从"操作任务—失误统计—失误分类—用户访谈—分析用户意图—分析认知过程"一系列的分析过程,将实验任务通过录像观察,详细记录所有失误,并进行分类统计;对失误率高的典型失误展开用户访谈,对任务进行分解(可以重复操作,同时使用有声思维法),分析用户的真正意图。

2) 测试任务

战机导航界面面向的用户群体是有丰富飞机驾驶经验的飞行员,本次测量受实验条件的限制,选择了有基本计算机使用经验,有飞机类游戏经验并且有一定的飞机知识的用户作为测试对象。依据CIF测试标准,此次测试我们选取

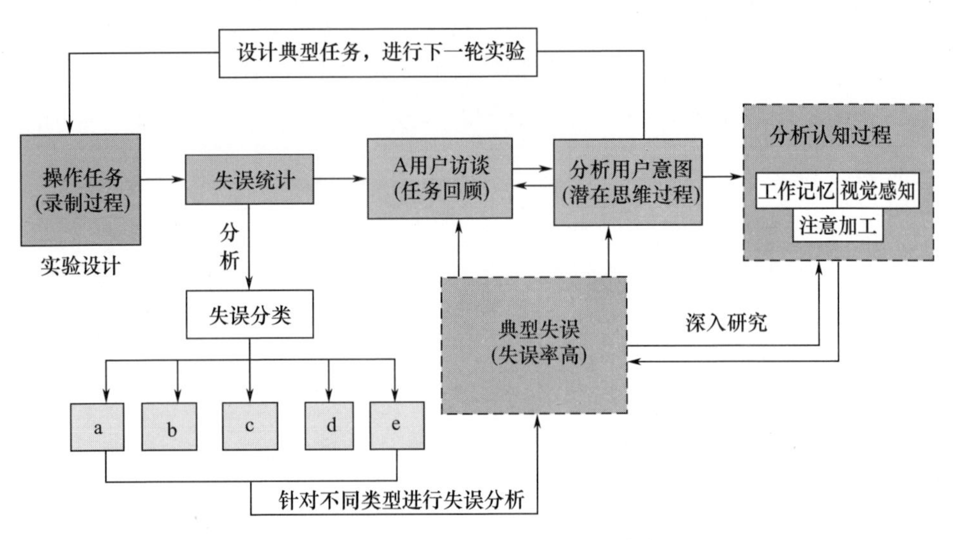

图 5－7　人因失误实验分析模型[19]

15 名测试对象。测试任务如表 5－4 所列。

表 5－4　被试模式实验击键任务分解

序号	任务	任务分解
1	确定飞机各系统部分运作正常	查看飞机性能咨询系统(FPAS)画面:提供当前状态下的计算出的相关飞行性能数据
		查看燃料(FUEL)画面:提供总的燃油量,包括飞机内部、外部油箱的所有相关燃油数据 FUEL 图标
2	观察屏幕上态势雷达部分,可以发现敌机的坐标和方位均按实际比例和位置显示	查看态势信息(SA)画面:提供飞机航向和目标航向,目标航路点,指令空速,指令高度,指令下降点等
3	控制飞机做上升或翻转动作	上升任务:保持飞机上升状态的平稳还需要时刻关注飞机滚转角(坡度)和俯仰角的大小、飞行航向、飞机相对于空气的速度、飞机的高度等; 翻转任务:应密切关注飞机的坡度和速度。具体地说,飞行员的主要注意力应放在坡度(20°)和姿态(+8°～+10°)上,同时要多检查速度,防止坡度过大,速度过小
4	查询威胁状况	向地面威胁方向前进,操作过程可以直视前方也就是头盔镜的显示,无须低头操作
5	发现敌机,按下按钮一次,列入攻击目标表	查看电子战(EW)画面:提供电子战设备探测到的威胁目标的坐标方位、类型,显示干扰设备状况
6	观察头盔镜内数据显示	数据中可以看到三角形的图形符号,其中 38 即数字显示代表攻击目标在 38 里之外,是攻击列表的第一个目标

续表

序号	任务	任务分解
7	保持方向	—
8	准备投弹	—
9	观察导航屏幕的飞机自身前进方向及坐标位置	—
10	按前进按钮	—
11	观察飞机上方与背部的透视图,选择武器	通过屏幕上图形化的飞机武器列表(SMS)画面选择准备发射的武器种类
12	头盔中传入警告讯息,确认威胁目标	警告讯息表示飞机四周安装的监控器正常运作,飞机正在监控四周,并告知发现威胁目标
13	通过屏幕上图形化的飞机武器列表,选择准备发射的武器种类	显示导航吊舱探测 NFLR 画面
14	查看显示吊舱探测画面	—
15	控制飞机向左转	当预定高度先到达时,飞行员应提前 30 ~ 50 英尺稳杆加油门,保持坡度不变,继续转弯
16	按红色操作按钮发射导弹,导弹发射,炸毁目标	—

3）失误记录与采集

采用失误汇集再分类的方法记录失误,通过对典型航战显示系统的监控任务界面进行模拟实验,记录者记下所有可能的失误,并以文字描述。本实验注重测试后访谈,这样可以让被试看着信息界面再次回顾任务,记录者可记下所有可能的失误类型。这里需要说明的是,若只记录被试出现的人因失误,并不能反映全面的失误类型,因此为了获得全方位的失误因子描述,记录者需要根据个人经验记录所有可能出现的人为失误,并通过访谈补记遗漏的失误因子描述。

经过失误记录与采集,将相同描述的失误合并,获得可能的失误因子描述 117 个。笔者将这些失误描述与 3 位专业飞行员沟通,并整理修正了失误因子描述,删除了 36 个不可能出现或非认知行为的失误因子描述,同时增加了 4 个可能发生的失误因子;并从专业角度合并了 12 个相似的失误因子描述,最终保留 74 个。这时用文字描述的失误因子还不具有类别性,也不具有认知行为过程的合理性。因此需要对人因失误的根原因追溯,才能获得真正的失误因子,并通过认知行为分析得以表征。

根据 CREAM 追溯法,可以建立这些失误因子的“后果 – 前因”追溯表。针对 74 个失误因子描述,分别对监视/发觉、状态查询、响应计划、响应执行 4 个监控任务的认知行为对应分类提取。

3. 人机界面失误因子的认知表征

1）失误因子分类

通过监控/发觉、状态查询、响应计划和响应执行4个认知行为过程的失误因子提取，获得认知行为分类的失误因子组合，可以得知监控发觉和状态查询阶段的失误因子比例居多，并且多以视觉搜索、辨识为主的失误因子，这说明和视觉认知息息相关。反之，响应计划和响应执行的失误因子多表现为操作执行、外在因素以及组织管理相关的因素较多。这说明，在失误因子的认知表征将多偏重于监控发觉和状态查询过程，即为信息搜索、信息认读、信息辨识和信息判断选择的视觉认知过程。

为了更深入的研究视觉信息界面的失误因子认知机理，需要对视觉信息界面中产生的失误因子分类并进行认知表征。因此，需要排除非视觉认知导致的失误因子，仅保留信息搜索、信息认读、信息辨识和信息的判断选择过程导致的失误因子。

2）失误因子的认知表征

认知行为过程的失误因子是隐性的，表现为显性的行为失误，例如错误的执行、选择等，那么有待解决的问题是隐性失误因子的认知分析。为了进一步对信息界面失误因子进行表征，按照复杂系统态势环境下的界面任务，操作人员需要进行搜索、认读、辨识、判断选择、决策5个认知行为过程。将不同任务的信息显示格式对应为认知行为以及可能发生的失误因子，从而进行错误表征。

复杂监控任务系统中可能执行的任务有飞行状态数据监视、任务信息查询、威胁和安全状态信息监视等，航战显示界面包括了导航、态势图、状态数据等信息显示。在复杂信息系统中，可能执行的监控任务有设定计划、监控状态查询、突发调度等，其界面任务可以从突发事件任务和常规任务角度对监控界面任务分类，也可从执行任务顺序进行分类。由此，为了提取复杂信息系统监控界面的失误表征形式，将监控界面任务和对应的失误因子列于表5-5。

表5-5 监控界面任务的失误因子表征

监控界面任务 A	信息显示方式 B	认知行为 C	失误因子 D	错误表征 E
A1 监视/发觉	B1 动态显示	C1 搜索	D1 忽略	E1 语意模糊
A2 状态查询	B2 静态显示	C2 认读	D2 遗漏	E2 视觉局限
A3 响应计划	B3 导航	C3 辨识	D3 错过	E3 视觉迟钝
A4 响应执行	B4 状态数据	C4 判断选择	D4 误读	E4 视错
	B5 信息图标		D5 误判	E5 注意负荷
	B6 警报提示	C5 决策	D6 错误理解	E6 视觉干扰
			D7 没看到	E7 过分注意

续表

监控界面任务 A	信息显示方式 B	认知行为 C	失误因子 D	错误表征 E
			D8 混淆	E8 注意转移分散
			D9 记不起来	E9 心理紧张而不知所措
			D10 输入错误	E10 认知偏差
			D11 记录错误	E11 不合理匹配
			D12 看不清	E12 可视性弱
			D13 难以分辨	E13 思维负荷
			D14 错误匹配	E14 遗忘
			D15 找不到	E15 不准确回忆
			D16 延迟	E16 缺乏记忆辅助
			D17 不充分的	E17 意向性减弱
			D18 不相关的	E18 错误记忆
			D19 过早反应	E19 无意识
			D20 没反应	E20 不注意而疏漏
			D21 选择错误	E21 时间压力
			D22 失手	

5.1.5　典型航电显示界面案例分析

为了验证人机界面认知失误模型的合理性，将航电显示界面作为例证进行应用。根据测试任务的记录与采集，如图 5－8 所示的航电显示界面，可提取典型的失误因子（出错频率高），并按照失误因子对应完善错误表征，如表 5－5

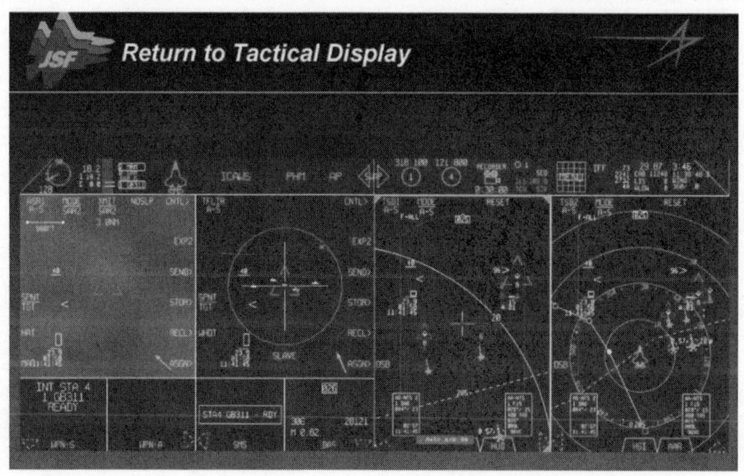

图 5－8　航电显示界面

所示。通过视觉行为和生理反应的实验认为出错－认知集合(各种出错因子)与界面信息(信息呈现与界面布局)具有相关性,在视觉搜索过程中产生的失误因子直接和任务－界面布局、信息间距－位置、信息特征－容量等因素有直接联系[20]。因此,根据《复杂信息任务界面的出错－认知机理》[21]一书中描述的“任务—界面布局—视觉流向”反应链、“信息间距—位置—视觉轨迹”反应链和“信息特征—信息容量—视觉轨迹”反应链,以及设计人员针对操作员执行的监控任务,结合设计信息特征,可确定7项设计信息特征,如表5－6所列。

表5－6　提取的失误因子及相关信息特征[22]

序号	失误因子	序号	信息特征
1	视觉局限－遗漏	1	信息特征方位
2	视错－误读/误判	2	信息特征的可视范围
3	视觉干扰－忽略	3	信息特征间距
4	注意转移分散－错过	4	信息符号的视觉注意强弱
5	认知偏差－错误理解	5	信息图符的识别性
6	不合理匹配－混淆	6	信息图符的简洁程度
		7	信息图符间的差别性

下面将针对这些典型失误因子的认知表征和操作员执行的监控任务提取的设计信息特征,按照反应链逐一分析。

对视觉注意强弱角度的优化,主要是线符、字符、线符与字符等结合的组合符,色彩的调配、线框符号等显著影响了视觉注意的强弱,相关设计信息符号如图5－9和图5－10所示。

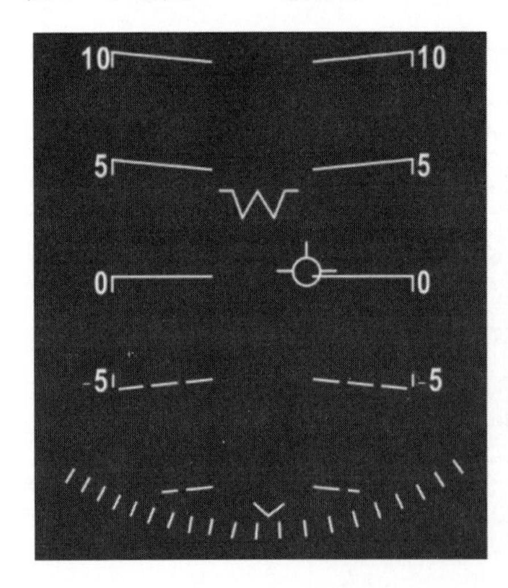

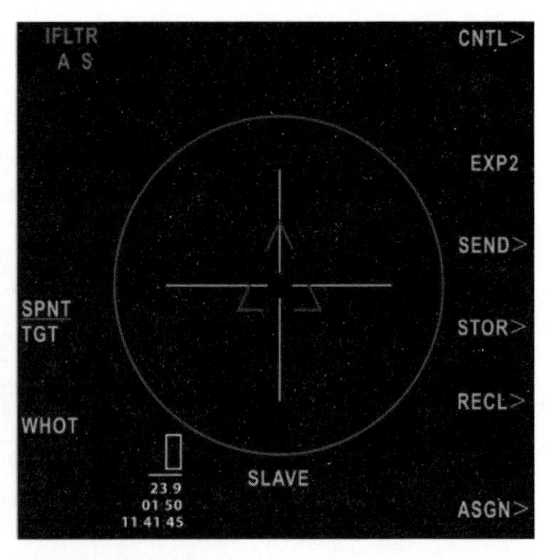

图5－9　视觉注意较弱的信息块(1)

图5-10　视觉注意较弱的信息块(2)

从信息图符的识别性和差别性角度优化,主要是图符的理解性、认知程度、相似性等方面,相关设计信息符号如图5-11~图5-13所示。

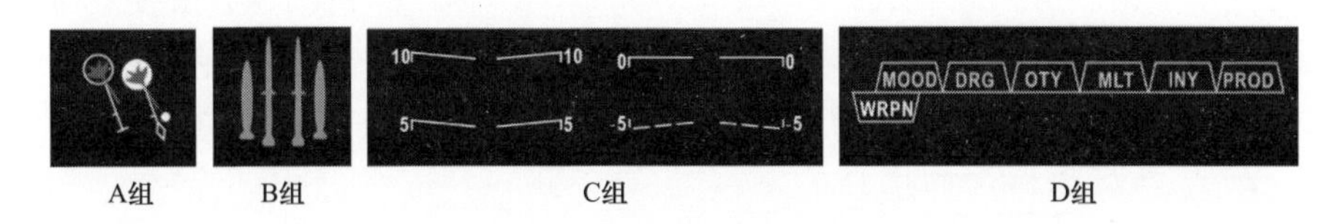

A组　B组　C组　D组

图5-11　信息图符的差别性

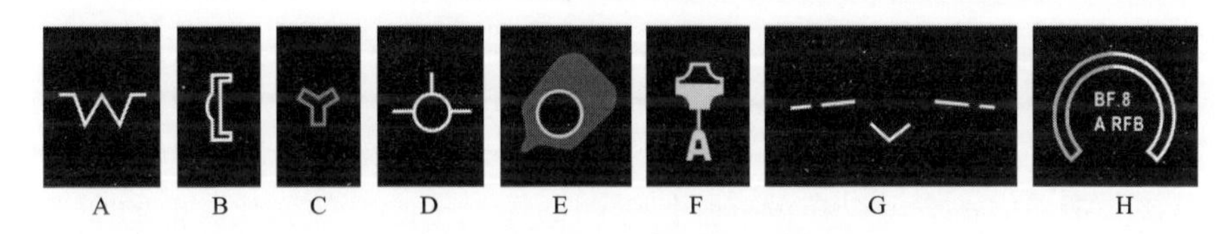

A　B　C　D　E　F　G　H

图5-12　信息图符的识别性

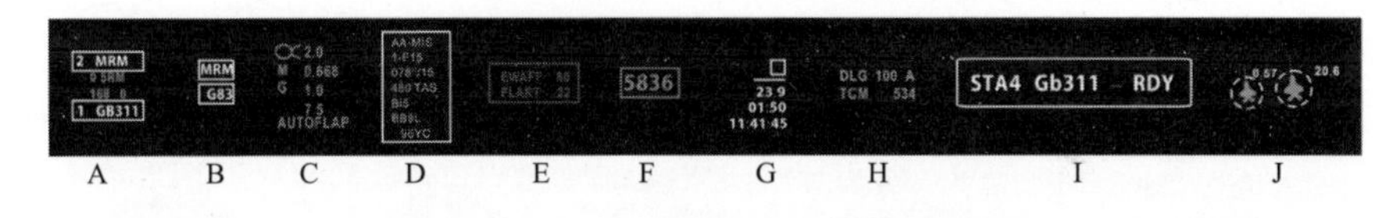

A　B　C　D　E　F　G　H　I　J

图5-13　信息字符和线符组合的识别性

因此,按照人因失误模型进行航电显示界面分析后可知,需要对容易引起视觉局限的信息特征进行位置调整,按照视觉特性对边缘以及下部的信息特征调整至可视范围,并调整相关信息的间距与不相关信息的间距,特别是以信息块为组合的间距。

5.2　人机界面的认知摩擦理论

5.2.1　认知摩擦概述

1. 认知摩擦理论的提出

随着集成化和数字化技术的不断发展,人机交互媒介从功能形式到设计理念都发生了巨大的转变,技术的进步逐渐拉开了界面与用户的认知距离,使界面变得缺乏亲近感并难以操控,用户往往迷失于功能繁多的图标组群中而不知所措。这种由于技术的进步而带来的认知鸿沟在设计领域将其称为用户与产品间的认知摩擦。

摩擦是指相对运动的物体,在其接触表面上产生阻碍相对运动的一种现象。而认知摩擦这一概念首先是由美国著名的交互设计师Cooper[23]提出,并将其定义为“当人类智力遭遇随问题变化而变化的复杂信息系统规则时遇到的阻力”。认知摩擦阐述的是认知的差异性导致基于软件开发的界面变得复杂,用户难以通过界面表象理解程序员的意图,执行任务过程存在困难,如标签或导航的认知不清晰、操作反馈的不明确或不及时、得不到预期效果等,相对于物理世界中的摩擦现象,认知摩擦则是因为信息化程度的不断加深,由信息膨胀导致数字化界面设计不良的一种普遍现象。

2. 认知摩擦概念的迁移

2006年,交互设计大师Cooper最初从设计和计算机信息技术的角度,针对网页界面的交互设计进行研究,并指出认知摩擦的产生是由于超链接中“超”性[23]。即使操纵像因特网浏览器这样简单的界面,相较于其他的任何物理机器也需要使用者更多的精神介入。他解释道,这是因为每一个蓝色的超链接都意味着是通往因特网其他地方的通道。用户所要做的就是单击一个超链接,但是链接所指向的地方可以在没有任何标明的情况下独立的变化。他的唯一一项功能就是背后的功能。在之后的2008年Cooper在《About Fare 3 交互设计精髓》一书中,提出设计者最重要的目标之一,就是要使表现模型和用户的心理模型尽可能地接近[24](图5-14)。

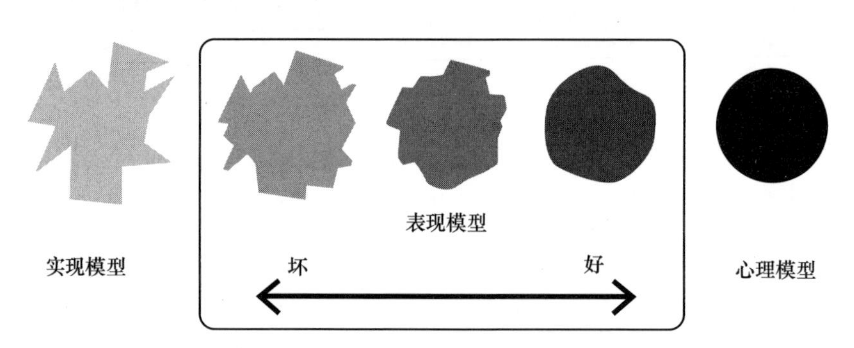

图5-14　实现模型、表现模型与用户心理模型的关系[24]

美国认知心理学家诺曼(Norman)[25]从认知心理学的视角出发,针对日常用品进行易用性研究发现,认知摩擦并不仅仅存在于界面设计领域中,随着计算机芯片的微型化,越来越多的日常用品也逐渐具有网页界面中的“超链接性”。诺曼在此背景下展开对认知摩擦产生的原因进行研究(图5-15),并通过具有鲜明对比的两个产品进行举例分析,如结构复杂的钢琴,消费者初期可能对它比较陌生,但它产生的认知阻力并不大。因为此种实效型的设计——

"形即内容"的编码途径,使产品的结构一目了然,从消费者与产品接触的初始就已经了然于胸,对其操作的结果是可预知的。相较于机械化产品操作结构的明确性和结果的单一性,用户往往在当代产品面前是手足无措,信息化时代下产品的操作方式变得难以捉摸、不可预测。路透社在2006年3月9日的一篇国际报道同样证实了此问题的存在,一名研究员称,消费者送回商店修理的故障产品中,有一半的功能完全正常,他们只是不知道如何操作。

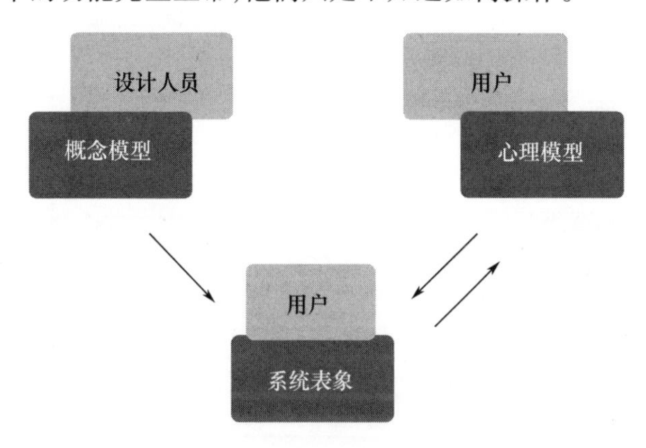

图5-15　概念模型、系统表象与心理模型的关系[25]

随着认知摩擦研究的深入,虚拟教学也逐渐意识到学习者与设计师意象认知的差异性导致的认知摩擦[26-27]。虚拟教学中主体形象是隐喻符号化,存在着临时性、模糊性及多义性等特点,依赖于人的感官,并且以人的意志为转移。设计者在虚拟教学选择和塑造虚拟模型时,便开始了自我的呈现,导致学习者对隐喻的理解是多样性的。另外,虚拟教学需要借用一定的技术手段使得虚拟环境中的模型具有物理属性,但受技术水平的限制,物理属性只能被有限地赋予,导致学习者所需的信息难免会被遗漏,从而引起认知错位现象。

认知摩擦除了直接导致产品的易用性降低之外,情感流失也是认知摩擦的重要一方面。复杂信息系统数中大量的信息需要集中在有限的界面中,在无法保证用户如何从爆炸式的信息中识别出对自己有用的信号时,可想而知,用户也很难从复杂界面中寻得情感上的共鸣。Wright 等[28]曾经针对地图探讨过界面设计情感的美学问题,他认为界面应该具有自己内部的和谐,这是最基本的要求。一个拥有粗俗的颜色、不精致的线条以及不优雅字体的排布形成的丑陋界面可能会与漂亮的界面具有一样的精确度,但是却不太可能去激发用户使用的信心与情感互动。如图5-16和图5-17所示,修改前的方案使用白底不仅没有对用户的注意力起到引导作用,也没有将重点关注区域起到突出显示,同时单色编码看起来枯燥乏味。作者团队设计人员针对其分析研究后,一方面通过 Tufte[29]的高数据-笔墨比率(high data-ink ratio)的概念减少不必要的信息显示(远离目标点的定位信息以及操作提示等),提高用户搜索效率;另一方面利用 Endsley[30] 的态势感知将一些关键性的地标显示出来，为操作者提供支持，减少认知上的迷失，在保证界面可用性的基础上，利用色彩编码减少界面的复杂性，运用饱和度编码将视野分离，同时结合各元素的简约设计达到信息搜索与主观审美的相统一。

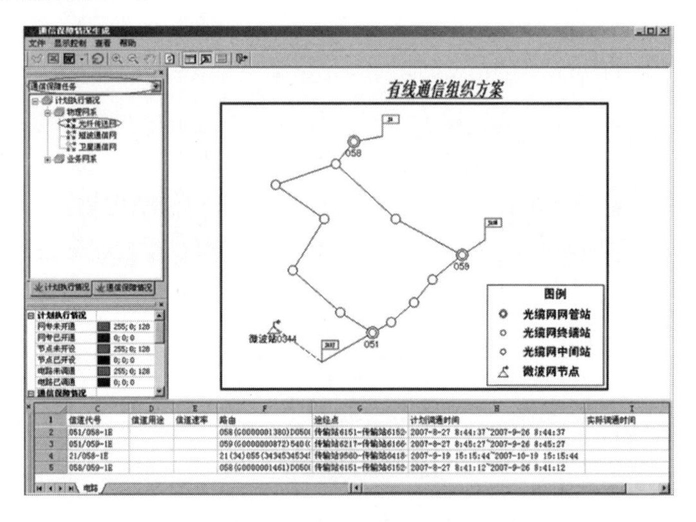

图 5－16　某界面修改前的方案

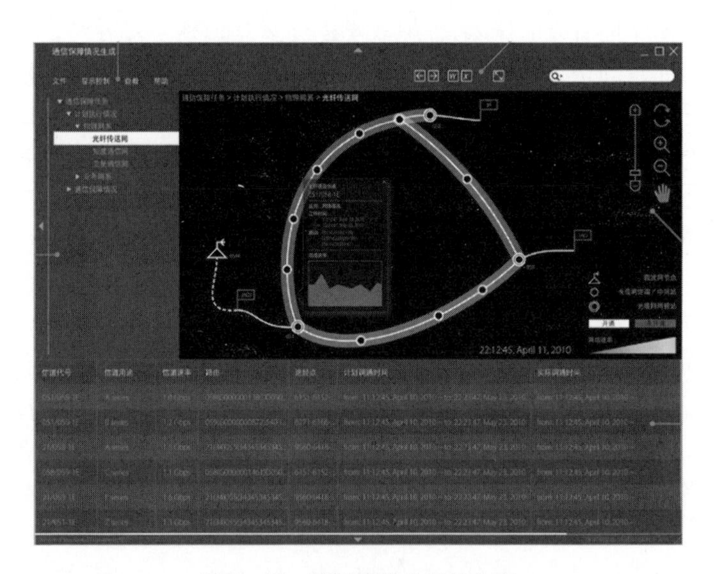

图 5－17　某界面修改后的方案

3. 认知摩擦的表现形式及分类

认知摩擦是人类智力在处理复杂问题时遭遇的阻力，依据用户在完成任务过程中遭遇来自不同的阻力，将其分为操作困难带来的外在认知摩擦、内容认知困难引发的内在认知摩擦、情感体验缺乏引起的相关认知摩擦 3 类[27]。

外在认知摩擦是指用户操作技术上存在着困难，它表现为数字界面的交互性和用户操作软件的熟练程度。据分析，界面不恰当的设计是外在认知摩擦存在的主要原因，如提示性信息匮乏，导致操作不能得到正确的指引，与信息不能进行有效的交互。以 Braseth 与 Oitsland[31] 针对沸水反应堆的显示界面研究为例，传统上，报警是通过报警识别、描述和时间标记进行报警列表的显示。然而，在快节奏的情况下，挑战的是人类的认知，报警，必须逐行阅读与理解。在一代的报警显示中没有足够的弹出效果[图 5 - 18(a)]，它们在尺寸以及对象尺寸的大小均不一致。同时，这个报警的可视化通知也不活跃，除了这一点，一些操作者提出，这个定性的指标没有提供足够多精确的可读信息。在接下来的修改方案中，为了增加弹出效果，报警框由实心正方形所代替，为了提高一致性，所有的过程对象具有相同的尺寸和形状。报警框同样采用隐喻的方法进行设计，在上面是高报警，在底部代表的是低报警。为了提高精度，数值被加在关键部件上，并在报警状态下不断弹出。在图 5 - 18(b)中 H3 的报警极限已经被侵犯了，正在指向 H4，这个过程值是 48。这一设计很符合传统上对报警的设计，报警识别、描述和数值标记等该有的报警信息均包含在内，但是作者指出这一设计同样存在以下缺点，没有将正在进行的报警与新发生的报警进行区分。针对这一情况，作者开发了一种替代：动态的报警点，新的报警营造出强烈的弹出效果，如图 5 - 18(c)所示，显示在绿色开启阀上的红色警报点。实验结果也表明，经过修改后的动态报警有了正向的评价，接近于 3 ∶ 1。这表明动态报警在显示什么地方出问题时与修改之前的报警显示具有很好的表现。由改进之前的报警设计可知，重要信息的缺失导致在操作的过程中，监控者不仅浪费了大量的认知资源，更易产生认知偏差甚至认知错误。

内在认知摩擦是指用户对界面内容理解存在着困难，关乎界面信息内容编码的合理性和用户所处水平。编码总是以信息的符号转换和向用户传达信息为目的，根据一定的经验性的形式法则，选择特定的图标符号并以色彩、质感等要素的相似性和联想性来适时传达所产生的各种信息——实用功能信息以及情感信息。一方面，当设计师为了标新立异，设计出不符合用户行为习惯规范、违犯使用经验惯性的符号形态和细节时，用户会对认知任务产生偏差性的理解；另一方面，内在认知摩擦系数的高低与学习者的知识经验、认知加工水平密切相关。一般而言，某一认知阶段学习者的思维发展水平基本是处于同一个层次的，然而学习者之间存在差异性，用户的知识结构、系统知识、主体定位感等心理因素以及用户的信息素养能力也都会影响到内在认知摩擦的高低。

目前，复杂信息系统数字界面更多侧重的是可用性，与网页界面、手机界面相比更加容易忽略用户的情感需求，使用户提不起兴趣，负面情绪抑制交互活动的效率，认知过程变得困难，使相关认知摩擦系数较高。当看到某样事物时，

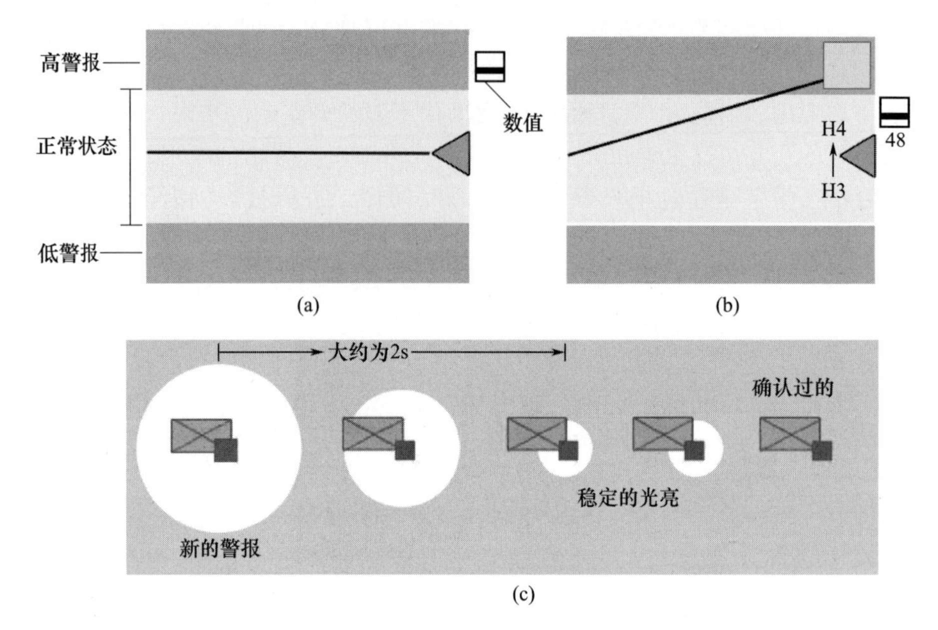

图 5-18　沸水反应堆显示界面中的报警设计[31]（见彩图）
（a）原报警显示；（b）修改后的报警显示；（c）修改后的报警显示。

人们的视觉不仅仅是为了获取信息，更多的是能够与内心产生一种联系，获得一种触动，数字界面中的色彩具有不同的情感倾向，图形图像、文字也往往通过逼真性与想象性的艺术加工处理，调用起用户的想象力，传达出信息的丰富的意义和象征性，提供人们在界面交互与操作中的情感体验。法国的艾克斯-马赛大学的 Bonnardel 等[32]在其研究中指出今天的人机交互所存在的挑战之一，即是设计系统不仅仅要具有可用性，而且要能够吸引用户。为了应对这种挑战，该团队利用色彩这一感性元素，很好地证明了“美的东西即好用”（attractive things work better）这一观点，并利用客观测评提供了新的理论支持。在此研究中，作者认为当情绪能够与“美丽”这一感觉相关联时，很容易促使“幸福”这一感觉，而此感觉在访问时间的长度、咨询信息以及信息在记忆中的保留程度都发挥了重要的作用，为了更好地了解设计效果，通过补充实验分析那些被设计师和用户摒弃的色彩，发现用户更多的是进行快速“扫描”，并基于该观点提出“时间”已经成为人机交互领域情感研究中的一个很重要的拓展考量因素。

5.2.2　认知摩擦的特点及产生根源

1. 认知摩擦的特点

认知摩擦的产生是由于人与人之间的认知差异性，无论是工业化时代下的产品还是信息时代，设计师的认知与用户的思维不断发生碰撞，区别是工业化时代下的设计师与用户往往是同一个人,能够巧妙地通过产品的形式来传达功能,产生的认知摩擦系数较低。而在信息时代,设计师不一定是产品的终端使用者,同时为了取悦客户,市场被分割得很细,设计师为了满足不同群体的需求,会赋予产品多样化的设计目标。此外,以互联网为代表的新生代虚拟产品飞速发展,这类产品本身是无形的,只能靠用户自身的思维与认知去揣摩、预测产品的工作方式。借鉴现实世界中物理摩擦学的研究,提出认知摩擦的特点:两面性、普遍存在性、不可消除性以及等级性[26-27,33]。

(1) 不可消除性。界面的开发者与最终面向者都是人,而不同的人的生活经历、受到的教育、文化的影响会培养出不同的思维认知方式,因此,只要有人的活动参与,认知摩擦就不可避免地产生。

(2) 两面性。认知摩擦与现实世界中的物理摩擦带来的影响是一样的。认知摩擦通常起有害作用,但有时又是不可缺少的。在游戏娱乐、虚拟学习中用户的使用兴趣、学习斗志都需要依靠认知摩擦引导人对界面的积极探索。但是当超过一定的阈值时,认知摩擦就会转变为认知冲突,起到抑制作用,增加负面情绪。

(3) 等级性。认知摩擦有高低之分,虽然不能如同物理世界的摩擦一样直接通过具体、精确的数值进行衡量,但是随着摩擦增加,副作用就会呈现指数级增长,依据界面信息带给用户的认知困难度,将其分为认知迷惑、认知困难、认知冲突等。

(4) 普遍性。该特性是由不可消除性延伸而来,如机械工业时代其设备虽然功能很多,使用很复杂,但认知摩擦并不高,其操作结果可预见。在信息时代,产品的行为和用户的操作不再一一对应,其结果难以预见,设计师的思维和用户的思维不断发生冲突,认知摩擦较高。因此,Cooper 指出在信息时代基于软件的产品都存在着不同程度的认知摩擦,只不过大小不同。

2. 认知摩擦产生的根源

认知摩擦产生的根源是社会化分工带来的人和工具角色的变化,从福特公司第一条流水线追求生产效率开始,产品的开发与生产工序就被分割成一个个独立的环节,工人间的分工更为细致、明确,在信息时代更是愈演愈烈。设计人员、工程师以及用户成为各自独立的 3 类角色。Cooper[23-24]曾提出导致用户出现“认知摩擦”的原因是程序员所代表的实现模型与表现模型以及用户的心理模型三者之间相互发生冲突。认知心理学家诺曼[25]从认知心理学的角度用心智模型论述了认知摩擦产生的原因是设计师与工程师的心智模型和最终用户的心智模型不匹配,导致认知摩擦的产生。结合界面设计过程中来说,是由于作为信源的设计师在对信道(界面)进行编码或者信宿(最终用户)对信道进行解码的过程中出现了认知差异性或认知偏差,导致了认知摩擦的产生,如图 5-19所示。

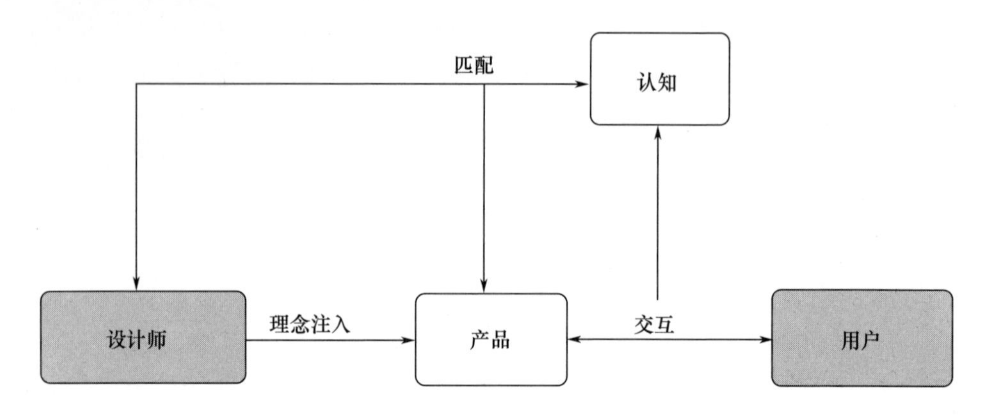

图 5 - 19　认知摩擦的产生

3. 认知摩擦的降低

由于技术的进步而带来新的设计问题——认知摩擦,已成为当前研究的热点。针对认知摩擦的研究是突破于以往的研究思路。工业化时代强调的设计是需要激发人的注意力,包括视觉、听觉等,而目前产品却带给用户大量的刺激,人和物的关系已经呈现紧张状态,此时的研究方向应该是更多地关注人对信息的承受力。因此,降低外在认知摩擦方法之一即是运用可供性(affordance,也译为预设用途)理论解决用户如何感知产品的使用方式、主要功能及使用结果等一系列的完整信息链上[34]。基于此,研究者进行了可供性线上化产品辅助设计工具(affordance-based Interactive genetic,ABIGA)的开发,即基于可供性的产品设计能够通过自身信息传达出该产品是什么、如何操作以及能够完成的任务是什么[35],通过主观测评的方式获取设计要素与可供性的映射关系,并配有英语、法语等版本,以消除文化背景、地域等因素造成的结果差异。

内在认知摩擦的产生是由于界面信息导致用户认知困难以及不同水平的用户在面对同样的信息时会产生不同的认知偏差。认知“差异性”是人类特质的表现之一,但是人类在认知事物时是具有普遍规律性的,复杂信息系统更是不例外。因此,为了能够使信息可以被用户更好地接收,更有效率地认知,设计师在做设计时,需要将信息有效地组织从而控制差异。其次,为了降低认知差异性,可以探寻人类的认知规律并对其利用,运用认知行为建模工具 ACT - R、Cog tool 揭示人类组织知识、产生行为的思维运动规律,并将其修正以辅助认知决策[36]。最后,由于复杂信息系统数字自身就是产生认知摩擦的载体,因此只要界面存在,无论以何种方式表达,认知摩擦都是存在的,也是消除不去的,但是可以通过各种设计手段进行有效避免的,结合虚拟现实技术,将界面设计过程与用户反馈紧密地结合起来,以反馈结果来改进、修正给用户带来认知阻力的设计要素,提高认知流畅度。确保用户在与界面互动的过程中能够消耗较少的认知资源甚至减少记忆或认知的信息处理过程，如图5-20所示。

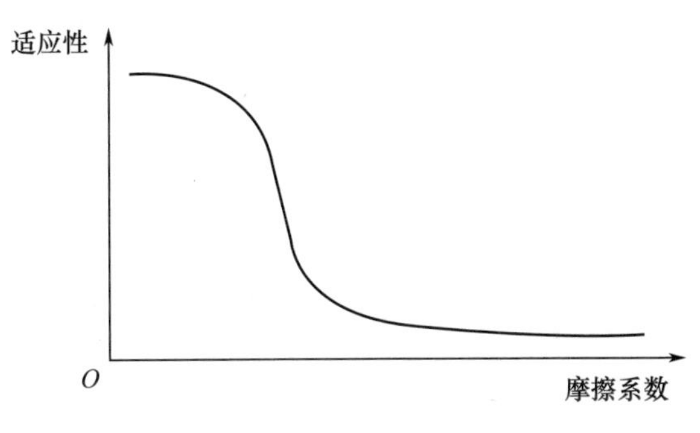

图5-20　理想的产品交互模式[37]

5.2.3　认知摩擦的关联量化指标

Cooper提出认知摩擦是一种辩论工具，与物理世界的摩擦有差别，很难运用工程的方法检测和测量出具体而精确的数值对其进行描述，但是有部分研究者利用其他可以观测到的数据来反映和反推出认知摩擦的大小。如针对网站设计的认知摩擦大小，作者是通过使用基于网站的检测数据中的部分量化指标（如用户访问量、用户转化率、用户回访率）推断出认知摩擦的范围；此外，还有一部分研究者设置大量的主观问卷，以满意度的百分比调查用户在使用产品时存在的阻力。

以上研究为深入探索用户认知摩擦进行了有效的铺垫，但当前的研究仍不可避免地存在以下问题：

（1）认知摩擦是人脑在遇到复杂信息系统规则时所遇到的阻力，通过何种测量工具可以将这种隐形的阻力客观、准确地转化为外显的数值。界面设计的好坏与用户的行为和认知必然具有一定的因果关系，但认知摩擦属于思维和情感认知世界的范畴，运用传统的内省以及外部指标，很难直观地反映出用户在面对复杂信息系统数字界面时所发生的内部认知思维过程和情感触动。

（2）认知摩擦既不是单纯的因为可用性带来的操作困难也不是纯粹的情感流失，两者是相互渗透、相互影响、相互转化的关系，并处于动态的变化过程中，如何从整体上把握由设计信息带来的认知摩擦值得探索。

近年来，随着神经科学的兴起和脑电技术的发展，直接观测人类脑思维活动已不再是“痴人说梦”，运用脑电手段研究人类思维认知活动的本源问题成为时下设计学科研究的前沿课题。Erk等学者招募12名健康男性作为被试，让他们同时观看不同类型车的照片，并给予吸引性的评价，这一过程由fMRI记录。

行为实验结果显示,被试均认为跑车显著比豪华轿车和小型轿车更具吸引力,同样的fMRI技术发现跑车形态相对于豪华轿车和小型轿车能够激起被试更大的脑区活跃度,这其中包括眼窝前额皮质、前扣带回以及枕部区域[38]。台湾交通大学应用艺术学院的学者Lin运用事件相关电位技术,测量大脑脑电波幅和潜伏期如何随着同一个语义范畴下4种不同风格的变化而发生变化,实验材料运用4种风格迥异的椅子与同一种风格桌子进行组合搭配,结果表明脑电成分N400与认知冲突具有正相关性,风格差别最大的搭配引发被试N400效应最大,如解构类(deconstruction)与重构类(readymade)。此外,透过N400的脑地形分布可知,这两种风格具有不同的地形分布,表明这两种风格具有各自的特色,都是独一无二的[39]。随后Yeh等学者通过EEG实验探讨图标目标/背景的色彩组合和呈现时间对可识别性的影响以及EEG对图标呈现在视觉显示终端(VDT)上的反应。实验材料运用3种优先级别不同的色彩进行搭配组合,分别是优先级别高(蓝底白字、白底蓝字)、优先级别低(红底紫字、紫底红字)以及无色组合(黑底白字、白底黑字),刺激呈现时间分别为50ms与200ms。实验结果表明,具有高优先级的颜色组合比那些低优先级具有更好的可识别性,脑电成分P100在视觉皮层区(电极位置对应为O1,O2,OZ)对图标色彩组合较好的组呈现更快的响应时间。在呈现时间短的一组中,P300的平均波幅均明显增大,也就是说,在该组被试具有较大的注意负荷。总之,利用EEG可以很好地证实图标的色彩组合及呈现时间均对图标的可识别性的准确率具有显著作用[40]。

作者研究团队,运用事件相关电位(event-related potentials,ERP)技术[41-42],从认知摩擦的"可供性"与"吸引度"两个维度出发,对色彩要素进行脑电评估[43]。由认知摩擦的这两个维度之间的关系可知,产品若设计的有吸引力,似乎会影响(甚至提高)人机交互的效率以及用户的愉悦度,两者是否存在相互影响、甚至相互促进的关系。为了验证这一推断,从这两个维度的认知加工过程出发,针对被试感知"可供性"与"吸引度"的脑神经活动,如神经发生源、参与时间段以及两者的交互关系进行实验研究。

在界面所有的视觉要素中,色彩是能引起用户审美愉悦、吸引注意力的要素之一,以往针对色彩的研究多倾向于色彩的感性特征。随着数字界面应用领域的变化,色彩除了具有审美作用之外,还能够担当设计语言的作用,成功地传递信息。如在人机交互、工业设计等领域,设计师会使用绿色编码,代表可以操作、准许行动之意;而红色编码则是象征危险、具有警示作用;在信息重要性程度不同的情况下,设计师一般会采取色调的变化进行分类、成组等。以上即是色彩可供性的研究,色彩可供性是色彩通过视觉传递,直接并间接的引导着人们的行为,经过设计后的色彩具有不同的特性,从而向用户提供图标、符号等界面元素的使用线索,即基于色彩可供性的视觉线索可以帮助人们迅速了解如何与之进行互动。因此在界面设计领域中合理地使用色彩可供性,将能够有效地减少用户的困惑、降低认知摩擦，引导他们达到一个更明确的目标，从而获得一个满意的使用体验。

在本研究中，除了需要明确色彩可供性在界面设计中的概念和范畴之外，还需将其与色彩吸引度进行相区分，它们对应着认知摩擦的两个不同的维度。色彩可供性要比吸引度具有更广泛的解释，因为色彩可供性不仅与认知、感官相关联，而且还与传统习俗密不可分，而色彩吸引度，我们相信它仅仅只是一种主观感觉，是不可习得的。“色彩可供性”是与习俗相关，尤其当应用在界面时，它首先是由人（主要是设计师）所随意创造，当人们逐渐熟悉了色彩和行为之间的映射关系，人们便会将其视为一种固定的模式。如蓝色超链接往往向用户传递的是它是一种有效的、可点击行为，而灰色链接往往传达的是不可点击。因此，色彩可供性在数字界面设计中，它加强了对特定行为的解释或者向人们的行为提供一种引导作用。为了降低认知摩擦，设计师在进行色彩可供性的编码时，需要了解色彩所具有的习俗特性，而相关的用户，如没有任何教育背景的成人或者小孩，需要通过学习了解色彩提供的这个暗示作用。一旦色彩可供性形成，其作用是相对稳定且持久的，比如交通灯的色彩运用已在世界范围内通用。每个人都知道这些色彩代表着什么以及面对不同信号灯时该如何进行反应。而色彩吸引度在某些情况下也是与文化或者环境相关，但是色彩吸引度更加具有主观性，而且每一个人在不同的年龄阶段也会被不同的色彩所吸引。

基于此，为了反映不同色彩给用户带来认知摩擦的大小，实验依据处理流畅度理论[44]，围绕对可供性和吸引度两个维度的感知进行展开，研究思路如图5－21所示。

实验结果分析，从行为数据的统计分析可知，判断类型存在显著的主效应，F值为5.709，p值为$0.021<0.025$，说明被试在对颜色的可供性与吸引度进行评价时，存在反应速度的差异，即对可供性的感知速度比吸引度要快得多。依据处理视觉刺激时的流畅表现可以作为确定各种研究对象的吸引力和偏好的判断线索[45]，并由此可以推断出，认知摩擦的产生首先是因为可供性的缺失（平均潜伏期：470ms），随后才会影响用户的情绪（平均潜伏期：760ms），行为数据如表5－7所示。

表5－7　不同条件下行为数据实验统计　（单位：ms）

组别	可供性（均值±标准差）	吸引度（均值±标准差）
低饱和/低明度	426.625±368.161	731.725±198.142
低饱和/高明度	544.500±143.665	779.193±248.139
高饱和/低明度	496.875±173.621	804.716±218.253
高饱和/高明度	430.125±47.867	761.284±213.649

脑电数据的分析同样表明，被试对可供性的感知要早于吸引度，其中P200成分是主导色彩可供性的重要脑电成分。因此，也可作为评估认知摩擦存在与

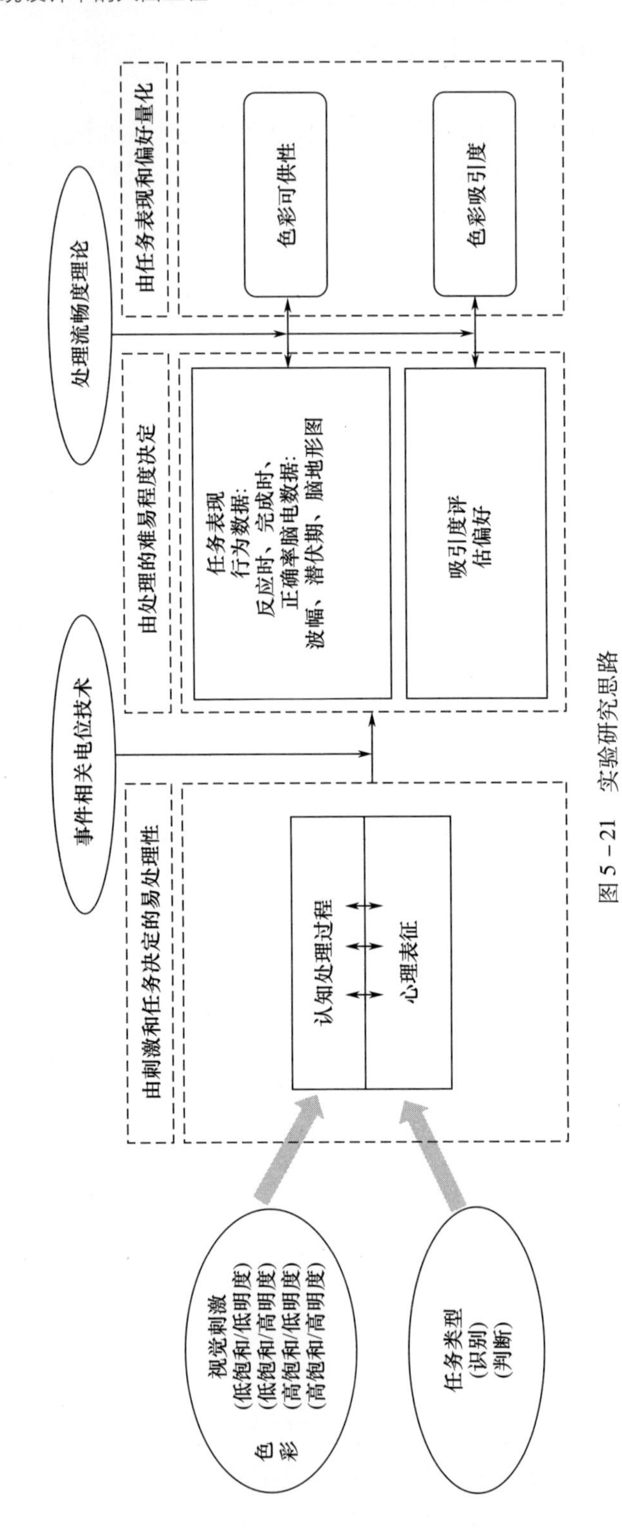
处理流畅度理论
事件相关电位技术
由任务表现和偏好量化
色彩可供性
色彩吸引度
由处理的难易程度决定
任务表现
行为数据:
反应时、完成时、
正确率脑电数据:
波幅、潜伏期、脑地形图
吸引度评
估偏好
由刺激和任务决定的易处理性
认知处理过程
心理表征
色彩
视觉刺激
(低饱和/低明度)
(低饱和/高明度)
(高饱和/低明度)
(高饱和/高明度)
任务类型
(识别)
(判断)

图 5-21 实验研究思路

否的脑电生理指标之一。部分电极的脑电波幅如图5－22所示。

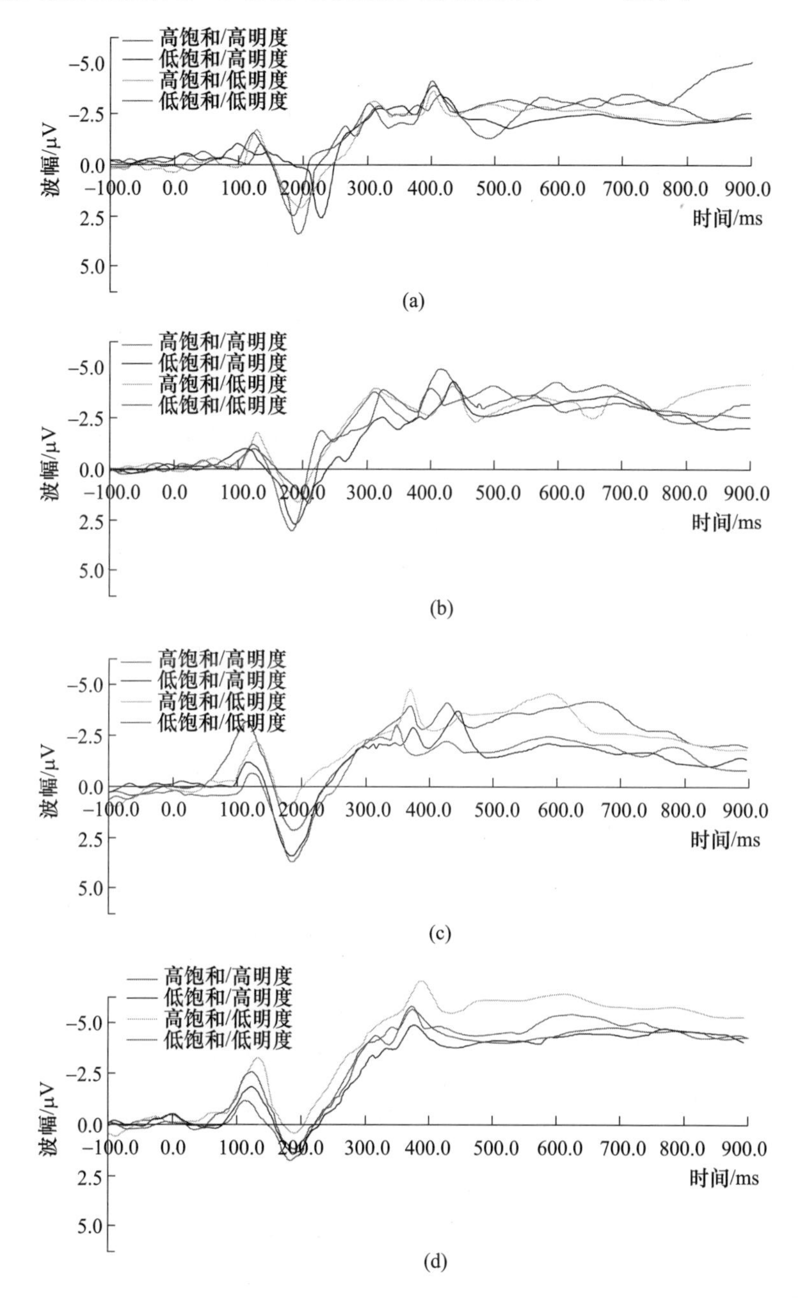

图5－22 部分电极4种条件下－100～900ms的脑电波幅(见彩图)

(a)Fz；(b)F2；(c)Cz；(d)F6。

由此项研究可知，颜色的功能不仅仅是局限于吸引力方面。色彩可以成为一种有效的设计元素进行信息的传达，并通过设计影响用户与界面的交互。从大脑的神经活动,我们已经证实用户在认知过程中对色彩可供性的感知要早于色彩吸引度。在目前的数字化交互设计领域中,这个结论至关重要。设计师应该在专注色彩吸引度之前首先考虑色彩的可供性,以目前自助终端的信息交互界面为例,如果文字的字体颜色是蓝色的,用户可以很容易地察觉到该文本为“超链接”,他们将毫不犹豫地进行点击,并期望该链接可以将他们带到另一个页面中。如果文本链接为其他色彩,即使该色彩是目标用户最喜欢、最具吸引力的色彩,他们也会踌躇不前。此外,从该结果中亦发现明度是决定色彩吸引力的一个重要因素。因此,对于年轻人来说(类似被试的年龄阶段),高明度的色彩设计将会产生相对较强的吸引力。

结合 Norman 等学者的研究,从理论上我们提出认知摩擦的产生首先是因为可供性的缺失,然后导致用户的情感流失。此次,通过事件相关电位技术,发现 P200 成分产生的真正原因是与用户是否感知到界面设计要素的可供性有关,并且 P200 是主导成分,不仅丰富了 P200 成分的研究,同时,也为解释认知摩擦的本质,从神经生理学的角度提供了进一步的有力证据。

5.3 人机界面的认知负荷理论

5.3.1 认知负荷概述

认知负荷理论(cognitive load theory,CLT)由澳大利亚认知心理学家 Sweller[46] 于 1988 年首次提出,并将认知负荷定义为人在进行信息处理过程中所需要的“心智能量”(认知资源)水平。认知负荷理论的精髓在于工作记忆容量的有限性和工作记忆处理图式的能力的无限性。因此认知负荷的理论基础来自资源有限理论和图式理论[47]。资源有限理论认为人的认知资源是有限的,如果同时进行不同的活动,资源就要在这些活动之间进行分配,资源的分配遵循此多彼少原则。如果加工某个信息所需要的认知资源超过了人所具有的认知资源总量,就会造成认知超负荷。图式理论认为知识是以图式形式存于长时记忆中,个体学习新知识时,长时记忆中的图式可以根据面临的情境进行快速而正确的归类,这种归类是一种自动化加工过程,不需要有意识控制和资源消耗,可以弥补工作记忆容量的不足。因此,人机界面中的认知负荷是操作者为了顺利完成某项工作任务,实际投入到注意和工作记忆中去的认知资源总量占大脑固有认知资源的大小。这个认知资源不仅仅局限于工作记忆资源,也涉及对记忆起作用的部分注意资源。

5.3.2 认知负荷的影响因素

关于认知负荷的产生和形成方面的研究,最早由 Pass 等[48] 等提出的认知负荷结构模型中(图5－23),作者从任务环境特征、学习者主体的特征,以及任务与学习者之间的交互作用3个方面描述了认知负荷的因果维度。其中,任务因素主要包括类型、结构、新异性和时间压力等;环境因素包括噪声、温度和湿度等;学习者因素包括人的认知能力、认知风格和先前知识等;学习者和任务的交互因素包括动机和唤醒水平等。

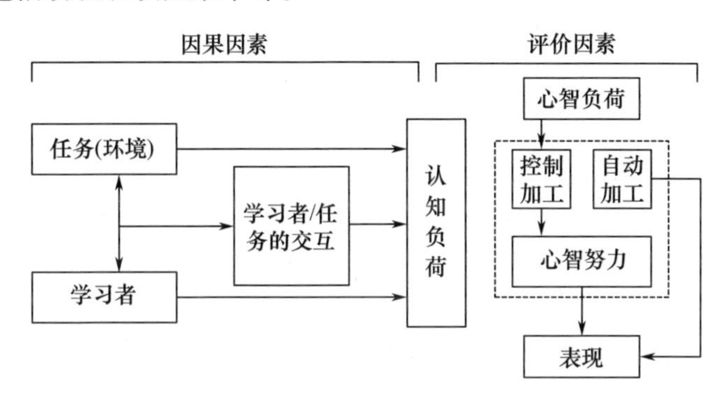

图5－23　认知负荷结构

人机界面用户与信息交互过程中,如图5－24所示,人通过视觉捕获的信息经过感知进入大脑的繁复加工过程中,界面任务及材料特征、用户的自身特征以及前两者的交互作用共同构成了人机界面认知负荷影响因素。首先,界面任务的困难度和信息呈现的复杂程度是影响认知负荷的外部因素,也是人机界面中重要的可控变量。其次,用户的自身特征是影响认知负荷的内部因素,包括认知能力和认知方式,即认知资源的容量。对于同一用户,其认知能力和认知方式在短时间范围内是相对稳定且保持不变的,因此用户的自身特征可以视

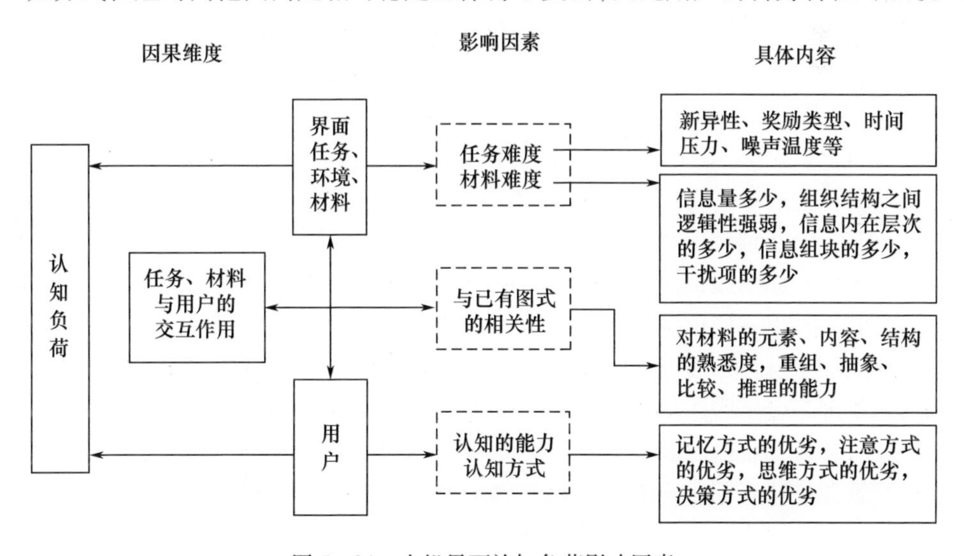

图5－24　人机界面认知负荷影响因素

作人机界面中的不变量。这一维度主要涉及是否有足够的认知资源进行分配，认知资源如何分配给信息，以及是否能够有效分配等问题。最后，任务材料特征与用户特征进行交互作用时，会形成认知负荷的第 3 个影响因素，即信息与已有图式的相关性、相符度。根据大脑信息解码的特征，新输入的刺激会激活用户记忆中的图式和相关内容，这种用户对材料的熟悉程度将决定用户对界面信息的抽象、重组和推理能力。

5.3.3 认知负荷的分类

目前，认知负荷的分类基本统一，即根据认知负荷的形成特征分为三大认知负荷，分别为外在认知负荷（extraneous cognitive load，ECL）、内在认知负荷（intrinsic cognitive load，ICL）和相关认知负荷（germane cognitive load，GCL）[49]。

1. 外在认知负荷

外在认知负荷，主要与学习材料的组织呈现方式有关，由学习过程中对学习没有直接贡献的心理活动引起，因此又叫无效认知负荷。用于外在认知负荷的认知资源可能会超过学习者的工作记忆容量，从而阻碍学习。外在认知负荷对学习没有积极作用。例如，用户从界面大量的信息中搜索目标时，无关信息往往成为干扰项，增加外在认知负荷。

2. 内在认知负荷

内在认知负荷，主要由在信息加工过程中需要被同时加工并构建图式的元素数量决定，元素数量与内在认知负荷成正比。根据内在认知负荷的概念和认知负荷形成的因素模型，可以发现内在认知负荷的高低主要是由材料复杂性与学习者知识之间的关系决定。因此，内在认知负荷不仅受到信息内容材料的影响，还受到用户特征的影响。Seufert 等[50]根据影响因素不同，又将内在认知负荷分为外因决定的内在认知负荷（externally determined intrinsic cognitive load，ECL）和内因决定的内在认知负荷（internally determined intrinsic cognitive load，ICL）。前者由学习任务的复杂性决定，后者由认知图式的可得性决定。

3. 相关认知负荷

相关认知负荷，主要是指用户将剩余的认知资源使用到与学习直接相关的认知加工中，如图式构建等，因此又叫有效认知负荷。用户在对信息进行工作记忆加工时，没有使用到的剩余资源可以用于更加高级的认知加工活动，如信息重组、抽象、比较、推理等。这种剩余资源的利用虽然增加了用户的认知负荷，但是却不会阻碍用户对当前信息的处理行为，反而会促进学习或认知效果。可见，相关认知负荷的高低依赖于认知负荷的总量和内在、外在认知负荷的总量，当资源已经全部用于前两个认知负荷时，就没有多余资源用于相关认知负荷了。

除了以上 3 种认知负荷的类型，Valcke[51]还提出了元认知负荷。他认为元认知负荷是相关认知负荷中的一种，是人在监控大脑中图式构建和储存活动过程中所投入的心理资源。

根据认知负荷理论是建立在资源有限理论基础之上的，可以得出内在、外在和相关认知负荷之间是此消彼长的关系，即3种负荷累积起来的总量是有一定的限制范围的。其中一种类型认知负荷的增加必然带来另外两种类型认知负荷的减少。Seufert 根据这个观点，提出图5－25所示的认知负荷分类示意图。

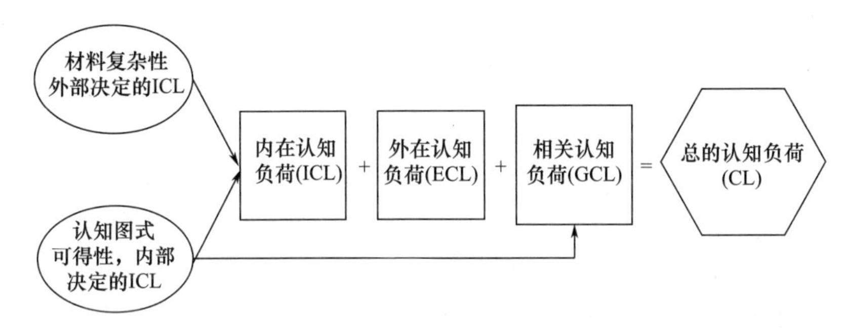

图5－25　认知负荷的分类示意图

内在认知负荷（ICL）、外在认知负荷（ECL）和相关认知负荷（GCL）三大认知负荷在人机界面中的表现形式如图5－26所示。

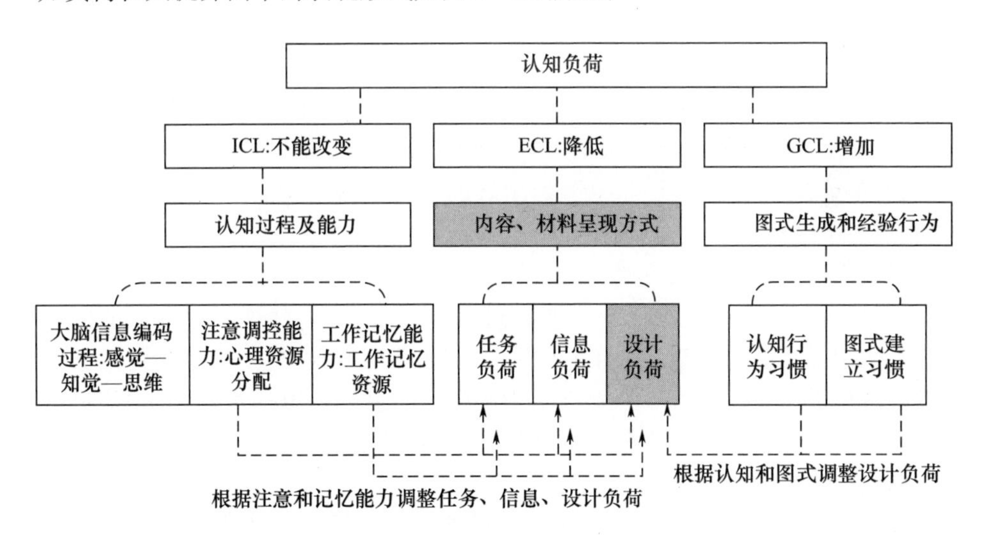

图5－26　人机界面中的认知负荷分类

人机交互过程中，由用户的认知过程及能力所产生的认知负荷属于内在认知负荷，其特性是几乎不能被改变的。内在认知负荷的影响内容主要包括大脑信息解码过程（感觉—知觉—思维）、注意调控能力以及工作记忆能力，后两者均影响心理资源的分配能力。外在认知负荷是由人机交互信息内容和材料呈现特性形成的认知负荷,包括任务负荷、信息负荷和设计负荷。其中,任务负荷主要受到信息内容的复杂程度、层级深度等客观条件影响;信息负荷主要受到信息变动性、结构层次多样性、信息数量性等因素影响;设计负荷主要受到元素种类、元素形式、模式风格等因素影响。另外,充分考虑用户心理资源分配的能力和特征,对任务负荷和信息负荷进行调整和规划,同样可以有效控制设计负荷。相关认知负荷主要包括用户与信息交互过程中的图式生成和经验行为,建立在用户的认知行为和图式构建之上。可以依据认知和图式的内隐机制和需求调控设计负荷[52]。

可见,人机交互过程中有效降低认知负荷的方法需要从降低信息呈现的设计负荷方面考虑,即从信息编码的角度出发,构建离散信息到信息可视化的有效关联,以保证用户信息获取的高效性。

5.3.4 人机界面认知负荷

认知负荷产生于大脑信息加工处理阶段。人机界面认知负荷经常面临两个状态:认知负荷过载和认知负荷过低。由于人机界面信息输入具有随机性、神经系统各处理阶段在处理能力上具有差异性,当进行信息加工一段时间之后,认知资源的加工、分配的任务还是很多时容易产生认知负荷过载现象,当认知行为单一导致很多认知活动一直处于空闲状态时,容易产生认知负荷过低现象。前人的理论研究和实验也表明,外在输入的信息数量和质量、输入信息与大脑加工的交互作用等会造成认知负荷的失衡。如 Meister 用任务需求的大小表示认知负荷的高低,发现任务需求与工作绩效之间呈曲线关系,Waard 认为,任务需求与操作者的工作绩效之间呈"倒 U"形的关系。因此过高或过低的认知负荷都不会获取最优绩效,只有当用户的认知负荷适中时,用户才能够在获取心理满意度的同时发挥出高水平[53]。

1. 认知负荷过载的现象

当输入信息所需要的认知资源超过可用总资源时,就会引起资源分配不足,产生认知负荷过载现象(图 5 - 27)。认知负荷过载时,由于认知资源的有限性,用户极有可能无法顺利完成工作任务,引起绩效恶化、准确率下降、反应时间延长,甚至在极高认知负荷下,用户剩余资源的耗尽使其无法应付紧急事件,造成系统瘫痪或重大事故。

产生认知负荷过载的原因有很多。任务的复杂程度高、信息结构的层级程度深及用户用于执行的操作时间限制很短时,便形成界面任务因素的认知负荷过载。当界面信息数量多、混乱度大、开阔性大、组织性的结构层次多样化时,便形成界面信息因素的认知负荷过载。同时,设计元素种类和设计风格过多、视觉复杂性高以及设计不符合用户的经验和认知习惯等情况时,会形成界面设计因素的认知负荷过载。

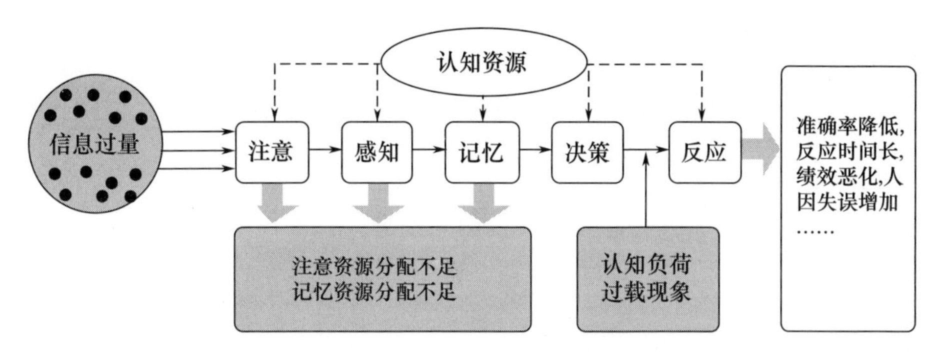

图5-27 认知负荷过载的现象

2. 认知负荷过低的现象

Sweller等于1999年提出了"低负荷效应",并指出过于简单的学习材料会降低用户的学习动机和积极性,导致心理状态懒散,对学习有消极影响。一方面,认知负荷过低的现象主要存在于枯燥或单调的任务环境中。这种任务环境下,由于任务复杂度极低,用户仅需重复极少甚至一种行为活动,由于长时间累积过程中用户的活动形式过于单调,便形成认知负荷过低,并导致信息缺漏等现象(图5-28)。例如,在机场行李检查、驾驶舱监控和军事侦察等界面中,单一任务的持续注意在人因失误上是一个关键因素。另一方面,当界面信息量少、缺乏变化、结构单一时,设计形式的单调性和枯燥性也会对用户使用的情绪状态造成不良影响,形成设计因素的认知负荷过低现象。

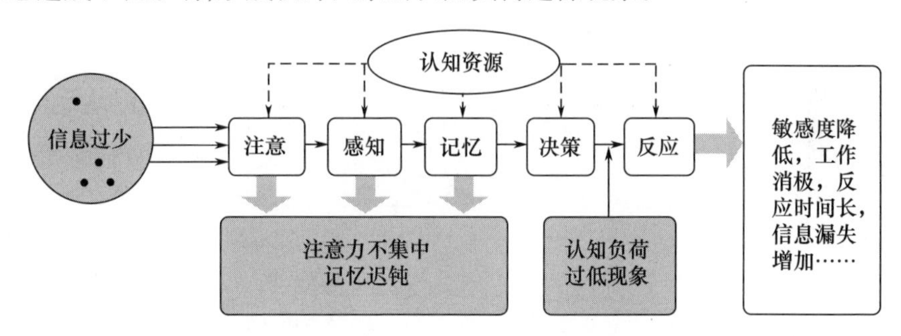

图5-28 认知负荷过低的现象

5.3.5 认知负荷研究目标

认知负荷的适当与否对操作绩效、操作者的满意度以及系统的安全、用户身心健康均有很大的影响。图5-29(a)所示为认知负荷与操作者工作绩效、满意度和系统安全的关联关系空间结构示意图。枯燥、单调的操作行为容易使用户产生消极懈怠的情绪,低认知负荷容易使用户的警惕性降低、反应迟钝,从而影响系统的安全性[图5-29(b)],并且当用户长时间处于认知负荷过低的状态中时，其工作绩效和用户满意度也会逐渐降低[图 5-29(c)]。相反，当资源总需求高于可用认知总资源时，用户由于受到认知超载的影响，满意度和系统安全性降低；此时虽然用户努力完成任务，但工作绩效却存在不确定状态[图 5-29(d)]。在高认知负荷情况下，通过提高警觉性和较高能力的图式提取可以适当填补资源短缺的问题，提升工作绩效和系统安全性[图 5-29(e)]。应当尽量满足信息负载与认知资源之间的平衡，在用户感觉到负荷适中的同时，可以满足高工作绩效、满意度和系统安全性的需求[图 5-29(f)]。

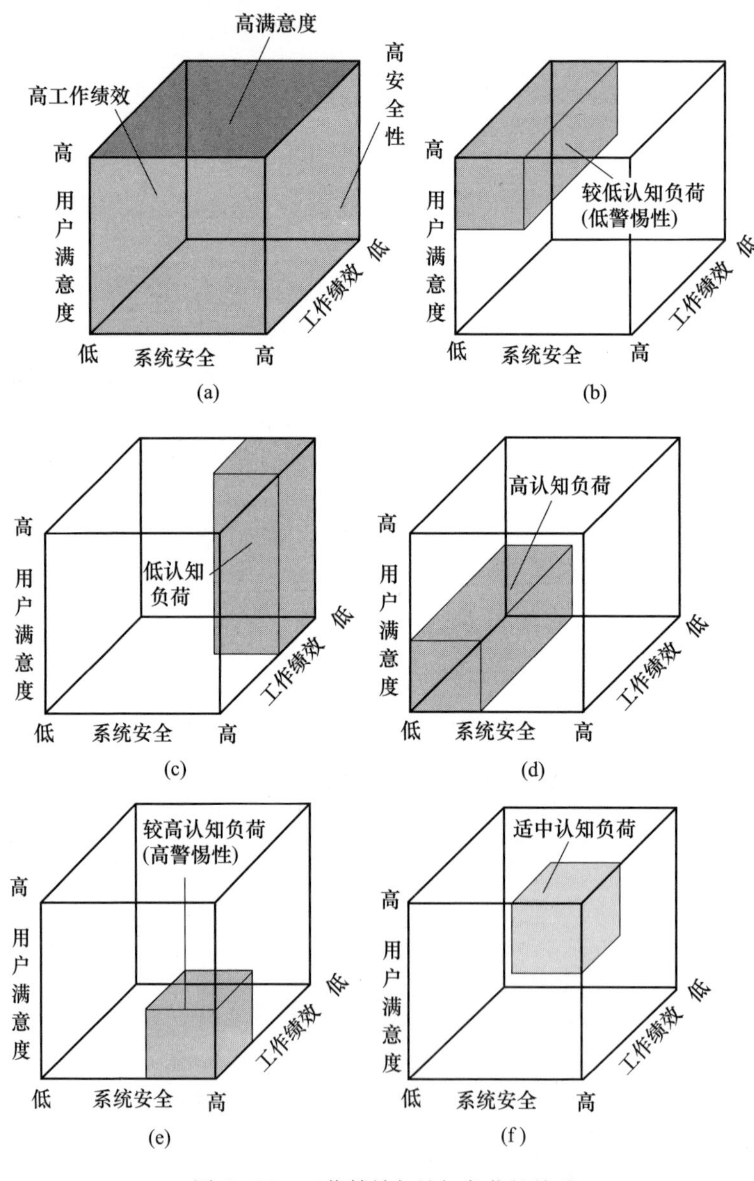

图 5-29　工作绩效与认知负荷的关系

均衡认知负荷的出发点在于合理分配认知过程中的压力和信息。在解决认知负荷问题的过程中,一方面,需要解决如何使超载的认知阶段上的加工活动尽可能快速而高效完成的问题;另一方面,需要解决如何避免加工过程中某些认知阶段一直处于空闲状态的问题,降低信息漏失和敏感度低的状况。如何处理好以上两种失衡的状况,提高大脑信息解码的效率和界面整体信息的资源利用率,是认知负荷研究的目标——认知负荷的均衡。表5-8所示为研究均衡认知负荷的主要途径,通过优化信息编码让操作者的认知负荷保持在一个适合的范围内,是提高工作绩效和均衡认知负荷的有效手段[54-55]。

表5-8　负荷均衡的主要途径

序号	负荷均衡的主要途径
1	针对现有界面信息的特点,合理安排大脑信息解码的过程和容量
2	为提高大脑认知资源的利用率,提供有效的设计信息解码方式
3	解决大脑信息解码过程中的输入信息拥塞、轻载问题
4	为用户提供更好的界面访问性、可用性

5.3.6　均衡认知负荷的原理

1. 时间相关性原理

大脑信息解码过程中,信息相互之间的结构关系包括时间相关和类相关(语义网络)。根据时间相关性原理,同一时间或相继呈现于大脑中的信息将被捆绑在同一动态神经元集群活动模式中,形成所谓的语义结构或命题网络结构。因此,通过将大量的信息进行分流、分时处理,可以减少集群信息同时输入的拥堵而导致的无效等待时间和负载状况。

2. 时空接近性原理

时空接近性原理是指基于信息之间在时间或空间上的距离关系(如相邻、相交、重合等关系),而产生的不同对象之间可能存在的相互蕴涵、相互通达的原理。大脑信息解码过程中,这种接近性表现为输入信息的时间连贯性与信息的空间结构具有相似性。通过引入时间维度和空间维度,将时间进程中的信息与空间结构中的元素进行推理变换,可以重建信息相互之间的通达性和信息对象的同态映射。

5.3.7　均衡认知负荷的信息编码原则

视觉层次结构的信息编码是人机界面设计优劣的核心部分,在视觉层次结构层面以均衡认知负荷为目标的人机界面信息编码基本原则包括以下4个方面。

1. 信息过滤原则

"信息过滤"旨在通过设计改变信息载荷的水平,通过"降低ECL"来降低认知过程的负载量。设计者可以根据操作者在有限时间或特殊任务环境下的压力特征，控制信息编码量和编码方式，提高用户在紧急情况下更好决策的概率。基于这一原则，人机界面信息编码过程中应尽量避免展示过多信息，通过对辅助信息的弱化和背景信息的隐藏制造“少”的错觉，借助于布局和可视化结构的引导性，减少用户在人机交互过程中的寻找和思考时间。

2. 信息凸显原则

“信息凸显”旨在基于视觉注意捕获特征，弱化和去除干扰信息、强化和凸显重要或目标信息。这一原则的核心是“管理 ICL”，通过降低视觉元素之间的相互干扰程度，以降低视觉分辨信息的困难度。大量的实践研究已经证明，好的人机界面设计能够提高信息的感知显著性。高视觉显著度的感官信号可以确保任务执行的完成，将目标移动到突出的界面位置往往是不够的，信息的特异性也是非常重要的，目标信息不够活跃或凸显时，个体获取的感觉信息也受到影响。

3. 构建视觉感知的结构化和层次化

“构建结构化和层次化的视觉感知”旨在通过编码元素之间的渐进、渐变关系，创建信息的层次结构，帮助用户分析和判断哪些信息实体或信息的实体属性需要首先被用户理解和访问，哪些次之，哪些信息内容在信息编码中起辅助作用。这一原则的核心是“管理 ICL”。一方面，通过降低视觉对重要信息捕获的困难度，降低视觉理解信息层级和系统层次的困难度；另一方面，利用元素的注意捕获程度差异加强视觉对比，将信息层次和结构从复杂环境中凸显出来。

4. 构建视觉感知的次序化和整体化

“构建次序化和整体化的视觉感知”旨在建立用户自然的视觉行为模型，以用户熟悉的视觉流向进行界面规划而非改变它，避免让有压力的操作者以新的方式处理信息。首先，通过建立最省力的视觉观看途径给予用户明确的视觉引导，利用熟悉的布局方式和信息常用的位置安置，给予用户方便和个性化的注意力暗示。其次，通过巧用信息可视化结构编码让视觉语言更具针对性，基于可视化结构的构建让图形化语言更加具有表意性和整体性。最后，在人机界面信息的认知加工过程中，通过提供情境暗示等方式，可以使操作者区分相似特征和无关特征，促进长时记忆中图式的高效提取和新图式的有效构建。基于已有的知识规则和结构分布，当类似的结构规则呈现时，通过综合之前的经验学习，人们可以快速找到相应的图式，控制认知负荷。

5.3.8 基于认知负荷的界面设计案例

根据以上提出的均衡认知负荷的信息编码层次结构和信息编码原则，对专题“华东四省一市汽车 4S 店 GIS 软件监控系统”进行人机界面信息编码研究。

首先对专题界面概念层次特征进行剖析,结合监控系统任务特征,明确概念层次信息结构的划分(图5-30),进行界面系统的流程明细,并根据不同使用人员和环境特征的差异区分界面的功能需求程度,进行界面使用过程中的信息布局框架分类(图5-31)。随后根据视觉感知分层的思想,进行“藏”与“显”的导航结构设计(图5-32、图5-33),以及主界面和各功能界面的探讨和设计。

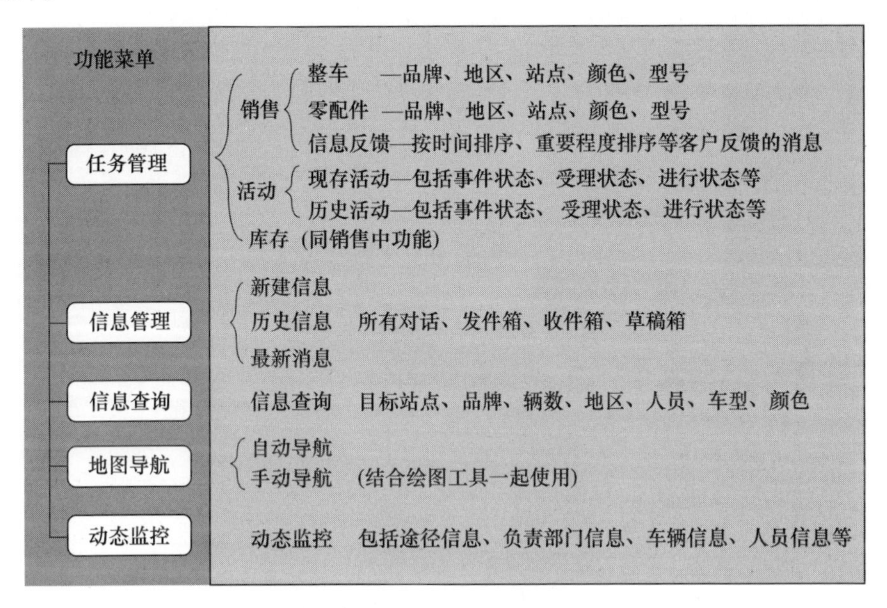

图5-30　人机界面的功能模块设计

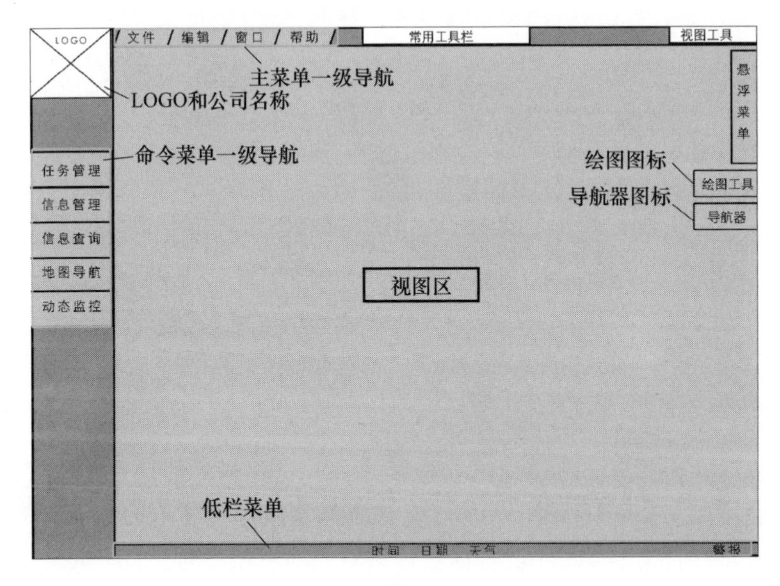

图5-31　专题界面信息布局框架

图 5－32　主菜单功能区的“藏”与“显”
(a)主菜单功能区的“藏”；(b)主菜单功能区的“显”。

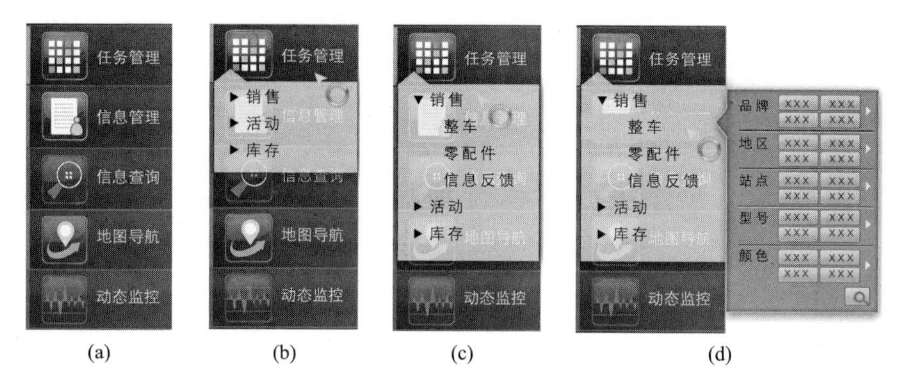

图 5－33　命令菜单功能区的“藏”与“显”
(a)命令菜单；(b)任务管理一级菜单；(c)任务管理二级菜单；(d)任务管理三级菜单。

以主界面设计为例，首先，此案例设计中主界面采用正向“厂”型布局方式，从而保证用户浏览过程中具有良好的空间指向性和整体性，引导用户连贯地进行视觉注视点移动。其次，通过暗化中心区域的背景色，提高目标地图地域区域的饱和度和明度，加强了视觉显著性效果，降低视觉感知负荷，使被试很容易发现所需要观察的区域范围和地域面貌。最后，将命令菜单区域设置为 5 个主要的命令项，5 种颜色易于识记且在视觉工作记忆容量的最佳范围之内。界面上方主菜单中的命令图标采用无彩色设计，避免界面整体颜色过多而造成的记忆项过多和感知混乱，降低记忆负荷。当鼠标点击主菜单中某个命令图标时，图标从无色变为饱和蓝色，增加感知负荷从而引起用户较多的感知资源投入，这种颜色变化既具有反馈作用也可以提高操作者的警觉性。

5.4　人机界面的注意捕获理论

5.4.1　注意捕获的概念

人机界面中用户如何通过视觉高效的去寻找到目标物是一个非常重要的过程。注意捕获(attentional capture)就是指基于注意机制中的刺激驱动注意，某些具有奇异特征的刺激不受当前目标任务的约束而自动吸引注意的现象。

随着视觉注意的发展，研究者们对注意捕获的加工机制一直存在着争论，以 Theeuwes 等为代表认为注意捕获是刺激驱动的自动化过程,不受当前任务制约[56-57]。他们通过额外的奇异刺激范式(additional singleton paradigm)实验,要求被试在额外刺激(额外刺激永远不会是目标物)呈现的同时感知目标物。实验结果发现由于额外刺激干扰的存在,人感知目标物的反应时间延长了,因此他们提出人的注意是不受任务影响的,纯粹的自下而上的加工过程。而以 Folk 等为代表认为注意捕获是目标驱动的自上而下的加工过程,是受到当前目标所影响的[58-59]。根据 Folk 等于 1992 年的线索化范式(pre-cueing paradigm)实验,他们发现当目标物为颜色奇异刺激时,只有颜色奇异刺激作为线索时才能捕获注意,而突现刺激并不能捕获注意;当目标物是突现刺激时,也只有线索突现刺激时才能捕获注意[58]。

5.4.2　工作记忆对注意捕获的影响

一些研究者认为,人的注意会偏向于当前存储在工作记忆中的内容相匹配的刺激,以加快对该刺激的辨别,因此出现了注意的自动捕获效应。Desimone 和 Duncan 提出了偏向竞争理论(biased competition theory)[60],指出视觉输入会在选择过程中竞争注意资源,而工作记忆中的内容会被大脑当作"需要注意的模板",激活相应的神经细胞,增强与此内容相匹配的刺激的视觉皮层的神经表征,同时抑制与此内容不匹配的刺激的神经表征,从而使相匹配刺激在后续的加工过程中自动捕获注意,加快人的搜索速度。因此,与工作记忆内容匹配的项目会对注意捕获起到自动的导向作用。

工作记忆对注意捕获的导向作用不仅表现在匹配刺激的"注意选择",还表现为对不匹配刺激的"注意拒绝"。根据 Woodman 和 Luck 的"记忆—搜索"双任务范式和发音抑制任务实验,工作记忆内容可以主动运用策略来指引人的视觉搜索,即当已知搜索目标不可能是工作记忆匹配项时(目标无关条件),注意会偏离记忆匹配项来提高搜索效率;而当搜索目标可能是与工作记忆内容匹配的项目时(目标相关条件),注意就会偏向该项目。因此工作记忆的内容既可以作为"注意拒绝"的模板,也可以作为"注意选择"的模板。

5.4.3　设计元素与注意捕获的关系

由于信息的凸显是信息可视化浏览策略中的一个重点内容,因此,人机界面设计过程中需要考虑不同元素特征对视觉的注意捕获程度。注意捕获程度高的元素容易凸显,注意捕获程度低的元素容易被弱化和视觉忽略。根据注意捕获规律设计信息的主要目的是突出重要的信息实体或信息的实体属性,弱化或视觉滤除次要的信息实体或信息实体属性。在信息编码的过程中,设计者需要按照信息呈现的需要,创建复杂信息系统中信息之间的层次结构,分析和决定哪些信息实体或信息的实体属性需要立即被用户理解和访问,哪些次之,哪些信息内容在信息编码中起辅助作用。

重要性较高的信息实体或信息实体属性需要在可视化结构中被凸显，从而优先呈现出来。这就要求进行编码的图形元素足够醒目，使得用户在进行逻辑分析之前就优先关注到它们。从认知的角度来说，这个过程对视觉的前注意阶段（pre-attentive processing）非常重要[61]。自下而上的刺激驱动注意捕获可以帮助用户在解读信息图形时提高视觉搜索效率，进一步推动视觉科学成为信息可视化的重要影响因素[62]。将人机界面中的信息凸显出来所采用的最主要手段是使用可视化结构中的图形属性区分出重要的信息实体，从而将其从周围的图形环境中凸显出来。简单来说，即利用元素的注意捕获程度差异加强视觉对比。例如方向特异、形状特异、尺寸特异、颜色特异等方法（图5－34）。

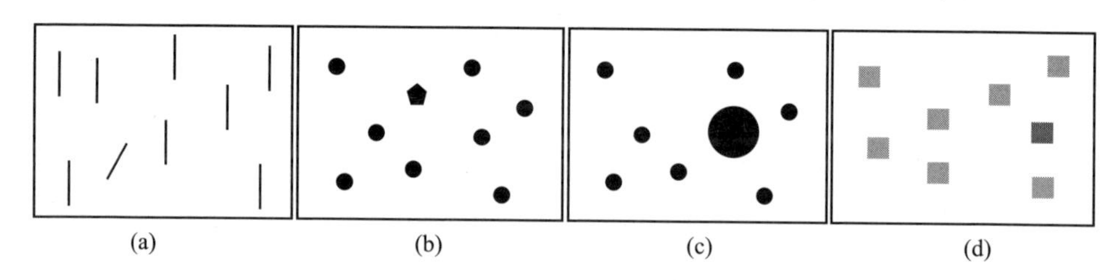

图5－34　方向特异

（a）方向特异；（b）形状特异；（c）尺寸特异；（d）颜色特异。

5.4.4　基于注意捕获的人机界面设计

根据信息加工系统模型，感知是“人”对数字界面信息觉察、识别、理解的过程，它包含着用户对刺激信息的接收、传递和加工。感知包括感觉和知觉两个阶段，感觉来源于各感觉器官对外界刺激的感觉登记，知觉则通过信息的提取和加工，形成对界面整体或部分属性的知觉经验，如颜色、大小、形状、运动状态等。在这个阶段，必须考虑注意资源的有限性。因此，在数字界面的信息设计中，必须注重吸引并合理分配注意，突出目标项，减少干扰项，通过合理的信息“注意”设计，让用户在界面交互中“感觉”到有用和必要的信息。

注意资源的有限性主要体现在以下几个方面：①时间的有限，当刺激消失后，注意持续的时间是有限的，且维持注意需要一定的精力；②容量的有限，同一时间，“人”能注意的对象数目是有限的；③能力的有限，注意受感知范围、感知能力等生理器官功能的限制；④主观的影响，注意同时受认识主体的动机和情绪的影响。因此，当用户面对数字界面中的大量信息时，为保证认知和反应的正确性及有效性，只能选择与当前任务紧密相关的有限信息进行加工处理，其他暂时不需要的信息则被视为干扰项忽略。干扰信息的过滤或衰减大大减少了后期信息加工的总量，减轻了用户的认知负荷，确保了有限认知资源的高效运行。因此，在人机界面的信息设计中，正确地引起用户对目标信息的注意是关键。

1. 把注意引向用户需要的目标信息

什么特征的信息更容易引起优先注意,即注意优先权(attentional priority),是影响视觉搜索结果的关键,也是界面信息设计必须考虑的问题,它关系到能否真正实现把有限的注意资源引向用户需要的目标信息。影响注意优先权的因素主要包括线索提示与位置、分心刺激数量、目标特征(特征显著和新异)、线索与目标的间隔时间、目标动态变化等。在界面信息设计中,关键信息应醒目、突出,可以使用运动和闪烁,形状、尺寸、位置、方向、颜色、下划线等差异性设计凸显特征的显著和新异,使目标信息易于发现和察觉。视觉信息的差异性决定了其“优先效应”,但这里要注意“度”的问题,即统一与变化的均衡。整体背景越统一,目标信息的特征差异性才会越明显,特征差异越明显,目标信息从背景或非目标信息中“搜索优先”的效果越好,注意筛选就越轻松。同时还应注意清晰性问题,即个别与集体的关系。在同一时间和空间中,目标信息不宜过多,过多的“与众不同”就会形成“众生平等”,反而会干扰视觉搜索。因此,界面信息设计要保持界面整体的统一性和和谐性,保证信息用户的注意力不会因为过于分散而找不到焦点[63]。

2. 合理分配注意信息密度和强度

在数字界面设计中,信息的密度和强度也会对注意的分配产生重要影响。依据信息加工系统模型,选择性注意不仅要对目标刺激信息进行选择,更要对非目标信息(干扰信息)进行筛除,对背景中干扰信息的抑制和筛除同样也占用大脑的认知资源。因而干扰信息的密度和强度是影响视觉搜索效率的重要因素之一,进而会影响认识主体选择目标信息的速度和信息加工的稳定性。

因此,在界面设计中,我们一方面要注意干扰信息的数量,即避免在同一时间内对目标信息产生过多竞争性设计;另一方面要注意干扰信息的强度,谨慎使用过多的差异性特征,“百花齐放”只会使界面显得混乱,消耗和分散用户的注意资源。与之对应,要保证注意机制筛选的高效,避免干扰信息过多占用认知资源的策略有两种:①弱化背景;②强化目标。需要说明的是,非目标信息(干扰信息)并非是完全无用的,在绝大多数情况下它们会帮助用户理解目标信息。因此,在特定的场景中可以让它弱化,但却不能让其信息特征绝对消失[64]。

5.5　生态界面设计理论

5.5.1　生态界面设计的概念

在复杂工作领域中,操作者需要处理 3 类不同的事件:熟悉事件、不熟悉但可以预测的事件以及不熟悉且不可预期的事件。对于第一类事件,操作者的技术足以处理。第二类事件是在设计界面时设计者已料想到的事件,因此事件发生时,操作者也可以有效地处理。第三类事件要求操作者临时发挥,因此很容易出错。为了提高复杂社会技术系统的安全性和生产率,帮助人们有效地处理这3类事件,生态学界面设计概念应运而生。

生态学界面设计(ecological interface design,EID)是一种在复杂的社会技术系统中用来设计人机界面的理论体系,它以抽象层级以及技术(skills)、规则(rules)和知识(knowledge)类为理论基础[65]。其主要作用是帮助知识型工作者适应变化的环境和新事物,并可提高解决问题的绩效。EID这个概念首先由Rasmussen与Vicente在1989年提出,并于1990年的《生态心理学》杂志和1992年的生态学界面设计的理论基础的文章中对其进行了详细的理论陈述[66-67]。此后,很多学者都发表了有关EID的研究,表明它在复杂系统中是很有前景的。它符合了人们获得新信息的要求,并已广泛地应用于一些领域,如过程控制、航空、网络管理、软件工程学、医学等领域。

5.5.2 生态界面设计的理论框架

生态界面设计是复杂信息系统的界面设计的一种理论框架,主要基于抽象层级(abstract hierarchy,AH)和SRK分类法两种理论搭建起来。抽象层级主要对复杂信息系统界面所代表的工作领域进行分析,其中的每一层都从不同角度界定了实现系统目标的约束条件,同时上下相邻层级的条件变量以目的—手段的关系相互联系,如表5-9所示。

表5-9 抽象层级信息内容与组织关系

抽象层次	各层次内容	各层级间的信息组织关系
功能性目标	系统的预设用途,即系统正常运行后能够实现的功能目标	↑为什么(目的)?
抽象功能	系统实现其功能性目标背后的原因和工作原理	→↕什么(状态)? 为什么?
一般功能	为了满足抽象功能,系统必须实现的各种一般性的功能	↓→→怎样(完成的变化)? 什么? 为什么?
物理性功能	为了实现各个一般性功能所需要的物理设备及其各自的物理功能	↓→怎样? 什么?
物理形式	保证设备实现其物理功能的物质形态和空间位置	怎样?

SRK分类理论认为,认知控制有3个水平:以技巧为基础的行为(skill-based behavior,SBB)、以规则为基础的行为(rule-based behavior,RBB)和以知识为基础的行为(knowledge-based behavior,KBB)[68-69]。一旦注意到某些信

息作为感觉输入之后,会引起技术为基础的、以规则为基础的或者以知识为基础的不同水平的认知加工,加工的水平取决于操作者对特定环境的经验程度:对某个任务有很多经验的人倾向于在技术为基础的水平加工输入信息,在自动的、潜意识的水平对原始的知觉成分进行反应。他们不必解释和整合线索或者考虑可能的行动,只对能引起反应的信号线索做反应。因为行为是自动的,对注意资源的需求是最小的。当人们对任务熟悉但没有很多经验的时候,他们处理输入,并在规则为基础的水平行动。同系统的典型状态相关的输入信息被识别,它触发了过去经验积累的规则知识。这些积累的知识在人脑中的线索和合适的行为之间是“如果—那么”的对应规则。当情境是新异的,决策者没有过去经验储存的任何规则,他们不得不在以知识为基础的水平上进行操作,这是一个应用概念信息进行分析的过程。在人们对这个线索赋予意义并将它们整合,判定发生了什么以后,会认为该线索是同目的和行动计划有关的。需要指出的是,相同的感受输入,在不同的加工过程中,可以被理解为信号(signal)、标记(sign)或象征(symbol)分别激发 SBB、RBB 和 KBB。一般来说,RBB 和 SBB 的操作快速且不费力,而 KBB 的操作较慢、费力且需要一个相继的处理过程,但这两类认知—操作分别允许人们处理熟悉的和不熟悉的事件。因而没有哪种完全优于另一种,一个有效的决策有时要同时依赖 3 个水平。

以技术、规则和知识为基础的行为区分描述了人们进行决策的不同过程,这些区分可以帮助我们更好地理解操作员的决策过程,这对于通过界面设计改善决策质量有重要的意义。

5.5.3　生态界面设计方法

1. 结构化显示设计

结构化显示(configural display)是将与完成某个任务相关的若干个变量或数据整合在一个结构化的图形中显示出来,不仅告知具体的变量值,还反应变量之间的相互约束关系以及信息整体的涌现性,即局部图形变量变化带来的整体图形显示的变化。有 3 种常用的方法可以将多个信息整合显示:通过构建具有凸显特征的图形、通过结构分组、通过目标整合。

构建具有凸显特征图形的典型策略是利用对人的视觉敏感性有显著影响的多边形图形的异常变化,来提高用户对界面信息变化的感知能力。结构分组设计是基于格式塔接近或邻近原则和相似原则提出的。格式塔心理学研究认为,人类具有不需要学习的组织倾向,使我们能够在视觉环境中组织排列事物的位置,感受和知觉出环境的整体与连续。比如,当多个对象在空间或时间上比较接近或邻近时,这些对象就倾向于被一起感知为一个整体;再比如当对象的形状、大小、颜色、强度等物理属性方面比较相似时,这些对象就容易被组织起来而构成一个整体。利用人们的这些知觉特性,可以将相关的信息通过空间和形态设计整合起来。结构化显示往往能够提供比低层次的物理信息和单个数据信息更为有价值的高层次的功能信息和目标信息。这种显示方式是对生态界面设计的信息内容和组织结构进行语义映射的最为关键和有效的方法之一。

2. 动态信息的视觉显示设计

人机界面中许多信息是需要动态显示的,例如计量读数、状态变化的观察和检测等定性读数,以及警告提醒等内容,这些动态信息的视觉显示设计需要符合用户的认知习惯。首先,在表征计量读数时,相应的动态显示的运动方向应当与用户的心理模型一致,比如在表征的速度加快时,相应的动态显示元素应当向上移动,反之向下。如果一个数量的上下微动很重要,则宜采用针动式的设计。其次,定性读数常常用于将某个参数控制在一定范围,该范围内不需要很精确地知道具体的数值。这种读数可以比计量读数更加快速地获取信息。当参数超出某个范围进入下一个阈值时,采用颜色、图形的变化等突现方式表达更容易引起用户的注意。最后,警告提醒等动态信息往往出现在系统自动检测到了实际或潜在的危险。一个对象的警示灯原则上只用一个,根据报警信号后果的严重性分别出现警告、提醒和建议 3 个级别的显示,报警区域闪烁代表危急,闪烁频率介于 3 ~ 10 次/s 之间为好,闪烁灯的亮度至少要是临近背景的两倍,警示的位置要置于用户正常视线的 30°范围内,大小不少于视角 1°。

5.6 人机界面的情境认知理论

5.6.1 情境认知的概念

情境认知的思想早在中国古代兵书《孙子兵法》中就有论述,即"知己知彼,百战不殆;不知彼不知己,每战必殆"。所谓情境认知实质上是获取关于目标的全面的、系统的信息过程,而系统内外环境信息是多方面、多层次的。人机系统交互过程中,用户不仅仅需要了解人机界面某个页面的信息情况,还要了解人机界面系统的外部环境,要求知道界面与系统之间的关联趋势、信息集合之间的动态变化。

最早由 Endsely 提出的情境认知(situation awareness,SA),是指根据上下文联系理解来对当前所处环境的一种持续地、有意识地、正确地分析,并使自己掌控形势,保持自己的优势或做出正确的决策[70-71]。Endsely 提出情境认知因素促使用户将新获取的信息与现有的知识在工作记忆中加以综合,以预测未来的现状及后续决策,对于提高用户掌控能力起重要作用。随后 Dickinson 和 Neuman 提出人类依靠情境认知,获取外部环境信息并了解事件动向,缺乏情境认知是发生人为非预料事故的重要诱因[72]。

情境认知不仅是心理学和教育学领域的概念,它更是关系军事对抗、太空开发等领域的一些课题和研究工作。美国空军参谋长 Merrill Mcpeak 提出情境认知是衡量战斗机飞行员的标准之一。如果一个飞行员能够准确地处理过去的情境和当前的情境之间的关系,保持清晰的判断,就具备了顺利完成飞行战斗任务的能力。情境认知的研究适用于改善各类人机系统中的复杂任务和认知环境,如航空系统、空中交通管制、军事指挥和控制等[73-74]。

目前,最为研究界所认可的 SA 定义是由 Endsley 提出的,SA 是在一定的空间和时间范围内注意和感知环境中的诸元素,理解并整合它们的意义,进而预测这些元素稍后一段时间内所处的状态。Endsley 以信息加工的观点来解释 SA,并提出了 SA 的 3 层次认知模型,认为根据该理论可将 SA 分为知觉、理解和预测 3 个层次,较高层次的 SA 水平依赖于较低层次的 SA 水平:知觉层次是指觉察环境中的诸多元素,并识别这些元素的特征,理解层次是指理解这些元素的意义,将它们整合起来,形成关于环境状况的完整印象;预测层次是指在整合信息基础上,通过分析判断,预测各个元素随后的状态,这 3 个认知层次组成一个简单的反馈回路,认知结果只是 SA 的一部分,如图 5-35 所示。

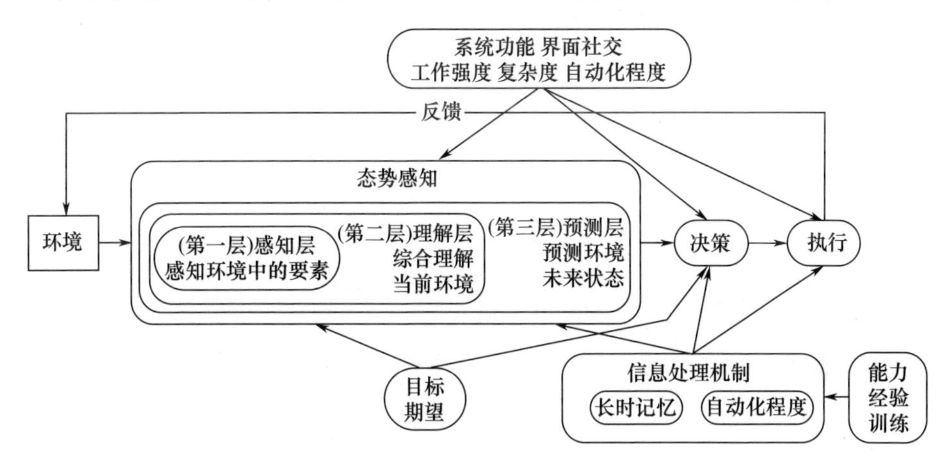

图 5-35　Endsley 的 SA 理论模型

5.6.2　情境认知的特征

依据前人所述,情境认知是指在一定的时间、空间内,对环境中的各组成成分的感知、理解,进而预知这些成分的随后变化状况。在人机界面中,情境认知涉及用户对界面中大量碎片式信息的获取、综合感知和认知能力。通过分析影响情境认知的变量特征,可以更好地对其进行控制,实现人机系统整体情境感知能力的提升。依据 Endsley 提出的情境认知理论框架,人机界面情境认知包括任务、环境和人因 3 个特征。

1. 环境特征

环境特征包括内部环境和外部环境两个部分。外部环境指人机界面用户与信息交互过程所处的环境信息，包括周边环境的干扰程度、光线影响和操作方式等。外部环境因素变化会对人机交互系统造成一定的物理影响，同时对用户的心理状态也有一定的影响。内部环境主要分析用户界面的功能、系统状态、设置、表现和运行情况等。内部环境对用户体验起决定性作用，信息的表现也决定了用户所能认知的范围。

2. 任务特征

人机界面用户与信息交互过程中，人经常需要进行的任务活动包括浏览、识别、搜索、匹配记忆、逻辑思维等。浏览是用户在界面中最常使用的行为，它偏重于一种随意、较无具体目标的行为，是一种用户不通过明确的查询策略而进行的无意图、探索性行为。美国北卡罗来纳大学信息与图书馆学 Gary Marchionini 教授针对用户的浏览行为是否有计划性，将浏览的模式分为有向浏览、半有向浏览和无向浏览 3 种。识别任务是对信息的辨认和区分，是将新的信息归类和定性到大脑记忆存储中。关于识别任务，前人通过大量研究对其加工机制进行探讨，总的来说可以归纳为两大观点：自下而上认知加工的观点和交互加工的观点。前一个观点认为识别过程是将输入信息与心理存储信息进行匹配的过程，后者认为丰富多样的信息源在辨认过程中起到一定的作用。搜索任务是指用户在界面中寻找所需信息的行为，是一种主动性、目的性强的活动。根据 David Ellis 所提出的信息查寻行为模型，用户在信息查寻过程中的主要行为活动可以归纳为 6 条：用户确定感兴趣的、符合主题的线索来源；通过跟踪和联系等方式，从最初的来源中找到线索；眼睛扫视已经确定的线索，并获取与目标相关的信息；筛选和评估线索的有用性；随时跟进特定的主题领域线索的扩展；基于系统的特定线索，提取所感兴趣的信息。记忆任务是多种多样的，如对确定信息的识记、回忆、匹配等学习活动。人的记忆系统包括感觉记忆、工作记忆和长时记忆 3 部分。其中，工作记忆主要用于加工和存储工作，感觉记忆和长时记忆都仅用于信息的存储。判断任务的特点在于，这些任务会涉及工作记忆和思维中深入加工的心理活动，包括各种类型的心理计算、逻辑推理、比较与判别、信息整合等。

3. 人因特征

根据认知心理学的信息加工原理，用户界面中人所接收的信息均是从感觉通道输入，然后经过信息的变换、简约、加工、存贮和提取，最终形成人的思维并指导人的行为。根据人的认知特征，情境感知分为 3 个阶段：第一阶段是视觉感知、对象识别、知识认知和环境感知等影响用户直接感知；第二阶段是由记忆、图示和认知偏差等影响用户的理解；第三阶段是推理、记忆和认知调节对用户预测的影响。

图 5－36 所示为构建人机界面情境认知特征变量之间的关联关系。增强用户界面的情境认知需要从用户界面系统的环境、任务特征和人因特征出发，

增强用户对知识点周边事情的感知和了解，使其拥有完整的、准确的和及时的知识框架。

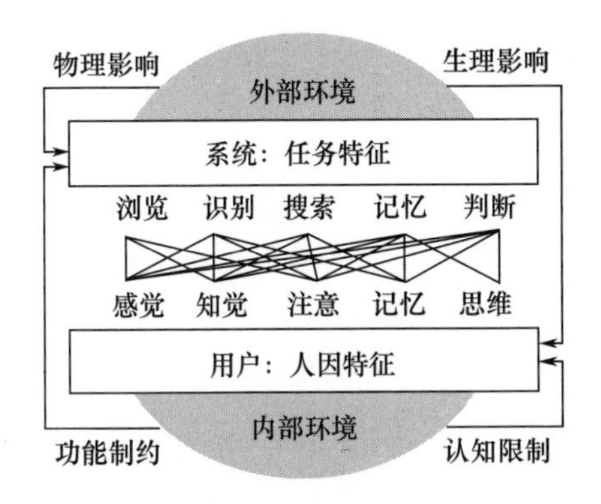

图5-36 人机界面情境认知特征变量及其之间的关系

5.6.3 情境认知的影响因素

Endsley认为个人情境认知过程中整合了工作经验、认知能力、任务目标、外在环境等多种因素，情境认知因素贯穿于用户执行任务的始终[75]。在用户的情境认知驱动实现对复杂信息系统操作和决策的执行时，受到多方面情境认知要素的制约和影响。通过分析和研究这些因素，可以对情境认知与用户及系统表征进行更深层次地理解。

Endsley依据航空领域中情境认知内在及外在表现，提取了影响情境认知各阶段的直接和间接因素。在情境认知的第一阶段，影响用户感知的直接因素包括视觉感知、对象识别、知识认知、环境感知。在情境认知的第二阶段，影响用户理解的直接因素包括记忆、图示和认知偏差。在情境认知的第三阶段，影响用户预测的直接影响因素包括推理、记忆和认知偏差。影响情境认知的间接因素主要包括决策、内在能力、经验、情绪等。

通过Endsley对影响情境认知的直接与间接因素的总结，可以得出，显示界面构成要素的合理性和科学性是利用外部手段改善情境认知情况的关键因素，为了保证能切实改善用户情境认知情况，首先要求对显示界面构成进行分解，通过各种设计手段使其与情境认知要素进行匹配，使界面提供最优的可视化信息，提高用户对信息的识别、认知和处理效率。其次依靠用户自身的能力，在培训过程中对界面不断学习，熟悉和识别特定界面区域内的重要特征，产生记忆和反馈机制。由于所涉及的用户心理认知范围较广，所示可以通过利用情境假设方法，选择和确定与用户心智模型最匹配的界面形式，结合情境认知的特征和要素对用户决策进行科学合理的推测，从而切实改善用户认知状况。

5.6.4 情境假设方法

情境假设是情境认知原理中强有力的工具方法,尤其适用于战略规划。其定义由 Charles Roxburgh 提出,依据某些已获得的经验对某一科学现象的本质规律做出推测性的判断,以检验思维过程。情境假设是解决情境认知问题的核心手段,可以提出正确的意见,将复杂问题转化成简单问题来进行处理和推算,未雨绸缪各类突发事件,对于复杂信息系统界面是极有价值的设计方法。

根据 Charles 的研究,认为情境假设具有拓展认知、统筹规划和揭示未来 3 种特性。为了充分考虑界面设计问题的复杂性和模糊性,需要依据情境假设的特性制定相应的战略,使其成为提高情境认知的有力工具。

1. 感知阶段——拓展认知

Strater 提出情境假设具有拓展认知方式的特性,因此制定情境的实际过程中,设计者能更深刻地洞察促使变化发生的潜在动因[76]。利用情境假设可以对系统、用户、任务的需求进行多角度的情境表述,根据需求制定界面布局结构的显示方式,从而提高用户的感知能力。

2. 理解阶段——统筹规划

Bolstad 提出为了准确分析组织可能面对的情境任务,需要依靠情境假设找出哪些要素对于用户起到作用,哪些没有起到相应的作用,以及哪些关键信息足以改变情境的驱动因素产生真正影响[77]。利用情境假设对用户操作情况的表述,可以进一步发掘促使用户执行操作的关键因素,根据需求对界面菜单逻辑结构制定的操作规划,提高用户理解能力。

3. 预测阶段——揭示未来

Strater 指出情境假设对未来前景提供了一种可信的描述,而非概率描述。情境假设促使一个更为全面的风险观的形成,可以根据未来的前景做出关键的战略决策来分析每种情境的潜在结果,发现强有力的推动变化的动因[76]。尤其是难以预料的结果,是制定情境假设过程最有价值的发现。情境假设为界面设计提供了危险性最小的方式,展示可供选择的界面构成要素设计,以应对未来的情境中可能出现的错误认知,提高用户预测能力。

利用情境假设可以对复杂信息系统界面针对未来可能发生的情况进行多次的推理演练,避免非预期人为错误的出现。通过设想多种任务情境,可以更全面地探知用户在未来使用过程中可能会发生的问题,而不受有限的假设束缚。设计情境的目的在于设想未来可能出现的最佳和最坏的情境问题,帮助设计者从用户及系统角度全面考虑问题。根据预先确定的结果,制定情境任务,以揭示未来事态的发展情况,达到提高界面—用户—系统整体认知能力的目的。

5.7　视觉通路理论

5.7.1　视觉通路理论概述

最初的视觉通路理论是 Ungerleider 和 Mishkin 在 1982 年提出的,他们提出视觉信息的传递基于特定的神经系统,按照一定的通路进行[78]。

如图 5－37 所示,what 通路是从视网膜开始,沿腹部经过外侧膝状体(LGN)、初级视皮层区域(V1、V2、V4)、下颞叶皮层(IT),最终到达腹外侧额叶前部皮层(VLPFC)。对物体的整体特征如形状、颜色、结构等进行加工。大量的行为研究表明,摘除猴的双侧颞下回皮质后,会产生严重的视觉辨认能力障碍,包括对颜色、亮度、二维和三维物体的辨认障碍。更进一步的研究表明颞下回后部损伤主要导致辨认能力障碍,而损伤前部则主要影响视觉记忆。

where 通路是从视网膜开始,沿背部流经外侧膝状体(LGN)、初级视皮层区域(V1、V2)、中颞叶区(MT)、后顶叶皮层(PPC),最后到达背外侧额叶前部皮层(DLPFC)。Where 通路与物体的空间知觉有关。损毁猴的后顶叶皮质后,不仅出现地标作业障碍,而且其他视空间作业能力也受到损害,包括迷宫实验和路径跟踪等。后顶叶皮质功能障碍的典型症状是在黑暗中和光亮处均不能到达预定地点,对于对侧的听、触、视觉刺激无反应,不能辨别触觉。后顶叶皮质包括两个或更多的细胞构筑区,因此可以假设损伤后顶叶皮质后产生的多种障碍是因为损伤了多种脑组织的缘故。

这两个系统分别用于物体识别和空间定位,因此被称为 what 通路和 where 通路。为了把外部世界的客体知觉为一个整体,需要把散布于不同皮层区的分散的信息合理地组合在一起,从而形成完整的客体表征,产生认知的“捆绑”效应[79－81]。

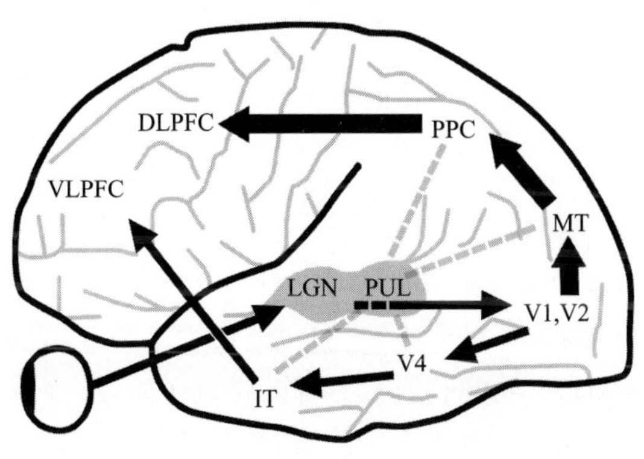

图 5－37　视觉系统中的两条通路

5.7.2 视觉通路理论对人机界面设计的启示

用户对界面视觉信息的解码过程是 what 通路和 where 通路共同作用的结果。其中,界面信息的 what 属性主要与用户认知的目标相关,自下而上的引导着用户的视觉搜索过程。信息构图和组织方式等呈现模式的不同导致用户在面对不同界面类型时工作效率和认知负荷存在很大差异。分析界面信息的 what 属性有助于解决在数字界面上呈现何种信息,以及如何呈现信息编码的问题。

进行 what 属性编码需要与实际的任务环境保持高度的一致性,解构“任务环境”与“界面元素”的映射机制。具体表现在:①完成任务过程中所需信息必须有效呈现,不可遗漏;②考虑到界面容量和用户认知阈限,需要对界面信息的表现形式和层次结构进行系统规划,将抽象的信息元素以具象的视觉形象表达出来。界面信息的 where 属性主要与视觉元素的空间位置相关,对用户的视觉搜索行为具有自下而上的影响力。因此,进行 where 属性编码需要充分考虑用户的搜索规律和认知习惯,解构“界面元素”与“空间布局”的映射机制。

为了实现界面信息 what 属性和 where 属性的“捆绑”优化,数字界面的信息编码包含 2 个阶段的具体任务:①“抽象任务→界面元素”阶段,完成从抽象元素概念生成到具象元素构图的转化过程。②“独立个体→有机整体”阶段,通过对界面元素位置、体量进行整体调整和规划,建立和谐、高效的人机信息交互平台。结合具体的界面约束,还需要进一步考虑是否需要对界面元素进行多维信息集成处理,以构建明确的界面信息结构[82]。本节将以 A320 的驾驶舱和飞行任务为例,从面向 what 通路的任务分析、面向 where 通路的布局分析以及基于双通路协同的界面优化设计出发,阐述复杂信息系统人机界面设计的实施策略[83]。

5.7.3 面向 what 通路的任务关联度分析

1. 基于任务流程的信息元关联分析[84-86]

根据实际飞行情况中对飞行员驾驶过程中的观察和飞行手册的参考,对任务流程进行归纳总结,整个完整的 A320 飞行过程可以分为起飞前准备、起飞/爬升过程、降落过程、接地过程 4 个大的飞行阶段,在每个飞行阶段下,进一步分析子阶段。起飞前准备阶段分解为开启电源、设置飞行计算机、开车及后推、滑行前设定、滑行至跑道及系统检查、起飞前检查子阶段;起飞/爬升过程分为起飞、爬升、巡航子阶段;降落过程分为下降、进场子阶段;接地过程分为落地前检查、接地着陆、滑至停机坪和关车子阶段,整个飞行过程分解成 14 个子阶段,如图 5-38 所示。

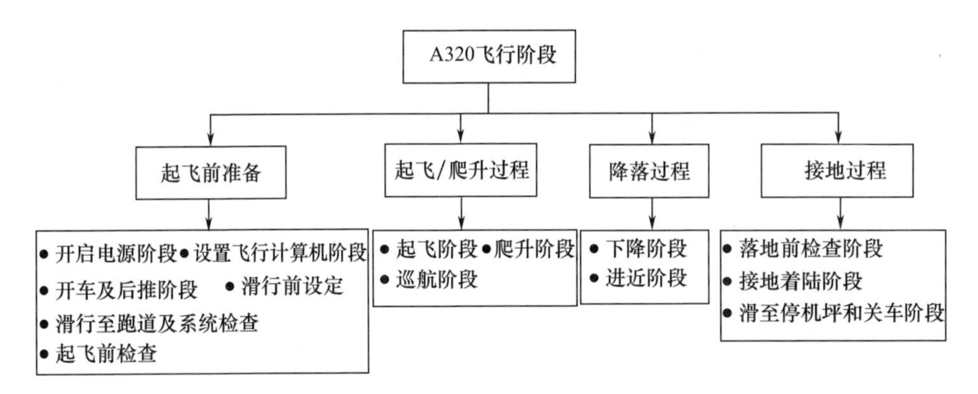

图5-38 飞行过程任务阶段划分

1）起飞前准备阶段任务流程归纳

开启电源阶段：飞机冷舱状态下，找到“EXT POW”按钮按下去，接通外部电源，打开电气面板上的1号电瓶、2号电瓶，接通飞机电瓶—检查“APU BLEED”处于关闭状态—将空调面板上的“PACK1”和“PACK2”调整为关闭状态—将“APU MASTER SW”调整为“ON”，等待“FLAP OPEN”信息出现在显示屏上—然后打开“APU START”键，按“EXT POW”按钮，将“ON”变成“AVAIL”—开启“APU Bleed”，“PACK1”和“PACK2”按钮开启—将惯导面板（ADIRS导航装置打到NAV位，让飞机惯导校准处—扭开“PFD”“ND”按钮来打开“PFD”“ND”面板—打开“ECAM”面板，打开无线电通信面板—检查“ENG 1”和“ENG 2”主开关（MASTER 1/MASTER2）为“OFF”，“MODE SEL”在“NORM”位置—检查“FLAPS”是否在“UP”位置，代表襟翼收起—检查减速板是否在“RET”位置，代表扰流板收回）。

设置飞行计算机阶段：首先输入“RCKH/RCSS”，然后按“LSK 1R”输入进去—输入“RCTP”（备降机场），按“LSK 2R”输入本次飞行的班机航班号码—按“LSK 3L”输入，输入高度和巡航空层温度—按“LSK 6L”输入—选择“F-PLAN”，查看飞行信息—选择RAD NAV画面，输入信息—回到INIT画面，输入其他信息—打开PERF画面，输入需要的信息—切换到PROG画面，确定ACCUR显示HIGH，调整通信频率确认飞行指引FD的开关在接通位置（ON）。

开车及后推阶段：调整应答机编码—关闭舱门—打开SELT BELT、NO SMOKING & BEACON LIGHTS灯—打开燃油泵—解除停留刹车—在发动机控制台上将“MODE”开关拨到点火位—检查APU引气打开—将右侧的“ENG MASTER 2”拨到“ON”—将右侧的“ENG MASTER 1”拨到“ON”—将发动机点火位拨回正常位。

滑行前设定阶段：关闭APU—关闭APU引气，将“APU BLEED”拨到

“OFF”—扰流板预位，“GND SPLRS”拨到“ARMED”—襟翼放到3—按“AUTO-BRK”的“MAX”按钮，调整FCU面板高度值。

滑行至跑道及系统检查阶段：打开滑行灯和转向灯—检查ECAM各个系统检查画面是否正常—按“TO CONFIG”键检查起飞设置正确与否—测试刹车、减速板、升降舵和方向舵等功能是否正常—确定应答机编码。

起飞前检查阶段：检查APU，襟翼，配平片，ECAM—打开外部灯光面板—打开内部灯光面板—打开驾驶舱指示灯。

2）起飞/爬升阶段流任务程归纳

起飞阶段：将油门杆向前推，同时注意PFD屏幕—N1加到50%让发动机加速，达到50% N1时报“STABILISED”—继续往前推油门到CLB位，检查FMA显示，让飞机适度地沿跑道加速—当速度超过100kn，报“100”然后“V1”—到135kn时抬头，报“ROTATE”—观察PFD信息元—收起落架—关闭滑行灯、转向灯、着陆灯—确定扰流板在RET位置—在高度达到1000英尺时，按FCU面板上的“AP1”按钮。

爬升阶段：整理EFIS面板，把高度表拨正到标准气压—按“PULL STD”按钮—到达一定高度，关掉安全带警示灯—调整FCU面板高度，按下“ALT”按钮，飞机开始继续爬升。

巡航阶段：按ECAM下部显示的各个控制按钮，显示各个页面，进行检查—将ND显示范围调整到360nm，方式为ARC。

3）降落阶段流程归纳

下降阶段：调整FCU上的高度值—检查FMA—调整FCU面板上的“HDG”按钮，调整需要的航向—拉出“HDG”按钮—在FL200，按下EFIS面板上的“ILS”按钮—当高度到达FL180时，接通安全带指示灯—将ND显示调到40nm—在EFIS面板上按高度表设置按钮，旋转按钮到指定数据—拉出旋钮显示STD，调整FCU上高度旋转按钮—观察PFD和ECAM显示—通过10000英尺高度时，检查高度表—打开降落灯光—修正海压，调整EFIS面板，调整为修正海压—调FCU上的航向、高度值，拔出航向选择旋钮—拔出高度选择旋钮，根据高度，重复修正海压工作—按下FCU面板上的“LOC”键。

进近阶段：设置MCDU面板，打开MCDU的APPR设置页面，并设置一些资料—当速度减到210kn时，襟翼放到1的位置—反复拨动“NO SMOKING”开关几次，以此告知乘务员飞机马上要着陆—调整FCU速度，并拉出速度选择按钮，调整FCU航向—放襟翼到2的位置—调整FCU速度—按下FCU上的“APPR”按钮—按下第二部自动驾驶仪AP2—把起落架放下—按FCU上的速度选择旋钮，切换到计算机管理状态—飞机速度减到F—扰流板预位—打开降落灯—放襟翼到3—根据情况放到FULL—襟翼全放检查FMA显示—调整FCU高度到复飞高度。

4）接地阶段任务流程归纳

落地前检查阶段做着陆检查：乘务组—已通告，自动油门—“SPEED”着陆提示—绿色，观察 ECAM 和 PFD 显示屏，检查落地前检查单是否完成。

接地阶段：检查 FMA—决断高度以上 100 英尺，报 100 ABOVE—在决断高度，报“DECIDE”—飞行员决定当前气象条件下是否可以着陆，如果不允许着陆，则进行复飞，如果条件可以，进行接地—听到 RETARD 的声音时，将油门拉到 IDLE 位。

滑至停机坪和关车阶段：关闭 AP1—收回襟翼—调整应答机—关掉 EFIS 面板上的“FD”和“ILS”按钮—关闭频率灯、转向灯—启动 APU，继续滑行—当快到停机位时，关闭滑行灯—打开 APU 引气—开启停机刹车—将两台发动机的“MASTER”开关拨到“OFF”—关闭防撞灯—关闭所有的油泵—关闭安全带指示灯和禁止吸烟灯—在让旅客离机之前，确认开门是安全的，按 ECAM 控制按钮“DOORs”，将“DOORs”页面显示在下部 ECAM 显示屏上—确认所有舱门解除预位，可以开门—检查 ECAM 系统页面—关闭惯导，关闭紧急指示灯—关闭空调系统—关闭 APU 引气—停机制动放到制动位—关闭 APU—关闭电瓶开关。

运用抽象层级理论对 A320 任务环境中的“任务—面板元素”之间的关联进行逐层分析，其功能目标在于完成整个飞行过程，安全返航；抽象层级功能在于对活动规律进行归纳，例如 A320 在起飞、爬升的过程中，燃料转化为机械能和热能等，然后再转化动能、位能，让飞机上升，完成飞机任务；一般功能层级用于描述完成整个飞机驾驶过程所经历的任务阶段，开启电源、设置飞行计算机、开车及后推、滑行前设定、滑行至跑道及系统检查、起飞前检查、起飞、爬升、巡航、下降、进近、落地前检查、接地着陆、滑至停机坪和关车子阶段；物理功能层级用于描述完成任务阶段所用到的驾驶舱内的各种操作装置和显示装置，如用来控制油门的推力手柄，调节各种灯光的外部灯光、内部灯光面板，显示飞机飞行速度和姿态，气压高度、垂直速率的 PFD 显示器等（图 5－39）。通过对任务与面板之间关联分析，可以看出每个不同任务阶段用到的面板信息元，在同一个飞行阶段出现的面板信息元，从而间接得到任务与面板信息元、面板信息元与面板信息元之间的关联性。对于驾驶舱内呈对称分布的面板，如 PFD 显示器、ND 显示器、MCDU 面板、RMP 面板、主警告注意灯、排雨面板、TREE ON ND 按钮等，只统计其中一块。

2. 信息元使用频率和重要度分析

信息元的使用频率作为影响信息元重要度的一个重要因素，信息元出现的频率越高，证明其在整个操作过程中发挥越重要的作用。但有些元件即使不频繁使用，却也是至关重要的。因此在后面章节中，会根据实际情况，在得到最佳布局方案的结果上会相应调整信息元的位置。

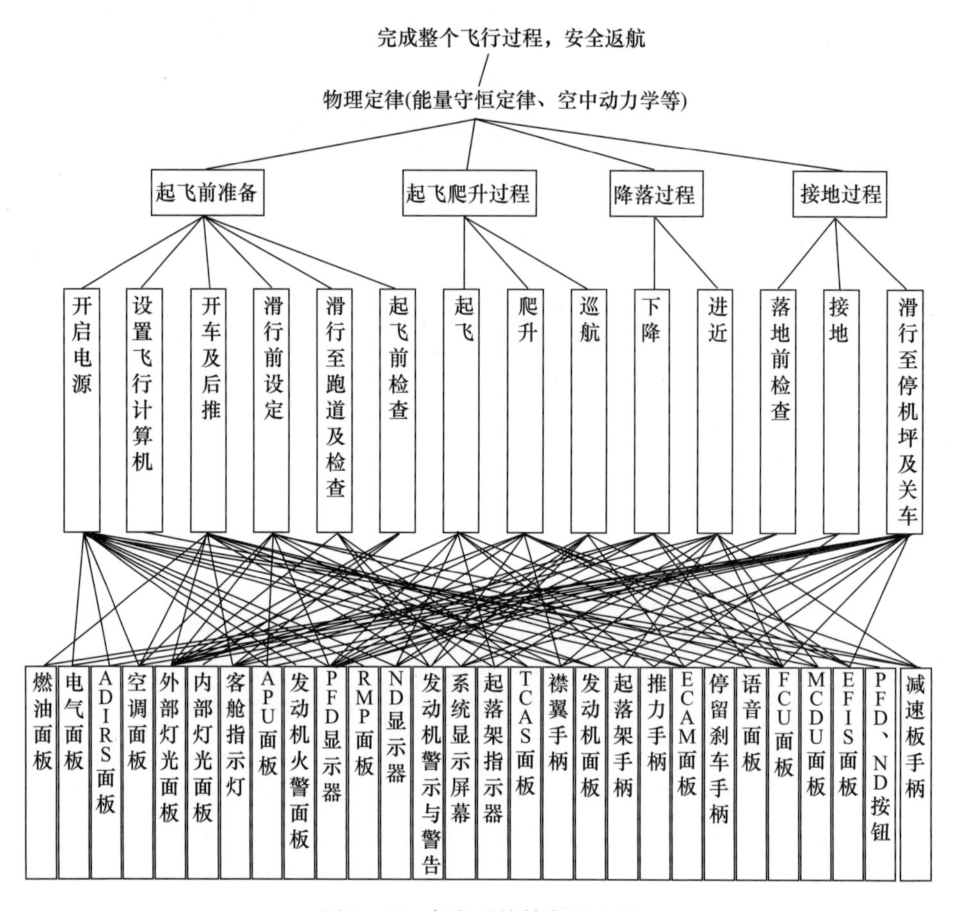

图 5-39　任务环境抽象层次图

1）基于层次分析法计算各飞行阶段权重值

基于 A320 的驾驶任务流程，采用层次分析法对不同任务阶段赋予不同的权重[87]。确定各个层次之间的关系，逐层计算具有影响作用的元素间的相对重要性，进行两两比较，根据重要度来评定等级，组成判断矩阵。判断矩阵元素 a_{ij} 的标度方法如表 5-10 所示。

表 5-10　两两因素相对重要比值

因素 i 比因素 j	比较值
同等重要	1
稍微重要	3
较强重要	5
强烈重要	7
极端重要	9
两相邻判断的中间值	2、4、6、8

在不同的飞行阶段,飞机的安全性是不相同的,最危险的时期是飞机起飞后的3min以及飞机降落前8min。飞机在起飞阶段所用的时间较少,但发生紧急事故的概率却很高,这是因为飞机在这些飞行阶段所处的高度问题,所以给飞行员处理紧急事故的时间是很有限的。比如在巡航阶段时,飞行环境比较稳定,飞机遵循自动驾驶程序,相对是很安全的,在高空中,飞行员可以有较长的时间去制订、执行事故处理方案。因此飞机在每个飞行阶段的安全性以及各飞行阶段对整个飞行过程的重要性是不同的。根据建立的约束层次目标数,邀请6位飞行员对各约束目标的相对重要性进行评定,并结合飞行手册,实际飞行情况,了解在不同任务阶段,完成某项任务的相对重要性,得出以下5个判断矩阵。

$$\boldsymbol{C}^{(1)}=\begin{bmatrix}1 & 1/3 & 1/3 & 1/3\\ 3 & 1 & 1 & 1\\ 3 & 1 & 1 & 1\\ 3 & 1 & 1 & 1\end{bmatrix}\qquad \boldsymbol{C}_1^{(\sim)}=\begin{bmatrix}1 & 1/4 & 1/2 & 1/2 & 1/3 & 1/3\\ 4 & 1 & 2 & 2 & 2 & 2\\ 2 & 1/2 & 1 & 1 & 1/2 & 1/2\\ 2 & 1/2 & 1 & 1 & 1/2 & 1/2\\ 3 & 1/2 & 2 & 2 & 1 & 1\\ 3 & 1/2 & 2 & 2 & 1 & 1\end{bmatrix}$$

$$\boldsymbol{C}_2^{(\sim)}=\begin{bmatrix}1 & 1 & 4\\ 1 & 1 & 4\\ 1/4 & 1/4 & 1\end{bmatrix}\qquad \boldsymbol{C}_3^{(\sim)}=\begin{bmatrix}1 & 1/2\\ 2 & 1\end{bmatrix}\qquad \boldsymbol{C}_4^{(\sim)}=\begin{bmatrix}1 & 1/5 & 1/2\\ 5 & 1 & 3\\ 2 & 1/3 & 1\end{bmatrix}$$

根据判断矩阵$\boldsymbol{C}$,从上到下逐层计算各个层次上元素的权重,最后相乘得到组合权重(表5-11)。

表5-11　计算结果统计表

判断矩阵	单项权值						CR 函数值
	W_1	W_2	W_3	W_4	W_5	W_6	
$\boldsymbol{C}^{(1)}$	0.1000	0.3000	0.3000	0.3000	—	—	0.0038
$\boldsymbol{C}_1^{(2)}$	0.0643	0.3010	0.1176	0.1176	0.1998	0.1998	0.0117
$\boldsymbol{C}_2^{(2)}$	0.4444	0.4444	0.1111	—	—	—	0.0001
$\boldsymbol{C}_3^{(2)}$	0.3329	0.6671	—	—	—	—	0.0001
$\boldsymbol{C}_4^{(2)}$	0.1220	0.6483	0.2297	—	—	—	0.0032

由表5-1得

$\boldsymbol{W}(1)=(0.1000,0.3000,0.3000,0.3000)^{\mathrm{T}}$,

$\boldsymbol{W}(2)^1=(0.0643,0.3010,0.1176,0.1176,0.1998,0.1998)^{\mathrm{T}}$,

$\boldsymbol{W}(2)^2=(0.4444,0.4444,0.1111)^{\mathrm{T}}$,

$\boldsymbol{W}(2)^3=(0.3329,0.6671)^{\mathrm{T}}$,

$W(2)^4=(0.1220,0.6483,0.2297)^{\mathrm{T}}$。

由此,可计算二级指标的综合权重值系数如表 5-12 所示。

表 5-12　二级指标综合权重值系数

人机约束	$C_1^{(1)}$	$C_1^{(2)}$	$C_1^{(3)}$	$C_1^{(4)}$	$C_1^{(5)}$	$C_1^{(6)}$	$C_2^{(1)}$
权重值	0.0064	0.0301	0.0118	0.0118	0.0200	0.0200	0.1333
人机约束	$C_2^{(2)}$	$C_2^{(3)}$	$C_3^{(1)}$	$C_3^{(2)}$	$C_4^{(1)}$	$C_4^{(2)}$	$C_4^{(3)}$
权重值	0.1333	0.0333	0.0999	0.2001	0.0366	0.1940	0.0690

2）计算信息元面板重要度

对驾驶员在整个实际飞行操作过程中进行录屏观察,归纳飞行任务流程。现统计各面板信息元在不同任务阶段操作中所出现的次数,量化表征每块信息元面板的重要度。A320 驾驶舱主要分为 4 块大区域,头顶板、遮光板、中央仪表板、中央操作区,经统计驾驶舱内共有 72 块面板,包括对称分布的面板。在整个飞行任务流程中,飞行员需要多次观察 PFD 显示器、ND 显示器、系统显示屏幕、发动机警示与指示显示屏等 4 块面板以获取飞机数据来进行判断操作,因此,先针对其余 68 块面板进行分析。未出现在正常飞行任务中的面板重要度记为 0,不列在统计表格中,表 5-13 中记录面板在不同阶段任务流程中出现的次数。

表 5-13　面板在不同阶段任务流程中出现的次数统计

面板编号	出现次数													
	$C_1^{(1)}$	$C_1^{(2)}$	$C_1^{(3)}$	$C_1^{(4)}$	$C_1^{(5)}$	$C_1^{(6)}$	$C_1^{(6)}$	$C_2^{(1)}$	$C_2^{(2)}$	$C_2^{(3)}$	$C_3^{(2)}$	$C_4^{(1)}$	$C_4^{(2)}$	$C_4^{(3)}$
D_1	1	0	0	0	0	0	0	0	0	0	0	0	0	0
D_{12}	1	0	0	0	0	0	0	0	0	0	0	0	0	0
D_{13}	2	0	0	2	0	0	0	0	0	0	0	0	0	2
D_{14}	4	0	0	0	0	0	0	0	0	0	0	0	0	0
D_{15}	5	0	1	1	0	0	0	0	0	0	0	0	0	0
D_{17}	0	0	1	0	2	1	3	0	0	1	1	0	0	3
D_{18}	0	0	0	0	0	1	0	0	0	0	0	0	0	1
D_{19}	0	0	1	0	0	0	0	0	0	0	0	0	0	1
D_{21}	0	0	1	0	0	0	0	0	0	1	0	0	0	0
D_{22}	0	0	1	0	0	0	0	0	0	1	0	0	0	0
D_{23}	1	0	0	0	0	0	0	0	0	1	0	0	0	0
D_{32}	0	0	0	0	0	0	1	0	0	4	0	0	0	2
D_{33}	0	0	0	0	0	0	1	0	0	4	0	0	0	2
D_{34}	0	0	0	1	0	0	1	3	0	5	7	0	0	2
D_{35}	1	0	0	0	0	0	0	0	0	0	0	0	0	0

续表

面板编号	出现次数													
	$C_1^{(1)}$	$C_1^{(2)}$	$C_1^{(3)}$	$C_1^{(4)}$	$C_1^{(5)}$	$C_1^{(6)}$	$C_1^{(6)}$	$C_2^{(1)}$	$C_2^{(2)}$	$C_2^{(3)}$	$C_3^{(2)}$	$C_4^{(1)}$	$C_4^{(2)}$	$C_4^{(3)}$
D_{36}	1	0	0	0	0	0	0	0	0	0	0	0	0	0
D_{44}	0	0	0	1	0	0	1	0	0	0	1	0	0	0
D_{46}	0	0	0	0	0	0	1	0	0	0	1	0	0	0
D_{51}	0	8	0	0	0	0	0	1	0	0	1	0	0	0
D_{52}	0	8	0	0	0	0	0	1	0	0	1	0	0	0
D_{53}	1	0	1	0	0	0	0	0	5	0	0	0	0	1
D_{54}	1	0	0	0	0	0	0	0	0	1	0	0	0	0
D_{55}	0	0	0	0	0	0	3	0	0	0	0	0	2	0
D_{56}	2	0	3	0	0	0	0	0	0	0	0	0	0	2
D_{57}	1	0	0	1	0	0	1	0	0	0	1	0	0	0
D_{58}	1	0	0	1	0	0	0	2	0	0	3	0	0	0
D_{60}	0	0	1	0	0	0	0	0	0	0	0	0	0	1
D_{61}	0	0	1	0	1	0	0	0	0	0	0	0	0	0
D_{66}	1	0	0	0	0	0	0	0	0	0	0	0	0	0
D_{68}	0	0	1	0	0	1	0	0	0	1	2	0	0	1

对每块面板的重要度通过以下公式进行计算：

$$W_{D_j} = \sum_{i=1}^{14} W_{C_i} e_{D_j} \tag{5-1}$$

式中：W_{C_i}为不同任务阶段的权重值；$i=\{i \mid i \in \mathrm{N}^+, 1 \leqslant i \leqslant 14\}$；1～14为14个任务阶段；$e_{D_j}$为在$D_j$面板$C_i$任务中出现的次数；$j$为面板编号，$j=\{x \mid x \in \mathrm{N}^+, 1 \leqslant x \leqslant 68\}$。经过计算，共得到30块面板的重要度，其余未出现在常规任务中的面板重要度为零，在布局中没有绝对限制，在表5-14中不做统计。

表5-14　面板重要度值

W_{D_1}	$W_{D_{12}}$	$W_{D_{13}}$	$W_{D_{14}}$	$W_{D_{15}}$	$W_{D_{17}}$	$W_{D_{18}}$	$W_{D_{19}}$	$W_{D_{21}}$	$W_{D_{22}}$
0.0064	0.0064	0.1744	0.0256	0.0556	0.7512	0.0754	0.0808	0.1000	0.1000
$W_{D_{23}}$	$W_{D_{32}}$	$W_{D_{33}}$	$W_{D_{34}}$	$W_{D_{35}}$	$W_{D_{36}}$	$W_{D_{44}}$	$W_{D_{46}}$	$W_{D_{51}}$	$W_{D_{52}}$
0.1063	0.6019	0.6019	2.5826	0.0064	0.0064	0.3451	0.3333	0.5741	0.5741
$W_{D_{53}}$	$W_{D_{54}}$	$W_{D_{55}}$	$W_{D_{56}}$	$W_{D_{57}}$	$W_{D_{58}}$	$W_{D_{60}}$	$W_{D_{61}}$	$W_{D_{66}}$	$W_{D_{68}}$
0.2537	0.1063	1.1878	0.2276	0.3516	0.8884	0.0808	0.0318	0.0064	0.6008

5.7.4　面向where通路的驾驶舱布局分析

1. 驾驶舱内各区域的where属性分析

设计一个合适的驾驶舱空间，应以"人"为中心，以人体尺度为重要设计依准，依据人体测量学数据，来判断驾驶舱不同区域内的可视和可达情况。在显示装置布局原则中已经讲到了在头部、眼睛、身体没有转动的情况下，将显示面板上边缘与人眼位点连成一条线，这条线与水平面之间的夹角应该小于10°，将显示面板下边缘与人眼位点连成一条线，这条线与水平面之间的夹角应该小于45°，这个区域是最好的可视区域。其他区域内如果想读取信息，需要转动头部或者眼部、身体。对于驾驶舱内不同区域可达性的判断，在人的手臂和肩部肌肉自然舒展的情况下所到达的区域是最理想的可达区，这个区域应该放置最重要、操作频繁的操纵装置，比如油门杆必须放在这区域。在操作其他区域的装置时，要不同程度的伸展手臂和肌肉或者抬动头部，比如头顶板区域，飞行员操作该区域较远的装置时，需要抬起头部，挪动位置，最大的伸展手臂。不管是在读取信息还是在操纵装置时，身体状态的不同，其舒适度也是不同的。因此引入舒适度概念作为驾驶舱不同区域可视性和可操作性的评判标准。

利用Jack软件对A320驾驶舱进行仿真，对不同工作状态下身体舒适度进行分析，具体流程如下：飞行员在观察或者操纵不同区域时，身体姿势也是不同的。头部角度、手臂的弯曲角度、腰部的扭动角度等均影响舒适度值。Jack软件里有6个舒适度参考依据，本书选用多关节舒适度的Krist数据，Krist可以研究身体不同部位的舒适度数值，身体的部位包括脖子、肩膀、背部、臀部、左手、右手、左腿、右腿。舒适度的打分范围为0～80，分值越低则越舒服，反之则越难受。通过调整驾驶员的头部、手臂、腰部等部位，让驾驶员去观察驾驶舱的不同区域，观察舒适度值的变化，图5-40所示为观察和操作分析示意图。

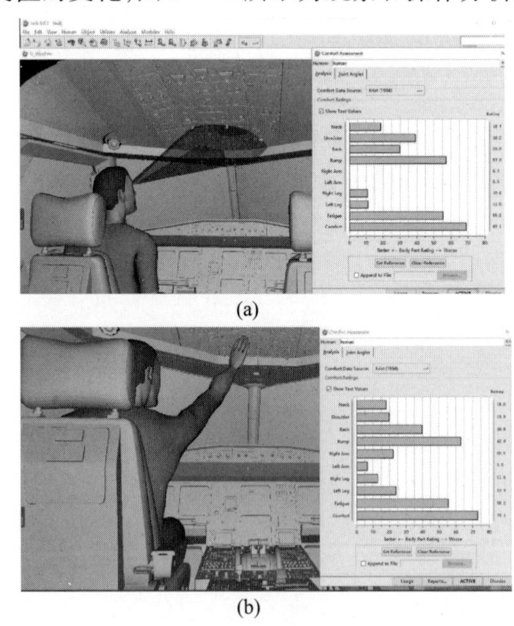

图5-40 驾驶员舒适度仿真

(a)驾驶员在观察头顶板某区域时观察舒适度；(b)驾驶员在观察头顶板某区域时操作舒适度值。

调整姿势让驾驶员去观察和操纵其他驾驶舱区域，当舒适度数值有较大的变化时，将驾驶舱划分为不同区，结合 A320 驾驶舱本身结构构造，现将头顶板、中央仪表板、遮光板、中央操作台分为 11 个区域，驾驶舱区域划分如图 5 – 41 所示。

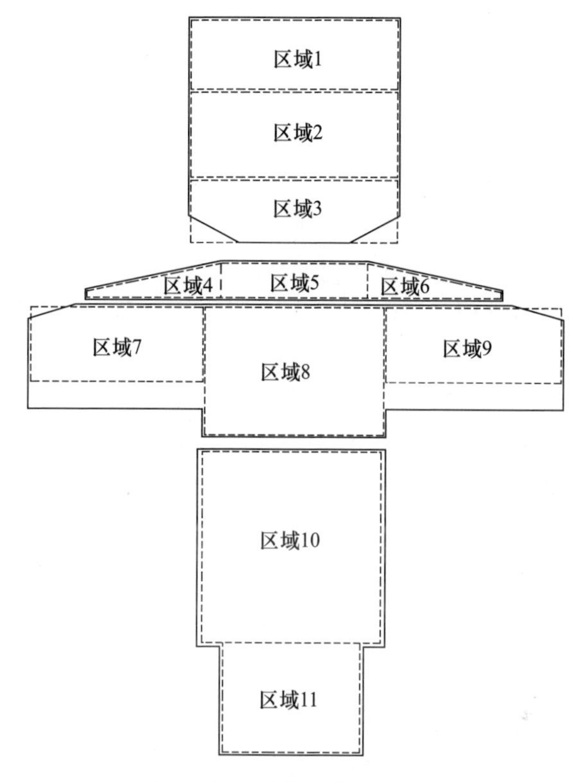

图 5 – 41　驾驶舱区域划分图

通过对不同区域观察和操作时得到的舒适度值，可分别计算出不同区域可视性和可操作性的权重系数，如表 5 – 15 所示。

表 5 – 15　各区域可视性和可操作性的权重值

参数	单项权值										
	W_1	W_2	W_3	W_4	W_5	W_6	W_7	W_8	W_9	W_{10}	W_{11}
可视性	0. 0293	0. 0391	0. 0558	0. 1335	0. 1242	0. 1335	0. 1207	0. 1192	0. 1207	0. 0907	0. 0335
可操作性	0. 0286	0. 0348	0. 0528	0. 1188	0. 1168	0. 1188	0. 0868	0. 0648	0. 0868	0. 1623	0. 1288

2. 各面板信息元的 where 属性分析

在得到各面板的重要度数值的基础上，对面板进行可视性和可操作性权重划分，即每块面板带有两个属性：可视性权重值和可操作性权重值。可视性权重是指相对于面板的方便操作而言，面板需要放在视域较好的位置所占的比重。可操作性权重是指相对于面板的视线要求而言，面板需要放在操作比较方便的位置所占的比重。可视性和可操作性权重系数相加等于1。根据各个面板的具体功能、重要度、在任务中的使用频率得到可视性和可操作性权重系数，主要分为下面5种情况（表5－16）。

表5－16　可视性和可操作性权重系数制定参考

面板编号	面板使用情况
1	显示装置：视觉信息来源，主要功能是用来获取任务信息
2	操作装置：操作相对简单，操作装置位置可根据飞行经验，本体感觉去获取
3	操作装置：不需要频繁使用，但相对比较重要， 需放在视线较好的位置，以防在紧急情况下使用
4	操作装置：需要频繁使用，操作逻辑相对比较复杂，需要一定的视线保证
5	操作装置：需要频繁使用，操作逻辑不是特别复杂

得到各面板可视性和可操作性权重系数后，乘以面板的重要度得到各面板的可视性和可操作性数值。$W_{a_i}=W_{d_i}\cdot a_i$，$W_{b_i}=W_{D_i}\cdot b_i$，其中 a_i 代表 D_i 面板的相对可视权重系数，b_i 代表 D_i 面板相对可操性权重系数，$a_i+b_i=1$。其中 W_{a_i} 代表 i 面板的可操作性权重值，W_{b_i} 代表 i 面板的可视性权重值，表5－17所列为各面板的可视性和可操作性权重值。

表5－17　各面板可视性和可操作性权重值

面板编号	a	b_i	W_{d_i}	W_{a_i}	W_{b_i}	面板编号	a	b_i	W_{d_i}	W_{a_i}	W_{b_i}
D_1	0	0.6	0.0064	0.00256	0.0038	D_{36}	0	0.6	0.0064	0.0006	0.0058
D_2	0	0.5	—	—	—	D_{37}	0	0.1	—	—	—
D_3	0	0.5	—	—	—	D_{38}	0	0.1	—	—	—
D_4	0	0.5	—	—	—	D_{39}	0	0.1	—	—	—
D_5	0	0.4	—	—	—	D_{40}	0	0.1	—	—	—
D_6	0	0.6	—	—	—	D_{41}	0	0.6	—	—	—
D_7	0	0.3	—	—	—	D_{42}	0	0.1	—	—	—
D_8	0	0.6	—	—	—	D_{43}	0	0.1	—	—	—
D_9	0	0.8	—	—	—	D_{44}	0	0.2	0.3451	0.2761	0.069
D_{10}	0	0.8	—	—	—	D_{45}	—	—	—	—	—
D_{11}	0	0.5	—	—	—	D_{46}	0	0.8	0.3333	0.06665	0.2667
D_{12}	0	0.5	0.0064	0.0032	0.0032	D_{47}	0	0.1	—	—	—
D_{13}	0	0.7	0.1744	0.0523	0.1221	D_{48}	0	0.1	—	—	—
D_{14}	0	0.4	0.0256	0.0154	0.0102	D_{49}	0	0.1	—	—	—
D_{15}	0	0.6	0.0556	0.0223	0.0333	D_{50}	0	0.1	—	—	—
D_{16}	0	0.7	—	—	—	D_{51}	0	0.5	0.5741	0.2871	0.2871

续表

面板编号	a	b_i	W_{d_i}	W_{a_i}	W_{b_i}	面板编号	a	b_i	W_{d_i}	W_{a_i}	W_{b_i}
D_{17}	0	0.6	0.7512	0.3005	0.4507	D_{52}	0	0.5	0.5741	0.2871	0.2871
D_{18}	0	0.6	0.0754	0.0302	0.0452	D_{53}	0	0.6	0.2537	0.1015	0.1522
D_{19}	0	0.6	0.0808	0.032	0.0488	D_{54}	0	0.5	0.1063	0.0531	0.0531
D_{20}	0	0.7	—	—	—	D_{55}	0	0.7	1.1878	0.2367	0.9502
D_{21}	0	0.5	0.1000	0.0500	0.0500	D_{56}	0	0.7	0.2276	0.0228	0.2048
D_{22}	0	0.5	0.1000	0.0500	0.0500	D_{57}	0	0.7	0.3516	0.1055	0.2461
D_{23}	0	0.5	0.1063	0.0531	0.0531	D_{58}	0	0.7	0.8884	0.2665	0.6219
D_{24}	0	0.5	—	—	—	D_{59}	0	0.6	—	—	—
D_{25}	0	0.5	—	—	—	D_{60}	0	0.8	0.0808	0.0161	0.0647
D_{26}	0	0.7	—	—	—	D_{61}	0	0.6	0.0318	0.0127	0.0191
D_{27}	0	0.5	—	—	—	D_{62}	0	0.5	—	—	—
D_{28}	—	—	—	—	—	D_{63}	0	0.1	—	—	—
D_{29}	—	—	—	—	—	D_{64}	0	0.5	—	—	—
D_{30}	—	—	—	—	—	D_{65}	0	0.5	—	—	—
D_{31}	—	—	—	—	—	D_{66}	0	0.6	0.0064	0.0026	0.0038
D_{32}	0	0.8	0.6019	0.1005	0.4018	D_{67}	0	0.8	—	—	—
D_{33}	0	0.8	0.6019	0.1005	0.4018	D_{68}	0	0.6	0.6008	0.2403	0.3605
D_{34}	0	0.4	2.5826	1.5495	1.0331	D_{69}	0	0.5	—	—	—
D_{35}	0	0.9	0.0064	0.0006	0.0058	D_{70}	0	0.9	—	—	—
D_{71}	0	0.6	—	—	—	D_{72}	0	0.5	—	—	—

5.7.5　基于双通路协同的界面优化策略

1. 优化目标

目标函数是整个A320驾驶舱布局优化设计过程中的重要部分，合理的目标函数直接影响到布局设计的结果。从组合优化角度来看，A320驾驶舱布局优化设计即为寻求待布置面板信息元之间的最优组合，由于各个面板重要度的不同，其可视性和可操作性数值也不同。重要的、使用频率高的显示装置应放在人认读最好的位置，即驾驶舱区域内视野中心最好的位置；重要的、使用频率高的操作装置应放在人最容易操作的位置，即驾驶舱区域内可达性最好的位置。面板在驾驶舱内布局位置的不同导致目标函数值也不同，产生多个布局方案，因此在满足各种约束条件下寻求相对最优解。在上述章节中，对驾驶舱11个分区域以及各待布置面板的可视性和可操作性进行了计算，当待布置面板布置在不同驾驶舱区域时，各面板信息元可视性值和可操作性值与区域可视性值和可操性值,分别乘积并相加后的相对最大化即为驾驶舱布局优化目标函数。布局优化后得到的目标是:①使用频率最高最重要的显示装置应该布局在可视性最好的位置;②使用频率最高最重要的操作装置布局在最可达的位置。

$$\max F(X) = \max[w_1F_1(X) + w_2F_2(X)]$$
$$= \max \sum_{i=1}^{71} (w_1 \times d_{ia} \times X_{kmf} + w_2 \times d_{ib} \times X_{kni})$$

$$\begin{cases} X = \{x_1, x_2, x_3, \cdots, x_{11}\} \\ X_k = \{x \mid x \in \mathrm{N}^+, 1 \leqslant x \leqslant 11\} \quad (1 \leqslant k \leqslant 11) \\ D_i = \{i \mid i \in \mathrm{N}^+, 1 \leqslant i \leqslant 72\} \end{cases} \tag{5-2}$$

式中,$F(X)$为每一块布置面板的可视性值和可操作性值与放在对应驾驶舱区域可视性值和可操作性值,分别乘积并相加后的最大化;D_i为第 i 块面板;D_{ia}为第 i 块面板的可视性权重值;D_{ib}为第 i 块面板的可操作性权重值;X_{km}为 k 区域的可视性权重值;X_{kn}为 k 区域的可操作性权重值;X_{kmi}为第 i 块面板分在了 k 区域,k 区域的可视性权重值;X_{kni}为第 i 块面板分在了 k 区域,k 区域的可操作性权重值;w_1、w_2为加权系数,在这里取$w_1 = 0.5$,$w_2 = 0.5$。

2. 约束条件

通过实际勘测和飞行员访谈确定当前驾驶舱内各个面板和区域的空间位置,结合元素的观测和操作需求,进行设计微调(表 5-18 ~ 表 5-20)。运用 Jack 软件进行数字人体建模,使用50% 百分位飞行员尺寸,用3D 建模软件构建 A320 驾驶舱模型,以舒适度作为定性判断的依据,将驾驶舱分为 11 个区域,得到各区域的可视性和可操作性权重值,并计算出各面板的面积和尺寸,得到了 A320 驾驶舱布局优化所需要的所有数据。飞行员在整个飞行任务中需要一直观察 PFD 显示器、ND 显示器、ECAM 显示的变化,因此仍考虑将其放到视域最好的地方,其他元素依据其自身重要性和元素关联进行整体规划。考虑到元素布局的柔性,所有放置在同一个区域的面板面积相加,设定阈值为小于该区域可用面积的 85% 。

表 5-18 驾驶舱内各面板的信息整理

面板编号	面板名称	L/cm	W/cm	S/cm^2	面板编号	面板名称	L/cm	W/cm	S/cm^2
D_1	ADIRS 面板	13.6	13.6	185	D_{36}	PFD、ND 按钮 2	13.2	8.2	108
D_2	飞机操纵面板 1	9.6	4.5	43	D_{37}	PFD 指示器 1	16	16	256
D_3	飞机操纵面板 2	9.6	4.5	43	D_{38}	PFD 指示器 2	16	16	256
D_4	应急电气面板	13.6	5	68	D_{39}	ND 指示器 1	16	16	256
D_5	GPWS 面板	13.6	4	55	D_{40}	ND 指示器 2	16	16	256
D_6	语音记录器面板	9.6	3.5	34	D_{41}	TREE ON ND 按钮 1	3	3.8	11

续表

面板编号	面板名称	L/cm	W/cm	S/cm^2	面板编号	面板名称	L/cm	W/cm	S/cm^2
D_{7}	氧气面板	9.6	4.7	45	D_{42}	发动机指示与警示	16	16	256
D_{8}	通信面板	13.6	3.8	52	D_{43}	系统显示屏幕	16	16	256
D_{9}	排雨面板1	13.6	4.8	65	D_{44}	起落架指示器	11.6	7.4	86
D_{10}	排雨面板2	13.6	4.8	65	D_{45}	计时器	8.5	8.5	72
D_{11}	液压控制面板	29.5	6	177	D_{46}	起落架手柄	5	9.7	48
D_{12}	发动机火警面板	29.5	6.8	200	D_{47}	刹车压力指示器	5.8	5.8	34
D_{13}	APU 面板	4.1	7.9	32	D_{48}	备用飞行仪表	7.8	7.6	59
D_{14}	电气面板	29.5	9.5	280	D_{49}	DCDU1	11.9	7.3	87
D_{15}	空调面板	29.5	10.8	319	D_{50}	DCDU2	11.9	7.3	87
D_{16}	防结冰开关	16.8	4.2	71	D_{51}	MCDU 面板1	14	21.8	305
D_{17}	外部灯光面板	12.7	7.9	100	D_{52}	MCDU 面板2	14	21.8	305
D_{18}	内部灯光	12.7	7.9	100	D_{53}	ECAM 面板	20.7	6.3	130
D_{19}	燃油面板	29.5	6.7	198	D_{54}	RMP 面板2	14	8	112
D_{20}	增压面板	12.7	4.2	53	D_{55}	推力手柄	20.7	22	455
D_{21}	语音面板1	13.6	8	109	D_{56}	发动机面板	10.6	7.5	80
D_{22}	语音面板2	13.6	8	109	D_{57}	减速板手柄	5.3	10.7	57
D_{23}	RMP 面板1	13.6	8.1	110	D_{58}	襟翼手柄	6.3	9.8	62
D_{24}	紧急撤离面板	9.6	3.7	35	D_{59}	方向舵手柄	8.5	5.7	48
D_{25}	货舱火警和加热	13.6	11.5	156	D_{60}	停留刹车手柄	8.5	5.8	49
D_{26}	通风面板	13.6	3.5	48	D_{61}	TCAS 面板	14	6.2	87
D_{27}	发动机控制面板	13.6	4.5	61	D_{62}	RMP 面板3	14	8	112
D_{28}	主警告主注意灯1	2.7	5.5	15	D_{63}	无线电磁指示器	7.8	9.7	76
D_{29}	主警告主注意灯2	2.7	5.5	15	D_{64}	驾驶舱仪表灯1	10.7	4.4	47
D_{30}	计时器按钮1	2.7	5.5	15	D_{65}	驾驶舱仪表灯2	14	4.4	62
D_{31}	计时器按钮2	2.7	5.5	15	D_{66}	气象雷达面板	14	6.2	87
D_{32}	EFIS 面板1	14.6	8.5	124	D_{67}	转换面板	20.7	6.3	130
D_{33}	EFIS 面板2	14.6	8.5	124	D_{68}	客舱指示灯	12.7	7.9	100
D_{34}	FCU 面板	24	8.5	204	D_{69}	语音面板3	14	8	112
D_{35}	PFD、ND 按钮1	13.2	8.2	108	D_{70}	重力放轮手柄	8.5	5.9	50
D_{71}	TREE ON ND 按钮2	3	3.8	11	D_{72}	驾驶舱门	9	4	36

表 5－19 驾驶舱面板的尺寸

区域序号	L/cm	W/cm	S/cm^2	区域序号	L/cm	W/cm	S/cm^2
1	58.7	19.6	1151	7	48.7	19	926
2	58.7	23.6	1386	8	51	35	1785
3	58.7	17.3	1016	9	48.7	19	926
4	31.5	7.6	160	10	49.5	52.5	2599
5	53.8	8.7	458	11	38.4	29.6	1137
6	31.5	7.6	160	—	—	—	—

表 5－20 驾驶舱原布局各面板所在区域

驾驶舱区域编号	布置在对应区域的面板
1	D_1、D_{11}、D_{12}、D_{62}、D_{69}、D_8
2	D_2、D_3、D_6、D_7、D_{14}、D_{15}、D_{19}、D_{24}、D_{25}
3	D_9、D_{10}、D_{13}、D_{16}、D_{17}、D_{18}、D_{19}、D_{20}、D_{26}、D_{27}、D_{68}
4	D_5、D_{28}、D_{30}
5	D_{32}、D_{33}、D_{34}
6	D_{29}、D_{31}
7	D_{35}、D_{37}、D_{39}
8	D_{41}、D_{42}、D_{43}、D_{44}、D_{45}、D_{46}、D_{47}、D_{48}、D_{49}、D_{50}、D_{63}、D_{71}、D_4
9	D_{36}、D_{38}、D_{40}
10	D_{21}、D_{22}、D_{23}、D_{51}、D_{52}、D_{53}、D_{54}、D_{55}、D_{56}、D_{61}、D_{64}、D_{65}、D_{66}、D_{67}
11	D_{57}、D_{58}、D_{59}、D_{60}、D_{70}、D_{72}

3. 优化结果

运用遗传算法、粒子群算法、遗传变异粒子群算法的仿真过程适应度变化曲线如图 5－42 所示。

从 3 种算法的仿真结果和收敛图变化曲线可以看出算法适应度函数最优值，迭代收敛次数。将适应度最优值、迭代收敛次数和运行时间进行对比，如表 5－21所列。

表 5－21 3 种算法在适应度值、迭代收敛次数、运行时间的比较

算法种类	适应度最优值	迭代收敛次数	运行时间/s
遗传算法	0.6040	118	12.56
粒子群算法	0.5943	82	9.34
遗传变异粒子群算法	0.6302	57	14.67

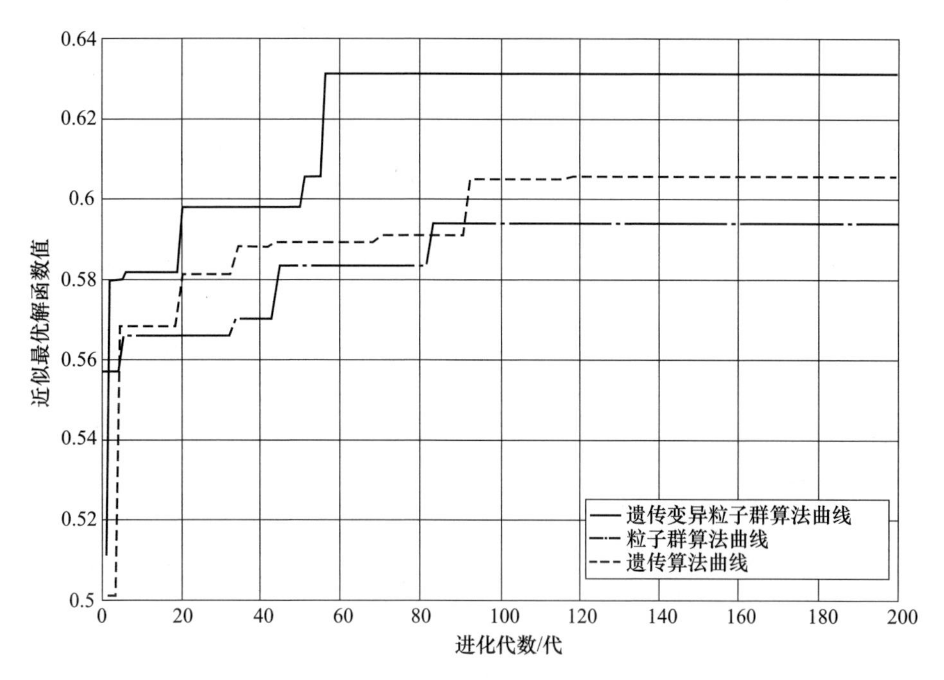

图 5 －42　3 种算法最优解曲线变化过程对比

因此,遗传变异粒子群的最优适应度函数值最高,数值为 0. 6302,粒子群的最优适应度函数值最低,为 0. 5943,遗传算法的最优适应度函数值为 0. 6040。经计算得知,原布局目标函数值为 0. 5485,从结果可知,遗传算法、粒子群算法、遗传变异粒子群算法分别使目标函数增加 10. 1% 、8. 3% 、14. 9% 。其中遗传变异粒子群算法使目标函数增加最多,说明遗传变异算法对驾驶舱布局的优化性能较好。

从遗传算法、粒子群算法、遗传变异粒子群算法达到收敛时迭代的次数知,遗传算法在迭代 118 次时趋于收敛,粒子群算法在迭代 82 次时达到收敛,遗传变异粒子群算法在迭代 57 次左右就收敛于最优值,收敛后曲线平稳,说明遗传变异算法收敛速度快而且全局搜索能力较强。从运算时间看,同样迭代 200 次,遗传算法需要 12. 56s,粒子群算法需要 9. 34s,遗传变异粒子群算法需要 14. 67s。由此可得,虽然遗传变异粒子群算法在寻找最优解、收敛速度方面性能较好,但是运算时间随着运算复杂度的增加也增加了。

综上分析,遗传变异粒子群对于驾驶舱布局优化的性能较好,得到的适应度函数值最大,收敛速度最快。因此选取遗传变异粒子群优化的结果作为驾驶舱布局优化方案(表 5 －22)。该优化方案能够有效实现整体任务域内的布局合理性,完美匹配人因设计的层次性,即关键元素优先布局、关联元素整体规划以及冷门元素的合理筛除和定位。

表 5-22 驾驶舱优化后各面板所在驾驶舱区域

驾驶舱区域编号	布置在对应区域的面板
1	D_2 D_3 D_{24} D_{25} D_{63}
2	D_1 D_5 D_6 D_{12} D_{14} D_{19} D_{62} D_{69}
3	D_7 D_8 D_9 D_{10} D_{13} D_{15} D_{17} D_{18} D_{19} D_{26} D_{68}
4	D_{41} D_{47} D_{65}
5	D_{32} D_{33} D_{34}
6	D_{31} D_{48} D_{71}
7	D_{28} D_{29} D_{35} D_{37} D_{39}
8	D_4 D_{16} D_{20} D_{27} D_{42} D_{43} D_{45} D_{49} D_{50} D_{64} D_{67}
9	D_{36} D_{38} D_{40}
10	D_{21} D_{22} D_{23} D_{44} D_{46} D_{51} D_{52} D_{53} D_{54} D_{55} D_{56} D_{57} D_{58}
11	D_{11} D_{30} D_{31} D_{59} D_{60} D_{61} D_{66} D_{70} D_{72}

在布局方案的基础上进一步细化面板布局，根据操纵流程路线，量化面板元素之间的流程关联，比如 ECAM 面板用来切换显示在系统显示屏幕上的系统页面，对 ECAM 进行操作后，信息会显示在系统显示器上，飞行员需要去观察，因此这两块面板的邻接强度较高。此外，功能的相似度越高的面板，其相关性越强，比如外部灯光、内部灯光和客舱仪表灯，其功能都是用来控制飞机灯光，为了方便操作，减少飞行员记忆成本。

综合考虑面板直接功能相关性和邻接强度，对面板直接进行关联强度定义，分为[A,E,I,O,U]等级，从 A 到 U 关联强度依次减少，关联度越强，等级越高。表 5-23 所列为关联强度值等级与功能相关性和邻接强度之间的关系。

表 5-23 邻接强度值

关联强度值	含义
A	功能相关性或者操作顺序邻接强度非常高
E	功能相关性或者操作顺序邻接强度较高
I	功能相关性或者操作顺序邻接强度一般
O	功能相关性或者操作顺序邻接强度较低
U	无功能相关性或者无操作顺序邻接强度

现对 72 块面板之间的关联强度值进行定义，如 D_1 为 ADIRS 面板，D_{15}为空调面板，在任务操作过程中，对空调面板和 ADIRS 面板的操作顺序相邻，操作顺序邻接强度非常高，因此关联强度值定为 A。语音面板和通信面板都是作为通信、联系的重要组件，严防通信失联，因此其功能相关性非常高，关联强度值定为 A，“—”代表该面板与任何面板均无关联强度（表 5-24）。

表5-24　72块面板之间关联强度值

面板编号	与其他面板之间的关系,括号内为邻接强度值
D_1	D_{15}(A)
D_2	D_3(E)
D_3	D_2(E)
D_4	D_2(O)
D_5	—
D_6	D_8(O)
D_7	—
D_8	D_6(O)
D_9	—
D_{10}	—
D_{11}	—
D_{12}	D_{25}(E)
D_{13}	D_{14}(A)、D_{15}(E)
D_{14}	D_{13}(A)、D_{15}(E)
D_{15}	D_{13}(E)、D_{14}(E)
D_{16}	—
D_{17}	D_{18}(E)、D_{68}(A)、D_{19}(I)、D_{64}(0.25)、D_{65}(O)
D_{18}	D_{17}(E)、D_{68}(E)
D_{19}	D_{17}(I)
D_{20}	—
D_{21}	D_{23}(A)
D_{22}	D_{54}(A)、D_{61}(I)
D_{23}	D_{21}(A)
D_{24}	—
D_{25}	D_{12}(E)
D_{26}	—
D_{27}	D_{56}(O)
D_{28}	D_{42}(I)
D_{29}	D_{42}(I)
D_{30}	—
D_{31}	—
D_{32}	D_{34}(E)、D_{39}(E)
D_{33}	D_{34}(E)、D_{40}(E)

续表

面板编号	与其他面板之间的关系,括号内为邻接强度值
D_{34}	D_{32}(E)、D_{33}(E)、D_{37}(I)、D_{38}(I)、D_{39}(I)、D_{40}(I)、D_{51}(O)、D_{52}(O)
D_{35}	D_{37}(E)、D_{39}(E)
D_{36}	D_{38}(E)、D_{40}(E)
D_{37}	D_{34}(I)、D_{35}(E)、D_{39}(A)、D_{42}(I)、D_{43}(I)、D_{55}(A)、D_{67}(E)
D_{38}	D_{34}(I)、D_{36}(E)、D_{40}(A)、D_{42}(I)、D_{43}(I)、D_{55}(A)、D_{67}(E)
D_{39}	D_{32}(E)、D_{34}(I)、D_{37}(A)、D_{42}(I)、D_{43}(I)、D_{67}(E)
D_{40}	D_{33}(E)、D_{34}(I)、D_{38}(A)、D_{42}(I)、D_{43}(I)、D_{67}(E)
D_{41}	D_{39}(E)
D_{42}	D_{28}(I)、D_{29}(I)、D_{37}(I)、D_{38}(I)、D_{39}(I)、D_{40}(I)、D_{43}(A)
D_{43}	D_{28}(I)、D_{29}(I)、D_{37}(I)、D_{38}(I)、D_{39}(I)、D_{40}(I)、D_{42}(A)、D_{53}(1)
D_{44}	D_{46}(A)
D_{45}	—
D_{46}	D_{44}(A)
D_{47}	D_{37}(O)、D_{38}(O)、D_{39}(O)、D_{40}(O)
D_{48}	D_{41}(E)
D_{49}	—
D_{50}	—
D_{51}	D_{34}(O)
D_{52}	D_{34}(O)
D_{53}	D_{43}(A)
D_{54}	D_{22}(A)、D_{55}(I)
D_{55}	D_{37}(A)、D_{38}(A)、D_{57}(O)
D_{56}	D_{27}(O)、D_{60}(E)
D_{57}	D_{55}(O)
D_{58}	D_{55}(O)
D_{59}	D_{56}(O)
D_{60}	D_{56}(E)
D_{61}	D_{22}(I)、D_{54}(I)
D_{62}	D_{69}(A)
D_{63}	—
D_{64}	D_{17}(O)
D_{65}	D_{17}(O)
D_{66}	—

续表

面板编号	与其他面板之间的关系,括号内为邻接强度值
D_{67}	D_{37}(E)、D_{38}(E)、D_{39}(E5)、D_{40}(E)
D_{68}	D_{17}(A)、D_{18}(E)
D_{69}	D_{62}(A)
D_{70}	—
D_{71}	D_{40}(E)
D_{72}	—

现根据面板的关联强度值对剩余的面板做相应的区域位置调整,对于已经最终确定在第几个区域的 30 块面板定具体在区域内的位置。将功能相近或者相关的放在同一布置区域,将在任务流程中操作顺序邻接的面板布置在临近或者同一区域,得到最终的驾驶舱布局,最终布局如下:

1)头顶板布局设计

当前,A320 头顶板的布局效果如图 5-43 所示,各面板信息如表 5-25 所示。

表 5-25　头顶面板内各信息元面板信息

面板序号	名称	主要功能	面板序号	名称	主要功能
(1)	ADIRS 面板	用来校准飞机当前位置	(2)	飞机操纵计算机面板 1	控制升降舵、扰流板、副翼等计算机
(3)	紧急撤离面板	启动警戒,出现紧急撤离信号	(4)	应急电气面板	进入电气应急构型后,应急电气面板工作
(5)	地面接地警报系统	当飞机接地不安全时,警告系统会发出警报提醒飞行飞行员采取措施	(6)	语音记录器面板	记录驾驶舱机组最后 30min 或 2h 的对话和通信
(7)	氧气供应系统	控制驾驶舱和客舱氧气系统	(8)	与后舱及机务人员通信面板	机组呼叫地面机务或者乘务员
(9)	排雨面板 1	控制前风挡的防雨剂的喷洒	(10)	语音面板	用作控制和显示,显示不同呼叫,在头顶板上语音面板为备份
(11)	无线通信面板	机组选择无线电及无线电导航的频率	(12)	飞机操纵计算机面板 2	控制升降舵、扰流板、副翼等计算机
(13)	货舱火警面板	检测货舱是否有烟雾,如果有烟雾,释放灭火剂	(14)	通风面板	控制鼓风扇和排气扇开关

续表

面板序号	名称	主要功能	面板序号	名称	主要功能
(15)	发动机控制面板	发动机人工启动	(16)	排雨面板 2	控制前风挡的防雨剂的喷洒
(17)	发动机火警面板	APU 和发动机火警检测,并可以释放相应灭火剂	(18)	液压面板	控制发动机液压泵
(19)	燃油面板	控制机翼、中央油箱燃油泵	(20)	电气面板	给飞机提供电源
(21)	空调面板	调节客舱内温度	(22)	客舱增压面板	调节客舱内压力
(23)	外部灯光面板	调节转向灯、滑行灯、防撞灯等开关	(24)	防结冰开关	控制发动机防冰活门和电加温系统
(25)	辅助电力开关	为电力系统提供电源,为发动机启动和空调提供引气	(26)	客舱指示灯	调节禁止吸烟灯、安全带灯、紧急出口指示灯光
(27)	内部灯光面板	调节驾驶舱内灯光照明			

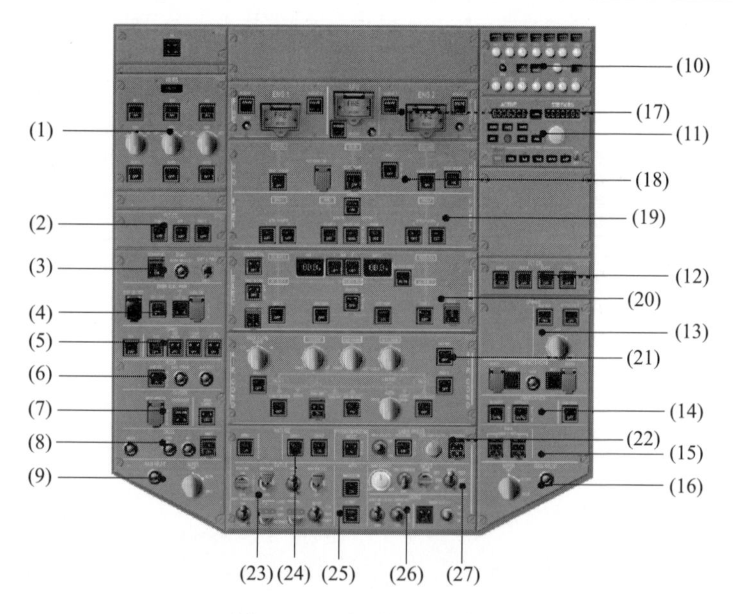

图 5-43 头顶板面板布局

根据在任务流程中面板使用的频率、面板的重要度,遗传变异粒子群算法计算布局后,ADIRS 面板、电气面板、空调面板、发动机火警面板等均被放置在比布局之前可视性和可达性较好的位置,由原来的 1 区域放到了 2 区域,比如发动机火警面板用来 APU 和发动机火警检测,并释放灭火剂,相对于头顶板中其他面板来说比较重要，飞行员需要有较好的视线能够观察到异常情况。GPWS系统是在危险的情况下，对飞行异常情况反馈，以便飞行员做出措施，保证机组和乘客的安全，因此将防撞系统放在头顶板视线较好的区域。驾驶舱仪表灯和外部灯光、内部灯光、驾驶舱指示灯都是用来控制飞机内布或者外部灯光的，根据功能相关性原则，将几块灯光面板放在同一或者临近区域，方便飞行员操作，提高完成任务的效率。语音面板和通信面板各自有3份，其中1份作为备份，正常情况下很少用到，因此保留在原位置，在头顶板1区域，靠头顶板相对最后的位置。语音记录器面板和通话面板都是和飞行员对话有关，因此将两块面板布置在一起(图5－44)。

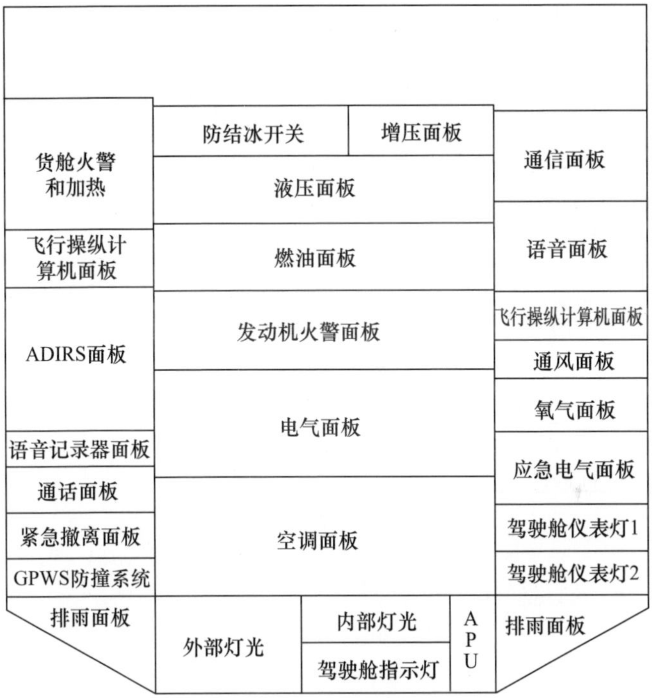

货舱火警和加热
飞行操纵计算机面板
ADIRS面板
语音记录器面板
通话面板
紧急撤离面板
GPWS防撞系统
排雨面板
防结冰开关
增压面板
液压面板
燃油面板
发动机火警面板
电气面板
空调面板
外部灯光
内部灯光
驾驶舱指示灯
APU
通信面板
语音面板
飞行操纵计算机面板
通风面板
氧气面板
应急电气面板
驾驶舱仪表灯1
驾驶舱仪表灯2
排雨面板

图5－44　头顶板布局优化设计示意图

2）遮光板布局设计

A320遮光板的布局效果如图5－45所示，内部各面板信息如表5－26所示。

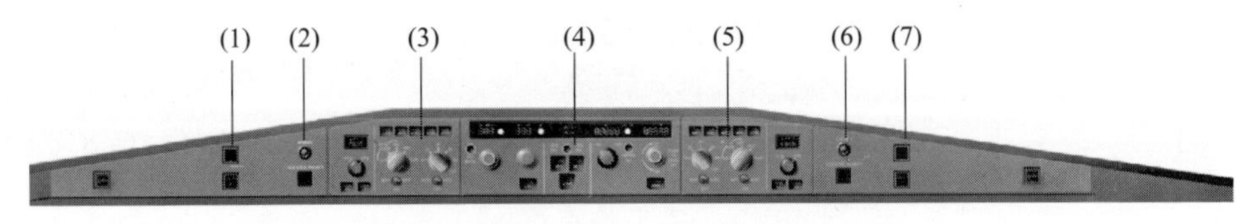

图5－45　遮光板布局(见彩图)

表 5-26　遮光板内各信息元面板信息

面板序号	名称	主要功能	面板序号	名称	主要功能
(1)	主警告主注意灯 1	对飞机驾驶过程中异常情况进行警告,伴随灯光和音响警告	(2)	计时器按钮 1	控制显示在 ND 上的计时器
(3)	EFIS 面板 1	控制调节 PFD、ND 上的显示	(4)	FCU 面板	控制调节飞机的高度、速度、自动驾驶仪或自动推力的选择等
(5)	EFIS 面板 2	控制调节 PFD、ND 上的显示	(6)	计时器 2	控制显示在 ND 上的计时器
(7)	主警告主注意灯 2	对飞机驾驶过程中异常情况进行警告,伴随灯光和音响警告			

进一步细化布局(图 5-46),FCU 面板和 EFIS 面板放在操纵和显示区域比较好的区域,飞行员的正前方区域。在整个飞行过程中,FCU 面板和 EFIS 面板作用十分重要,使用频率较高,FCU 面板是自动飞行过程中人机交互的重要操纵点,主要用来控制调节飞机的高度、速度、自动驾驶仪、自动推力的选择等。EFIS 面板用来控制调节 PFD 和 ND 上的显示、气压标准的调整,对于飞行高度的准确性具有十分重要的作用。因此将其布置在遮光板中间区域,其中 EFIS 面板对称分布。

图 5-46　遮光板布局优化设计示意图

3）中央仪表板布局设计

A320 中央仪表板的布局效果如图 5-47 所示,内部各面板信息如表 5-27 所示。

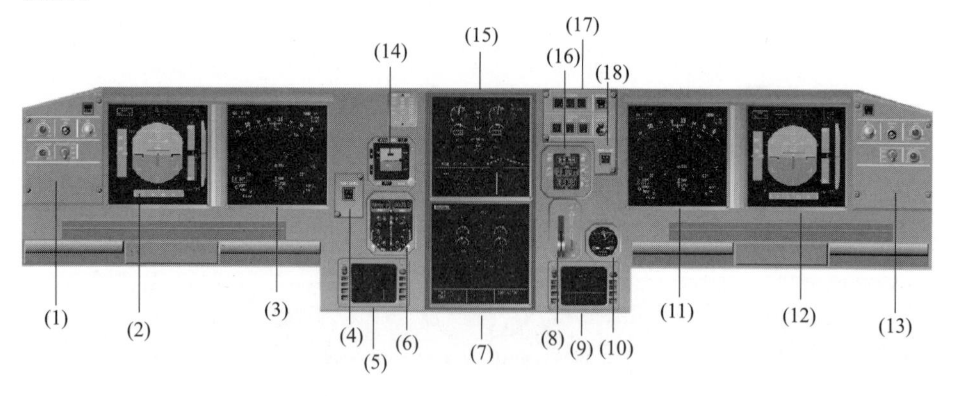

图 5-47　中央仪表板布局(见彩图)

表5-27　中央仪表板内各信息元面板信息

面板序号	名称	主要功能	面板序号	名称	主要功能
(1)	PFD、ND按钮	调节PFD、ND显示的开和关,互换显示	(2)	PFD显示器1	飞行模式通告栏、飞机飞行速度和姿态,气压、高度、航向指示等
(3)	ND显示器1	显示地速、真空速、风速、风向,下一航站的路点和距离等信息	(4)	TREE ON ND按钮1	控制地形显示
(5)	DCDU面板1	用于数据控制和显示	(6)	无线电磁指示器	指示飞机磁航向
(7)	系统显示屏幕	用来显示系统状态信息	(8)	起落架手柄	收放起落架
(9)	DCDU面板2	用于数据控制和显示	(10)	刹车压力指示器	显示左右刹车压力和储压器压力
(11)	ND指示器2	显示地速、真空速、风速、风向,下一航站的路点和距离等信息	(12)	PFD显示器2	飞行模式通告栏、飞机飞行速度和姿态,气压、高度、航向指示等
(13)	PFD、ND按钮2	调节PFD、ND显示的开和关,互换显示	(14)	备用飞行仪表	一个小的显示飞机当前飞行状态的显示器,作为备份使用
(15)	发动机指示与警示	显示发动机参数与警告信息	(16)	计时器	用于时间记录和显示
(17)	起落架指示器	起落架状态指示,控制自动刹车	(18)	TREE ON ND按钮2	控制地形显示

图5-48所示为中央仪表板布局优化设计,布置有PFD、ND按钮,PFD显示器,ND显示器,TREE ON ND,刹车压力指示器,备用飞行仪表,DCDU面板,发动机警告与警示,系统显示屏幕,计时器,无线电磁指示器。PFD显示器、ND显示器位于主驾驶的正前方,与副驾驶前面的面板呈对称分布。人在坐着时自然视线低于水平视线15°,驾驶员的易见范围在15°~45°之间,PFD显示器、ND显示器上集成了任务过程中需要的一些重要的信息,因此PFD显示器、ND显示器在驾驶员最好的视线范围内,将其布置在驾驶员的正前方位置,保留驾驶舱布局原有位置。PFD、ND按钮用来调节PFD、ND显示的开和关,彼此直接相互关联,因此将面板放置在邻接位置。一些其他的小的显示器,比如刹车压力指示器、无线电磁指示器等,全都放在主显示器旁边位置,形成一个显示器观察功能区。

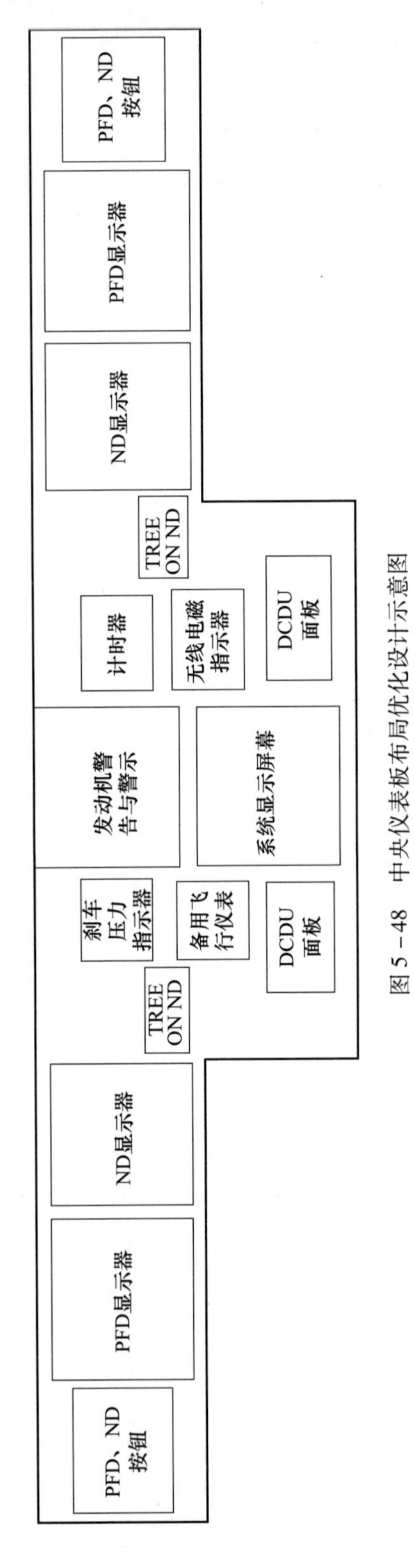

图 5-48　中央仪表板布局优化设计示意图

4）中央操作区布局设计

A320 中央操作区的布局效果如图 5－49 所示，内部各面板信息如表 5－28 所示。

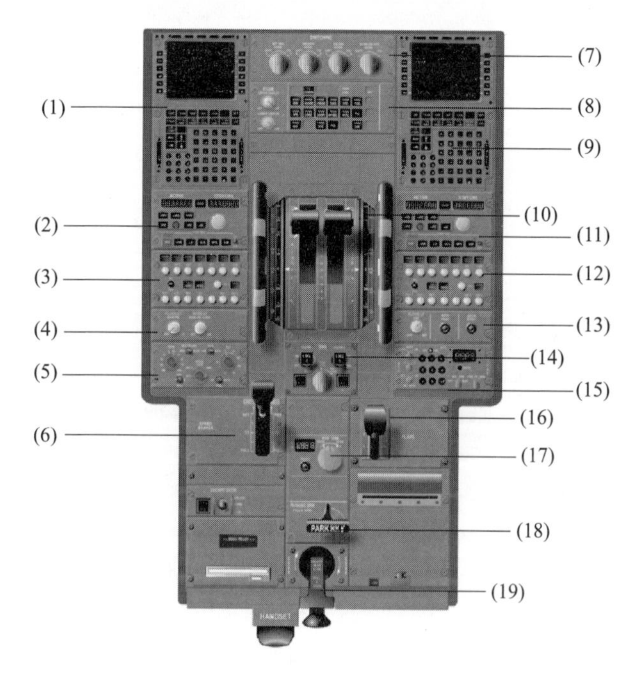

图 5－49　中央操作区布局

表 5－28　中央操作区内各信息元面板信息

面板序号	名称	主要功能	面板序号	名称	主要功能
(1)	MCDU 面板 1	输入飞行计划信息、重要的导航和飞行信息	(2)	无线通信面板 1	机组选择无线电及无线电导航的频率
(3)	语音面板 1	用作控制和显示，显示不同呼叫	(4)	驾驶舱仪表灯 1	面板灯光照明
(5)	气象雷达面板	实时地探测飞机前方航路上的危险气象区域，以选择安全的航路	(6)	襟翼手柄	改变飞机的升力和阻力
(7)	转换面板	将系统/状态信息转至其他显示屏幕上	(8)	ECAM 面板	在系统显示屏上调出相应的系统页面
(9)	MCDU 面板 2	输入飞行计划信息、重要的导航和飞行信息	(10)	推力手柄 & 俯仰配平手轮	油门杆，用于控制飞机推力
(11)	无线通信面板 2	机组选择无线电及无线电导航的频率	(12)	语音面板 2	用作控制和显示，显示不同呼叫

续表

面板序号	名称	主要功能	面板序号	名称	主要功能
(13)	驾驶舱仪表灯 2	面板灯光照明	(14)	发动机面板	控制两台发动机开关
(15)	应答机面板	发送应答机编码,识别其他飞机位置	(16)	减速板手柄	用于飞机减速
(17)	方向舵配平旋钮	改变方向舵的中立位,来适应侧风条件下的飞行	(18)	停机刹车	飞机停下来时进行刹车
(19)	重力放轮手柄	重力放起落架			

图 5－50 所示为中央操作区布局优化设计,布置有 MCDU 面板、RMP 面板、语音面板、襟翼手柄、起落架手柄、起落架指示器、转换面板、ECAM 面板、推力手柄、配平、ATC 面板、气象雷达面板、停机刹车、减速板、重力停放手柄、发动机

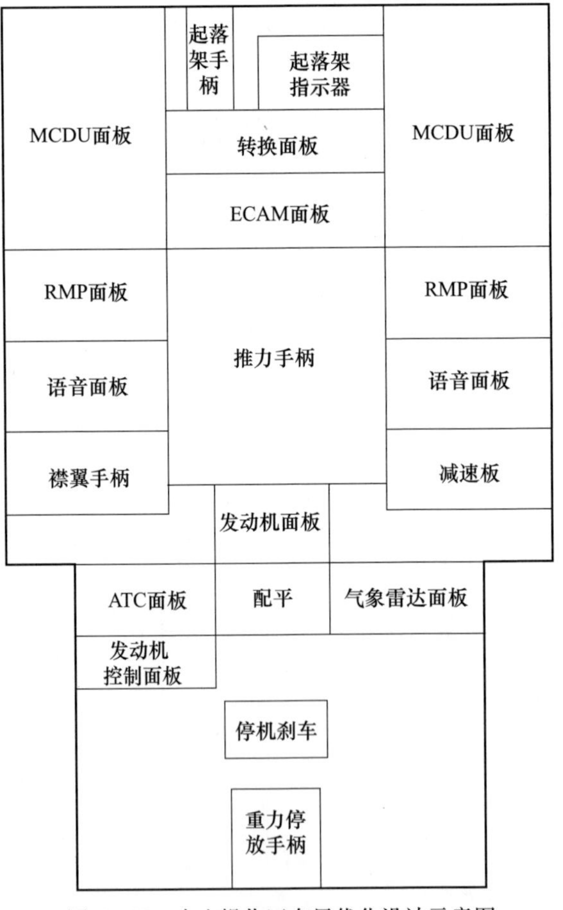

图 5－50　中央操作区布局优化设计示意图

控制面板。中央操作区域为 10 区域和 11 区域所在位置,其中 10 区域为可达性最好的位置,因此经过算法布局计算后,推力手柄、语音面板、通信面板均在 10 区域。语音面板和通信面板都是作为通信、联系的重要组件,因此将其放在可操作性最好的区域,将这两块面板布置在一起,更方便操作。推力手柄放在施力最容易、最省力的位置。起落架手柄由原来的中央显示区放在了中央操作区,起落架主要用于操作起落架装置的收放,因此将其放在操作类装置功能区,便于操作。起落架显示器用于观察起落架的状态,因此将起落架显示器放置在起落架手柄旁边位置。襟翼手柄和减速板在飞机起飞和降落的过程中使用频率比较高,因此将它们放置在可达性最好的 10 区域。

参考文献

[1] Norman D A. Categorization of action slips [J]. Psychology Review,1981,88:1 – 15.

[2] Reason J. Human Error [M]. New York:Cambridge University Press,1990.

[3] Swain A D,Guttman H E,Handbook of Human Reliability Analysis with Emphasis on Nuclear Power Plant Applications[R]. NUREG/CR – 1278,Washington,DC,US Nuclear regulatory commission,1983.

[4] Reason J,Maddox M E. Human error[M]//Human factors guide for aviation maintenance. Washington D C: Department of transportation,1995.

[5] Sträter O. Evaluation of human reliability on the basis of operational experience [D]. Munich:The Munich Technical,2000.

[6] Nielsen J,Mack R L,Usability Inspection Methods [M]. New York:Wiley,1994.

[7] Shryane N M,Westerman S J,Crawshaw C M,et al. Task analysis for the investigation of human error in safety critical software design:a convergent methods approach [J]. Ergonomics,1998,41(11):1719 – 1736.

[8] 李乐山. 人机界面设计 [M]. 北京:科学出版社,2004.

[9] Hassnert M,Allwood C M. Development context and ease of use of three programs for self-registration of unemployed people[J]. Computers in Human Behavior,2002,18 :191 – 221.

[10] Krokos K J,Baker D P. Preface to the special section on classifying and understanding human error [J]. Human Factors,2007,49(2):175 – 176.

[11] Maxion R A,Reeder R W. Improving user-interface dependability through mitigation of Human Error [J]. International Journal of Human-Computer Studies,2005,63(1 – 2):25 – 50.

[12] Rasmussen J. Informaton processing and human machine interaction:An approach to cognitive engineering [M]. Amsterdam:North-Holland,1986.

[13] Norman D A. The psychology of everyday things [M]. New York:Basic Books Inc,1988.

[14] Reason J. Human error:Models and management[J]. British Medical Journal,2000,320:768 – 770.

[15] Embrey D E. SLIM-MAUD:A computer – based technique for human reliability assessment [J]. International Journal of Quality & Reliability Management,1986,3(1):5 – 12.

[16] Hollnagel E. Cognitive reliability and error analysis method[M]. Oxford:Elsevier Science Ltd,1998.

[17] Shappell S,Douglas A. Wiegmann. Applying reason:The human factors analysis and classification system (HFACS) [J]. Human Factors and Aerospace Safety,2001,1(1):59 – 86.

[18] Reason J. A framework for classifying errors [M] // New Technology and Human Error. New York:

Wiley,1987.
[19] Wu Xiaoli,Li Jing,Zhou Feng. An experimental study of features search under visual interference in radar situation - interface[J],Chinese Journal of Mechanical Engineering,2018,31(1):45 -58.
[20] 吴晓莉,周丰. 设计认知——研究方法与可视化表征[M].2 版. 南京:东南大学出版社,2020.
[21] 吴晓莉. 复杂信息任务界面的出错 - 认知机理[M]. 北京:科学出版社,2017.
[22] 吴晓莉,Tom Gedeon,薛澄岐,等. 数字化监控任务界面中信息特征的视觉搜索实验[J]. 东南大学学报(自然科学版),2018,48(9):807 -811.
[23] Cooper A. 软件创新之路——冲破高技术营造的牢笼[M],刘瑞挺,刘强,程岩,等译. 北京:电子工业出版社,2006.
[24] Cooper A. About Face3 交互设计精髓[M],刘松涛,译. 北京:电子工业出版社,2008.
[25] 诺曼. 设计心理学[M]. 梅琼,译. 北京:中信出版社,2003.
[26] 魏书莉,杨雪,傅健. 虚拟实验操作系统中的认知摩擦问题研究[J]. 现代教育技术,2012,19(9):121 -124.
[27] 魏书莉. 桌面虚拟实验中的认知摩擦问题研究[D]. 长春:吉林大学,2010.
[28] Wright J D,Zhai S,Selker T,et al. Visual attention techniques in the graphical user interface [J]. Human Vision and Electronic Imaging,1997,3:1 -8.
[29] Tufte E. The Visual Display of Quantitative Information [M]. 2nd. ed. New York:Graphics Press,2001.
[30] Endsley M R. Measurement of situation awareness in dynamic systems[J]. Human Factors,1995,37(1):32 -64.
[31] Braseth A O,Oritsland T A. Visualizing complex processes on large screen displays:Design principles based on the Information Rich Design concept [J]. Displays,2013,34(3):215 -222.
[32] Bonnardel N,Piolat A,Le Bigot L. The impact of colour on website appeal and users´cognitive processes [J]. Displays,2011,32:69 -80.
[33] 贺传熙. 产品设计及使用过程中认知摩擦的成因要素研究[D]. 无锡:江南大学,2010.
[34] 陈默. 基于认知摩擦的设计信息要素研究[D]. 南京:东南大学,2017.
[35] Chen M,Mata I,Fadel G. Interpreting and tailoring affordance based design user-centered experiments [J]. International Journal of Design Creativity & Innovation,2020,8(1):46 -68.
[36] 王海燕,陈默,仇荣荣,等. 基于 Cog Tool 的数字界面交互行为认知模型仿真研究[J]. 航天医学与医学工程,2015,28(01):34 -38
[37] McGtath C. Cognitive friction and system adoption:inversely related[EB/OL]. (2009 -09 -01)[2020 -07 -03]. https://www. thoughtfarmer. com/blog/cognitive - friction - and - system - adoption - inversely - related/.
[38] Erk,Susanne,Manfred Spitzer,et al. Cultural Objects Modulate Reward Circuitry [J]. Neuroreport,2002,13(18):2499 -2503.
[39] Lin M,H Wang C Y,Cheng S K,et al. An event-related potential study of semantic style-match judgments of artistic furniture [J]. International Journal of Psychophysiology,2011,82(2) :188 -195.
[40] Yeh Y Y,Der S L,Ya H K. Color Combination and Exposure Time on Legibility and EEG Response of Icon Presented on Visual Display Terminal [J]. Displays,2013,34(1):33 -38.
[41] 陈默,王海燕,薛澄岐,等. 基于事件相关电位的产品意象 - 语义匹配评估[J]. 东南大学学报(自然科学版),2014,44(01):58 -62.
[42] Chen M,Xue C,Wang H,et al. Study of the product color′ s image based on the event-related potentials [C]// IEEE International Conference on Systems. IEEE,2014.
[43] Chen M,Fadel G. Xue C,et al. Evaluating the cognitive process of color affordance and attractiveness based

on the ERP [J]. Int. J. Interact. Des. Manuf. ,2017,11(3):471 - 479.

[44] Alter A L, Oppenheimer, D M. Uniting the tribes of fluency to form a metacognitive nation [J]. Personal. Soc. Psychol. Rev. ,2009,13:219 - 235.

[45] Labroo A A, Dhar R, Schwarz N. Of Frog Wines and Frowning Watches: Semantic Priming, Perceptual Fluency, and Brand Evaluation[J]. Journal of Consumer Research,2008,34(6):819 - 831.

[46] Sweller J. Cognitive load during problem solving: Effects on learning[J]. Cognitive Science, 1988, 12: 257 - 285.

[47] 龚德英,张大均. 多媒体学习中认知负荷的优化控制[M]. 北京:科学出版社,2013.

[48] Paas F, Merrienboer J J G V. Instructional control of cognitive load in the training of complex cognitive tasks [J]. Educational Psychology Review,1994,6(4):352 - 370.

[49] Paas F, Renkl A, Sweller J. Cognitive load theory and instructional design: recent developments [J]. Educational Psychologist,2003,38(1):1 - 4.

[50] Seufert T, Janen I, Brunken R. The impact of intrinsic cognitive load on the effectiveness of graphical help for coherence formation[J]. Computers in Human Behavior,2007,23(3),1055 - 1071.

[51] Valcke M. Cognitive load, updating the theory? [J]. Learning and Instruction,2002,12(1):147 - 154.

[52] 李晶,郁舒兰,金冬. 均衡认知负荷的教学设计及知识呈现[J]. 电化教育研究,2018,39(03): 23 - 28.

[53] 李金波,许百华. 人机交互过程中认知负荷的综合测评方法[J]. 心理学报,2009,41(1):35 - 43.

[54] 李晶. 均衡认知负荷的人机界面信息编码和研究[M]. 南京:东南大学出版社,2018.

[55] 李晶. 均衡认知负荷的人机界面信息编码方法[D]. 南京:东南大学,2015.

[56] Theeuwes J. Stimulus-driven capture and attentional set: Selective search for color and visual abrupt onsets [J]. Journal of Experimental Psychology: Human Perception and Performance,1994,20:799 - 806.

[57] Theeuwes J, Kramer A F, Hahn S, et al. Our eyes do not always go where we want them to go: Capture of the eyes by new objects[J]. Psychological Science,1998,9:379 - 385.

[58] Folk C L, Remington R W, Johnston J C. Involuntary covert orienting is contingent on attentional control settings[J]. Journal of Experimental Psychology: Human Perception and Performance,1992,18:1030 - 1044.

[59] Folk C L, Remington R W, Wright J H. The structure of attentional control: Contingent attentional capture by apparent motion, abrupt onset, and color[J]. Journal of Experimental Psychology: Human Perception and Performance,1994,20:317 - 329.

[60] Desimone R, Duncan J. Neural mechanisms of selective visual attention[J]. Annual Review of Neuroscience,1995,18:193 - 222.

[61] Robert Spence. Information Visualization: Design for Interaction [M]. New York: Springer,2007.

[62] Colin Ware. Information Visualization [M]. 2nd ed. Perception for Design Interactive Technologies,2004.

[63] 张学民,舒华,高薇. 视觉选择性注意加工的优先效应与加工模式[J]. 心理科学,2003,2: 358 - 359.

[64] 史铭豪. 用户界面信息编码研究[D]. 南京:东南大学,2012.

[65] Reising D V C, Sanderson P M. Ecological interface design for pasteurizer II: A process description of semantic Mapping[J]. Human Factors,2002,44(2):222.

[66] Rasmussen J, Vicente K. Ecological interface: A technological imperative in hightech systems [J]. International Journal of Human-Computer Interaction,1990,2:93 - 110.

[67] Rasmussen J. Mental models and the control of action in complex environments[M]. North-Holland: Elsevier Science Publishers,1990.

[68] Vicente K J. Ecological interface design: Progress and challenges[J]. Human Factors,2002,44:62 - 78.

[69] 石庆馨,张侃. 生态学界面设计研究综述[J]. 人类工效学,2004,10(3):47-57.

[70] Endsley M R. Situation awareness global assessment technique [C]//Proceedings of the National Aerospace and Electronics Conference. New York,1988:789-795.

[71] Endsley M R. Situation awareness in an advanced strategic mission[C]. Hawthome:Conference of Northrop Corporation,1989.

[72] Dickinson D K,Neuman. Handbook of Early Literacy Research[M]. New York:Guilford,2006.

[73] Greeno J G. Authoritative, accountable positioning and connected, general knowing: Progressive themes in understanding transfer[J]. Journal of the Learning Sciences,2006,15(4):539-550.

[74] Stanton N A,Chambers P R G,Piggott J. Situational awareness and safety[J]. Safety Science,2001(39):189-204.

[75] Endsley M R. Designn and evaluation for situation awareness enhancement[C]//Proceedings of the Human. Santa Monica Factors Society 32nd Annual Meeting,1998.

[76] Strater L D,Faulkner L A,Hyatt J R,et al. Effect of display icon modality on situation awareness [C]. Human Factors and Ergonomics Society 50th Annual Meeting,San Francisco,2006.

[77] Bolstad C A,Cuevas H M,Babbitt F A,et al. Predicting Cognitive Readiness of Military Health Teams [C]. The International Ergonomics Association 16th World Congress,Maastricht,2006.

[78] Ungerleider L G,Mishkin M. Two cortical visual systems[J]. Analysis of Visual Behavior,1982:549-586.

[79] Séverine Lambert,Eliana Sampaio,Christian Scheiber,et al. Neural substrates of animal mental imagery: calcarine sulcus and dorsal pathway involvement — An fMRI study[J]. Brain Research,2002,924(2):176-183.

[80] Paiement P,Champoux F,Bacon B A,et al. Functional reorganization of the human auditory pathways following hemispherectomy:An fMRI demonstration[J]. Neuropsychologia,2008,46(12):2936-2942.

[81] Rocca R,Coventry K R,Tylén K,et al. Language beyond the language system:Dorsal visuospatial pathways support processing of demonstratives and spatial language during naturalistic fast fMRI[J]. Neuro Image,2020,216:116-128.

[82] 周蕾. 基于视觉通路理论的数字界面布局设计方法研究[D]. 南京:东南大学,2015.

[83] 罗晓利. 人因(HF)事故与事故征候分类标准及近十二年中国民航HF事故与事故征候的分类统计报告[J]. 中国安全科学学报,2002,12(5):55-62.

[84] 阚桐. 基于Petri网的飞行驾驶任务流分析与布局优化[D]. 南京:东南大学,2019.

[85] Ponciroli R,Cammi A,Lorenzi S,et al. Petri-net based modelling approach for ALFRED reactor operation and control system design[J]. Progress in Nuclear Energy,2016,87:54-66.

[86] Karmakar S,Pal M S,Majumdar D,et al. Application of digital human modeling and simulation for vision analysis of pilots in a jet aircraft:a case study [J]. Work-A Journal of Prevention Assessment & Rehabilitation. 2012,41:3412-3418.

[87] Park K S,Lim C H. A structured methodology for comparative evaluation of user interface designs using usability criteria and measures[J]. International Journal of Industrial Ergonomics,1999,23(5-6):379-389.

6

人机界面系统人因绩效评价方法

人机界面系统的人因绩效评价方法分类较多,从评价指标数量上分,可针对具体对象采取不同数量的指标进行评价;从评价指标的性质上分,可从定性和定量角度进行评价;从评价方法的主要基点上划分大体可分为 4 类,即基于专家知识的主观评价方法、基于统计数据的客观评价方法、基于系统模型的综合评价方法和基于设备技术的生理评价方法。本章主要从定量分析的角度,运用客观评价方法(GOMS 模型、Fitts 定律、Hick 定律、传统评价方法、眼动评价方法、脑电评价方法)对人机界面系统的人因绩效进行论述。

6.1 GOMS 模型

6.1.1 GOMS 模型概念

Card 等于 1983 年在《人 - 计算机交互心理学》中提出了 GOMS 模型,它是关于用户与系统交互时使用的知识和认知过程的模型,它可以对某一系统或者界面设计进行(时间)定量和定性的分析,已成为人机交互领域较为成熟且广泛应用的量化评估模型。此后人机界面专家又提出了 NGOMSL、KLM、CMN-GOMS 和 CPM-GOMS 4 种的变形模型。作为最基础的 GOMS 模型[1-4]是由 goals(目标)、operations(操作)、methods(方法)和 selection rules(选择规则)这几个英文单词的首字母组成,这 4 个单词表述了用户使用计算机人机交互界面的基本流程,也给出了一种交互量化评估人机交互界面的方法。具体内容是:

(1) G(goals)是指用户必须要达成的任务,也就是用户直接希望达成的目标。为了能够更清楚地达成预定的目标,通常可以将目标分解成更小的子目标,这些子目标按一定的层次安排,子目标的完成是总目标完成的基础。当所有子目标达成时也同时完成整体目标。

(2) O(operations)是指达成目标所必须执行的行动。它可能是认知的、知觉的、运动的或者是它们的组合,正确的操作使当前的状态离目标更进一步。按动作的可见性,可以将操作分为外显操作与心理操作;按操作细分粒度可以分为高层操作与原子操作。

(3) M(methods)是指达成目标的主要方式。如果目标是有层次的安排,就会有相对应操作步骤的方法。

(4) S(selection rules)是就目标导向而言,通常达成目标可以有许多种方式。用户通常以其对状态的了解及所具备的知识判定适合的方式,以有效达成目标。

Jef Raskin 认为通过应用 GOMS 模型可以分析并计算用户使用交互系统完成任务的具体时间,这个时间是完成该任务的各个串行基本操作所需时间的总和。Card 等通过对大量用户使用数字界面执行任务所用时间数据的分析,得出了一组用户使用键盘和图形输入设备(鼠标)执行任务时,各种细分操作花费时间的典型值,具体如表 6-1 所示。因此 GOMS 模型能够对用户的交互执行情况进行量化,比较采用不同交互策略完成任务的时间,通过时间值评价交互界面设计的合理性。例如,在某一对话框里敲击一个字母的动作,用户需要完成的基本动作有指向 P、归位 H、击键 K,完成这一系列动作所需基本时间为 1.1s + 0.4s + 0.2s = 1.7s。

表 6-1 GOMS 基本操作过程

名称和助记	典型值	含义
击键 K(keying)	0.2s	敲击键盘或鼠标上的一个键所需的时间
指向 P(pointing)	1.1s	用户(用鼠标)指向显示屏上某一位置所需的时间
归位 H(homing)	0.4s	用户将手从键盘移动到鼠标或从鼠标移动到键盘所需的时间
心理准备 M(mentally preparing)	1.35s	用户进入下一步所需的心理准备时间
响应 R(responding)	系统	用户等待计算机响应输入的时间

应用 GOMS 分析执行任务交互操作时间时,K、P 和 H 都容易分析,响应 R 由系统性能决定,问题在于用户什么时候会停下来做无意识的心理活动,即心理准备时间 M,对此问题 GOMS 模型提供了以下几条规则:

(1) 候选 M 的初始插入。在所有击键 K 之前插入 M;所有用于选择命令的指向 P 之前插入 M;在用于选择的参数的 P 之前不能插入 M。

(2) 预期 M 的删除。如果 M 前面的操作能够完全预期 M 后面的操作,则删除 M。

(3) 认知单元内 M 的删除。如果一串 MK 属于同一认知单元,则删除第一个以外的所有 M。

(4) 连续终结符之前 M 的删除。如果 K 是一个认知单元后的多余分隔符,则将之前的 M 删除。

(5) 作为命令终结符 M 的删除。如果 K 是分隔符,并且后面紧跟一个常量字符串,则将之前的 M 删除;如果 K 是一个命令参数的分隔符,则保留之前的 M。

对上述 5 个子过程的典型值,可通过 Fitts 定律或 Hick 定律来精确计算出其耗时,以获取更加准确的结果。然而,因为事实上 Fitts 定律或 Hick 定律对于界面任务操作耗时预算的影响是微乎其微的,且预测耗时本身对于误差有较大的包容性,因此利用表 6-1 中的典型值可以大大提高 GOMS 模型的使用效率。

6.1.2　案例说明

如图 6-1 所示,以某款软件的"属性"窗口为例,分析用户完成该界面的操作时间。

1. GOMS 操作时间分析

(1) 鼠标指向单选框,点击选择——MPK。

(2) 鼠标指向文本框,点击改变焦点——MPK。

(3) 把手移向键盘——H。

(4) 输入两位数的时间——MKK。

(5) 把手移向鼠标——H。

(6) 鼠标指向确定按钮,点击完成——MPK。

用户完成一次设定,全部操作时间为 MPK + MPK + H + MKK + H + MPK = 2.65s + 2.65s + 0.4s + 1.75s + 0.4s + 2.65s = 10.5s。

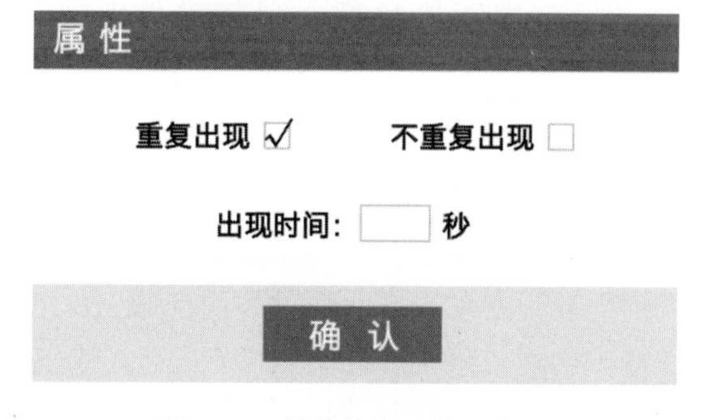

图 6-1　某款软件"属性"窗口

2. 改进效果分析

该界面开发过程虽然简单,但对用户来说,绩效和体验并不明显,有很多可以改进之处,例如:

(1) 改进 1:(2)的改变焦点可以用程序完成,系统可跟踪单选控件状态事件,自动改变焦点。

(2) 改进 2:完成(4)后,没必要再用鼠标点击确定按钮,可直接按回车键,系统可直接调用确定按键的执行代码。

系统改进后的效果和操作时间分析如下:

(1) 鼠标指向单选框,点击选择——MPK。

(2) 把手移向键盘——H。

（3）输入两位数的时间——MKK。

（4）按回车完成——MK。

改进之后，用户完成一次设定，全部操作时间为 MPK + H + MKK + MK = 2.65s + 0.4s + 1.75s + 1.55s = 6.35s。

对比发现，对软件系统的开发做小量的修改，将缩短40%的界面操作时间。以此类推，针对复杂信息系统数字界面，依据GOMS模型来设计界面，将产生非常可观的改进效果。

3. GOMS模型法的局限性

（1）GOMS是基于行为绝对不会出错的前提，它所描述和预测的行为必须是一种日常熟练操作，且完成该操作的方法已确定。

（2）由于这种不容错性，GOMS假设所有用户都是同质的、理性的，他们在执行任务过程中的任一时刻都知道自己下一步要怎么做，因此只适用于分析熟练专家用户，而不能分析新手用户。

（3）GOMS对行为的描述是高度真空、机械的，排除了人在做出行为时的情感、社会/物理环境等因素。

GOMS的局限在于不能描述错误、学习性、可接受度、疲劳度、专注度。预测结果适合解释高度理想化的情形，以及高度理想化的用户。

6.2　Fitts定律和Hick定律

6.2.1　Fitts定律

Fitts定律是人机交互领域里一个非常重要的法则，10年来得到了广泛的应用。Fitts定律最基本的观点就是任何时候，当一个人用鼠标来移动鼠标指针时，屏幕上目标的某些特征会使得点击变得轻松或者困难。目标离得越远，到达就越是费劲。目标越小，就越难点中[5]。这意味着要使目标定位越容易，距离鼠标当前位置就应该越近，目标占用空间也应该越大。Paul M. Fitts用公式表达出了怎样去测量不同速度距离目标尺寸对用户点中目标的影响，对人类操作过程中的运动特征、运动时间、运动范围和运动准确性进行了研究。

Fitts定律指出，使用指点设备到达一个目标的时间，与当前设备位置和目标位置的距离D和目标的大小S有关，如图6-2所示。

（1）设备当前位置和目标位置的距离D。距离越长，所用时间越长。

（2）目标的大小S。目标越大，所用时间越短。

该定律可用以下公式表示：

$$t = a + b\log_2(D/S + 1)$$

式中:a、b 是经验参数,它们依赖于具体的指点设备的物理特性,以及操作人员和环境等因素。

Fitts 定律其实是很容易理解的。显然,指点设备的当前位置和目标位置相距越远,我们就需要越多的时间来移动;而同时,目标的大小又会限制我们移动的速度,因为如果移动得太快,到达目标时就会停不住,所以我们不得不根据目标的大小提前减速,这就会减缓到达目标的速度,延长到达目标的时间。目标越小,就需要越早减速,从而花费的时间就越多。

Smith 等通过大量的眼动行为研究表明,凝视焦点的移动与手的移动一样也遵循 Fitts 定律,以图 6－3 所示某软件界面的右键菜单为例,既可以推算出手操作移动的距离和时间,也可以大致估计出眼睛经过的距离和时间。然而,两者不同之处在于,眼睛焦点移动速度比光标的快得多,加上一般常用界面显示屏幕尺寸又不大,由视线移动距离而带来的时间差可忽略不计,因此,视线移动速度通常可设为一个固定值。

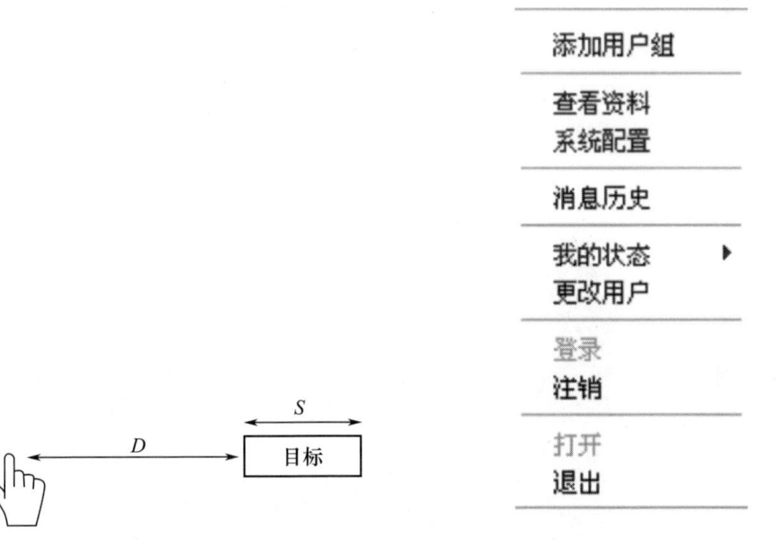

图 6－2　Fitts 定律示意图　　　　图 6－3　某软件界面的右键菜单

6.2.2　Fitts 定律在设计中的应用

界面屏幕的边和角很适合放置像菜单栏和按钮这样的元素,因为边角是巨大的目标,它们无限高或无限宽,用户不可能用鼠标超过它们。即不管你移动了多远,鼠标最终会停在屏幕的边缘,并定位到按钮或菜单的上面。

(1) 案例 1。如图 6－4 所示,移动端的知乎、Twitter 及 Facebook 内的发帖按钮都放置在了屏幕的右下角处,这样的设计正是运用了 Fitts 定律的原则,使得用户在有限屏幕空间内可以快速找到目标按钮,降低了操作难度和时间成本,有效提升了用户体验。

图 6－4　移动端的知乎、Twitter 及 Facebook 内的发帖按钮

（2）案例 2。Windows 桌面的默认导航栏是固定在底部的,而 Mac 导航栏的位置则是在顶部和底部都有,两者的导航栏看似处在屏幕的不同位置,实际上都是固定在屏幕的边缘,用户在设置和操作导航栏时,光标均是停留在屏幕边缘四周,而不会出现在屏幕中央的位置,这也是 Fitts 定律在设计中的经典应用,如图 6－5 所示。

图 6－5　Windows 桌面底部导航栏和 Mac 桌面顶/底部导航栏

6.2.3　Hick 定律

Hick 定律是以英国心理学家 William Edmund Hick 命名的。Hick 定律可定量描述为:一个人面临的选择性刺激数量 n 越多,所需要做出决策反应时间 T

就越长。用数学公式表达为 $T = a + b\ \log_2 n$。其中，a 为与做决定无关的总时间（前期认知和观察时间）；b 为根据对选项认识的处理时间（从经验衍生出的常数，对人来说约是0.155s）；n 为选项的数量，如图6－6所示。

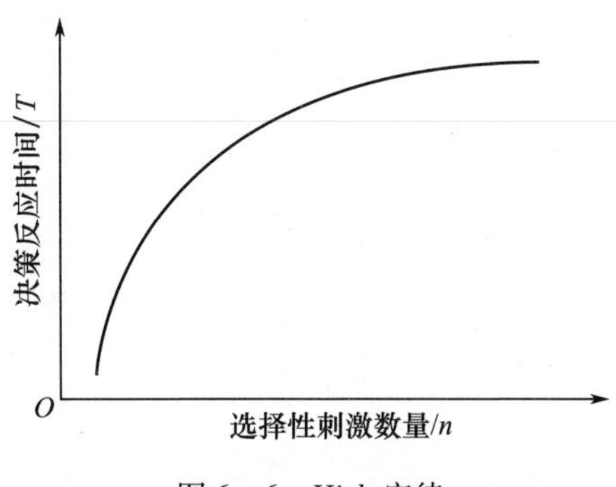

图6－6　Hick定律

Hick定律对设计的启示：在设计流程、服务或产品中，“时间就是关键”，设计师应当把与做决定有关的选项减到最少，以减少所需的反应时间，降低犯错的概率；同时也可以对选项进行同类分组和多层级分布，这样用户使用的效率会更高，时间会更短。

但Hick定律只适合于“刺激—回应”类型的简单决定，当任务的复杂性增加时，Hick定律的适用性就会降低。如果设计包含复杂的互动，单纯用Hick定律得出设计结论，其可靠性有待商榷，而应该根据实际的具体情况，在目标群体中测试和分析设计。

6.2.4　Hick定律在设计中的应用

Hick定律在设计中的应用，主要体现在简化设计上，要给用户尽量少的选择，减轻用户的认知负荷和决策成本。

（1）案例1。用户在使用软件时，经常会遇到很多操作弹窗，如图6－7所示，微软的PPT和Excel软件的关闭弹窗的操作选项只会有三个，三选一的成本，对于用户来讲很简单方便，选择成本也小，决策也较为容易。

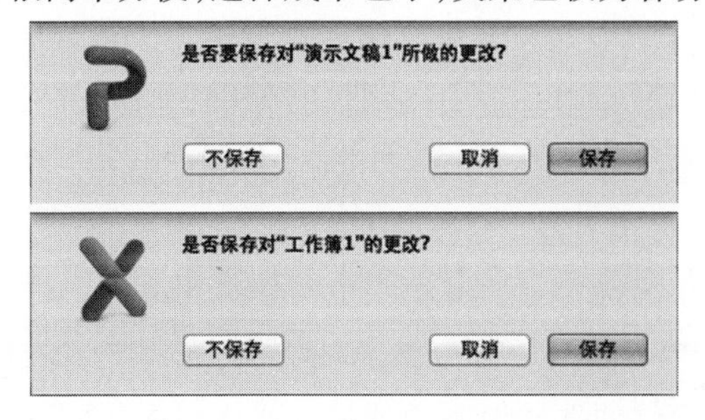

图6－7　微软公司的PPT和Excel软件的关闭弹窗

(2) 案例2。再以社交软件的手机应用端为例，当用户初次下载使用钉钉或者微信 App 时，用户会看到图6-8所示的页面，页面上的操作按钮只有“登录”和“注册”两个按钮，用户的选择最少，可以清晰明了地知道接下来要如何操作和使用。

钉钉登录注册页面　　微信登录注册页面

图6-8　钉钉和微信初次登录界面

6.3　数字界面的传统评价方法

数字界面可用性传统评价方法通常包括专家主观知识评价法和数学评价法，传统评价方法已广泛应用于数字界面的可用性评价，且技术十分成熟。

6.3.1　专家主观知识评价法

专家主观知识评价法包括基于专家意见的评估方法、Likert 量表法，其中基于专家意见的评估方法为主观定性的评价方法，而 Likert 量表法为主观定量的评价方法。

1. 基于专家意见的评估方法

基于专家意见的评估方法是一种检验界面可用性的评估方法，根据 Nielsen 的研究建议，3~5个具有数字界面可用性和设计知识背景的评估员，依据相应的界面评估方法和原则，以及对用户背景的分析和研究，提出一些专业的建议和反馈，检测出系统中出现的可用性问题和潜在问题，并试图找出解决的方案。该方法可以应用于数字界面开发生命周期的每一个阶段，对评估成本和所需评估条件的要求都比较低，既不需要一个工作原型也不需要真实用户，其主要优势在于专家决断比较快、使用资源少，可为界面提供综合评价，指导后续设计。

2. Likert 量表法

Likert 量表法由关于界面可用性的一组问题或陈述组成，用来表明被调查者对数字界面的观点、想法、评估或意向，通常采用 5 级量表形式，即对量表中每一题目均给出表示态度积极程度等级的 5 种备选评语答案（如“非常差”“很差”“一般”“很好”“非常好”等），并用 1 ~ 5 分别为 5 种答案计分。将每一份量表中得分累加后即可得出总分，它反映了被调查者对某事物或主题的综合态度，分数越高说明被调查者对某事物或主题的态度越积极，量表设计通常采用结构问卷形式，以方便定量统计分析。

6.3.2　数学评价方法

常见的数学评价方法包括德尔菲法、层次分析法、灰色关联分析法、灰色系统理论、人工神经网络方法、模糊理论方法、主成分分析法、聚类分析方法、粗糙集属性约简法和集对分析法。不同方法的计算复杂度、优缺点、实际应用范围和解决问题均存在差异，针对数字界面的评估，应采用定性与定量结合的数学评价方法，弥补各方法的缺点，减少主观评价的模糊性和不确定性，以确保高信效度。

1. 数学评价方法的选择

在数学评价方法的选择上，本书综合使用专家知识评估法、层次分析法、灰色关联分析法和集对分析法，来克服单一方法的不足和缺陷。层次分析法主要用于综合考虑专家知识的评价意见，最终量化评价指标的权重关系，用于确定指标权重。由于层次分析法在权重指标的确定上，易受到专家用户的经验、能力、水平和状态等主观因素的影响，辅以灰色关联分析法后，通过构建专家用户的可靠度矩阵来得到可靠性系数，来修正评价指标的权重系数，最后运用集对分析法来确定各界面方案的得分。

2. 实际案例解析

选择某单位使用较为频繁的某款界面作为评估原型，分别运用层次 – 灰度 – 集对分析数学评估方法，对该界面的 3 个设计方案进行可用性评估，如图 6 – 9 ~ 图 6 – 11 所示。

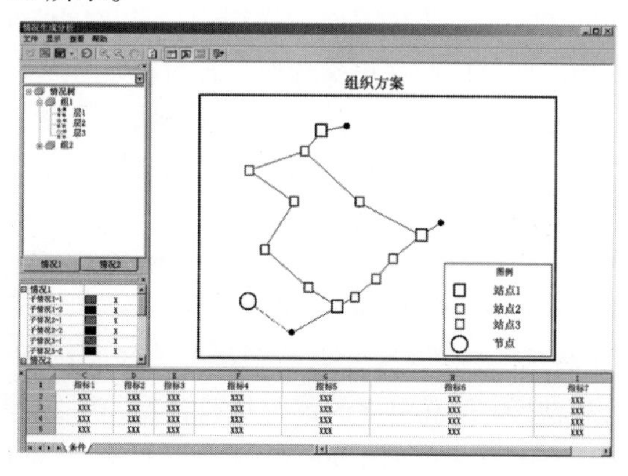

图 6 – 9　某款界面的方案 1

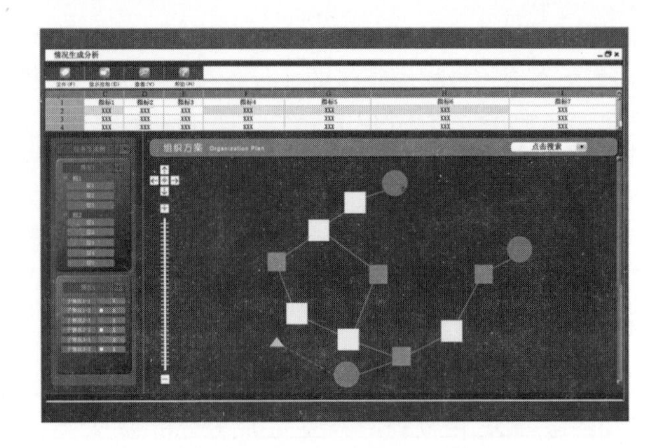

图 6-10　某款界面的方案 2

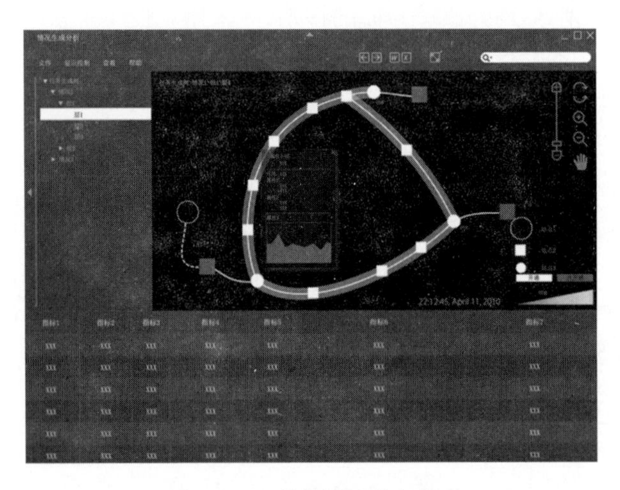

图 6-11　某款界面的方案 3

层次-灰度-集对分析数学评估方法分 4 个步骤：①专家用户打分。专家用户分为 A、B 两组，其中 A 组为该界面的常用用户，B 组为界面的可用性评价专家，选取 Nielson 的 5 项可用性评价指标作为评价标准：可学习性、高效性、可记忆性、出错率和主观满意度[6]。A 组利用 7 阶度量法完成对 5 项指标的评分，B 组对所有案例进行 5 项可用性指标的打分（采取百分制），并计算出 B 组各方案各项指标的平均分，每个专家只能参与一个组别进行打分。②层次分析法。A 组专家用户完成评分后，构建两两对比判断矩阵，运用层次分析法确定各指标的初始权重，并进行可靠性检验。③灰色关联分析法。通过灰色关联分析，来构建可靠性矩阵，并获取可靠度系数和修正指标的权重系数。④集对分析法。运用集对分析法，对 B 组用户的评分进行计算，获取各个方案的最终得分，得分最高的即为最优方案，如图 6-12 所示。实际案例的具体计算步骤如下：

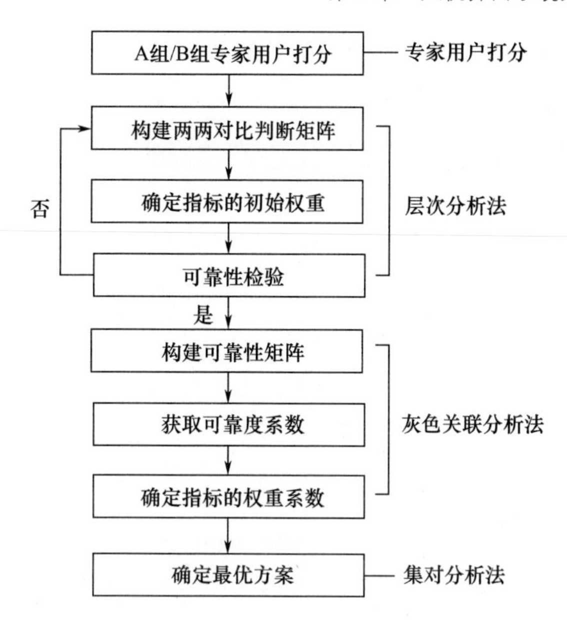

图 6－12　运用数学方法对数字界面最优方案的确定过程

1）专家用户打分

选取 5 名 A 组专家用户，利用 7 阶度量法建立评价矩阵，对 3 个方案的可学习性、高效性、可记忆性、出错率和主观满意度等 5 项评价指标进行两两评价，如表 6－2 所示，构建 5 位专家用户对指标的两两对比分析矩阵：$\boldsymbol{A}_1$、$\boldsymbol{A}_2$、$\boldsymbol{A}_3$、$\boldsymbol{A}_4$ 和 $\boldsymbol{A}_5$。

表 6－2　评价矩阵重要性的等级评分

重要性等级	C_{ij}赋值
i、j 两指标同等重要	1
i 指标比 j 指标稍重要	3
i 指标比 j 指标非常重要	5
i 指标比 j 指标极重要	7
i 指标比 j 指标稍不重要	1/3
i 指标比 j 指标非常不重要	1/5
i 指标比 j 指标极不重要	1/7

$$\boldsymbol{A}_1=\begin{bmatrix}1 & 1/5 & 1 & 1/7 & 3\\5 & 1 & 5 & 1/3 & 5\\1 & 1/5 & 1 & 1/5 & 3\\7 & 3 & 5 & 1 & 7\\1/3 & 1/5 & 1/3 & 1/7 & 1\end{bmatrix}\qquad \boldsymbol{A}_2=\begin{bmatrix}1 & 1/7 & 1/3 & 1/7 & 1\\7 & 1 & 5 & 1 & 7\\3 & 1/5 & 1 & 1/5 & 3\\7 & 1 & 5 & 1 & 7\\1 & 1/7 & 1/3 & 1/7 & 1\end{bmatrix}$$

$$\boldsymbol{A}_3=\begin{bmatrix}1 & 1/5 & 3 & 1/7 & 1/3\\ 5 & 1 & 5 & 1/3 & 3\\ 1/3 & 1/5 & 1 & 1/7 & 1/3\\ 7 & 3 & 7 & 1 & 5\\ 3 & 1/3 & 3 & 1/5 & 1\end{bmatrix}\quad \boldsymbol{A}_4=\begin{bmatrix}1 & 1/5 & 3 & 1/3 & 5\\ 5 & 1 & 5 & 3 & 7\\ 1/3 & 1/5 & 1 & 1/5 & 1\\ 3 & 1/3 & 5 & 1 & 5\\ 1/5 & 1/7 & 1 & 1/5 & 1\end{bmatrix}$$

$$\boldsymbol{A}_5=\begin{bmatrix}1 & 1/3 & 1 & 1/3 & 3\\ 3 & 1 & 5 & 1 & 7\\ 1 & 1/5 & 1 & 1/5 & 3\\ 3 & 1 & 5 & 1 & 7\\ 1/3 & 1/7 & 1/3 & 1/7 & 1\end{bmatrix}$$

选取 10 名 B 组专家用户，从可学习性、高效性、可记忆性、出错率和主观满意度 5 项指标出发，对方案 1、方案 2、方案 3 进行百分制打分，随后得到所有被试的平均分数，如表 6－3 所示。

表 6－3　专家用户对数字界面可用性指标的评分

方案	指标				
	易学习性	高效性	可记忆性	出错率	主观满意度
方案 1	85.22	82.61	81.49	80.35	85.66
方案 2	86.63	84.20	86.52	83.86	89.23
方案 3	82.31	86.37	80.39	88.56	93.75

2）层次分析法确定评价指标的初始权重

对 5 位 A 组专家用户对 5 项评价指标的评分进行定义，矩阵 $\boldsymbol{A}_1$、$\boldsymbol{A}_2$、$\boldsymbol{A}_3$、$\boldsymbol{A}_4$ 和 $\boldsymbol{A}_5$ 构成了矩阵$\boldsymbol{A}_k$（$k=1,2,\cdots,5$），k 代表第 k 位专家用户，在式（6－1）中，a_{ij}^k 是第 k 位评判者给出的同一层次中第 i 个指标与第 j 个指标的相对重要程度的判断值，得到两两对比分析矩阵，其中 $k=1,2,\cdots 5$；$i,j=1,2,\cdots,5$。

$$\boldsymbol{A}_k=(a_{ij}^k)=\begin{bmatrix}a_{11}^k & a_{12}^k & \rightleftharpoons & a_{15}^k\\ a_{21}^k & a_{22}^k & \rightleftharpoons & a_{25}^k\\ \vdots & \vdots & \ddots & \vdots\\ a_{51}^k & a_{52}^k & \rightleftharpoons & a_{55}^k\end{bmatrix} \tag{6-1}$$

矩阵 $\boldsymbol{A}_k$ 存在特征值 λ_k 与非零向量 $\boldsymbol{X}_k$ 使得式（6－2）成立，中 $k=1,2,\cdots,5$，通过求解矩阵 $\boldsymbol{A}_k$ 最大特征根对应的特征向量即可求出指标权重。

$$\boldsymbol{A}_k\boldsymbol{X}_k=\lambda_k\boldsymbol{X}_k \tag{6-2}$$

标准化之后矩阵$\boldsymbol{A}_k$的最大特征根的特征向量 $\boldsymbol{X}_{km}$ 的数值就是第 k 位评判者

赋给各个指标的权重向量,在式(6-3)中,$k=1,2,\cdots,5$。随后进行矩阵$\boldsymbol{A}_k$的可靠度检验,如达不到可靠度的要求,则说明权重向量无效,需重新打分计算直至达到可靠度要求。

$$\boldsymbol{W}'_k=(w'_{k1},w'_{k2},\rightleftharpoons,w'_{k5})^{\mathrm{T}} \tag{6-3}$$

根据式(6-2)和式(6-3),计算得到5位A组专家用户的指标权重向量分别为

$$\boldsymbol{W}_{1'}=(0.086,0.284,0.092,0.493,0.045)^{\mathrm{T}} \tag{6-4}$$

$$\boldsymbol{W}_{2'}=(0.050,0.394,0.112,0.394,0.050)^{\mathrm{T}} \tag{6-5}$$

$$\boldsymbol{W}_{3'}=(0.075,0.255,0.046,0.500,0.124)^{\mathrm{T}} \tag{6-6}$$

$$\boldsymbol{W}_{4'}=(0.149,0.479,0.061,0.260,0.052)^{\mathrm{T}} \tag{6-7}$$

$$\boldsymbol{W}_{5'}=(0.119,0.369,0.099,0.369,0.044)^{\mathrm{T}} \tag{6-8}$$

由5位A组专家用户的指标权重向量可建立可靠度矩阵如下:

$$\boldsymbol{A}=\begin{bmatrix}0.086 & 0.284 & 0.092 & 0.493 & 0.045\\0.050 & 0.394 & 0.112 & 0.394 & 0.050\\0.075 & 0.255 & 0.046 & 0.500 & 0.124\\0.149 & 0.479 & 0.061 & 0.260 & 0.052\\0.119 & 0.369 & 0.099 & 0.369 & 0.044\end{bmatrix} \tag{6-9}$$

运用Friedman检验对专家用户的评价结果进行验证,检验结果显示显著性水平p值小于0.05,说明专家评价结果可靠度较高,直接进行下一步操作。

3）灰色关联分析法确定评价指标的权重系数

通过式(6-10)的均值化方法对评价矩阵$\boldsymbol{A}$进行标准化处理,其中$k=1,2,\cdots,5$;$i=1,2,\cdots,5$。

$$\boldsymbol{A}'_{ki}=a_{ki}\Big/\sum_{k=1}^{m}a_{ki} \tag{6-10}$$

根据式(6-10),建立评价矩阵$\boldsymbol{A}$的标准化可靠度矩阵$\boldsymbol{A}'$。

$$\boldsymbol{A}'=\begin{bmatrix}0.180 & 0.159 & 0.224 & 0.245 & 0.143\\0.104 & 0.221 & 0.273 & 0.195 & 0.158\\0.157 & 0.143 & 0.113 & 0.248 & 0.394\\0.311 & 0.269 & 0.149 & 0.129 & 0.165\\0.248 & 0.208 & 0.241 & 0.183 & 0.140\end{bmatrix} \tag{6-11}$$

由标准化可靠度矩阵$\boldsymbol{A}'$定义关联系数为

$$\boldsymbol{\xi}_{ik}=\begin{cases}\dfrac{\min\limits_{i}\ \min\limits_{k}|\boldsymbol{A}'_{0k}-\boldsymbol{A}'_{ik}|+\rho\max\limits_{i}\ \max\limits_{k}|\boldsymbol{A}'_{0k}-\boldsymbol{A}'_{ik}|}{|\boldsymbol{A}'_{0i}-\boldsymbol{A}'_{ki}|+\rho\max\limits_{i}\ \max\limits_{k}|\boldsymbol{A}'_{0k}-\boldsymbol{A}'_{ik}|},i\neq 0\\1,i=0\end{cases}\quad(6-12)$$

式中：$\boldsymbol{A}'_{0k}=\sum\limits_{i=1}^{5}\boldsymbol{A}'_{ik}$；$\rho$ 为分辨系数，$\rho\in[0,1]$，通常取值为 0.5；$k=1,2,\cdots,5$；$i=1,2,\cdots,5$。

由可靠度矩阵 $\boldsymbol{A}'$ 可得

$$\boldsymbol{A}'_{0k}=\sum_{i=1}^{5}\boldsymbol{A}'_{ik}=\{1,1,1,1,1\}\quad(6-13)$$

$$\boldsymbol{A}'_{1k}=\{0.180,0.159,0.224,0.245,0.143\}\quad(6-14)$$

$$\boldsymbol{A}'_{2k}=\{0.104,0.221,0.273,0.195,0.158\}\quad(6-15)$$

$$\boldsymbol{A}'_{3k}=\{0.157,0.143,0.113,0.248,0.394\}\quad(6-16)$$

$$\boldsymbol{A}'_{4k}=\{0.311,0.269,0.149,0.129,0.165\}\quad(6-17)$$

$$\boldsymbol{A}'_{5k}=\{0.248,0.208,0.241,0.183,0.140\}\quad(6-18)$$

计算关联度系数，经计算得

$$\min_{i}\ \min_{k}|\boldsymbol{A}'_{0k}-\boldsymbol{A}'_{ik}|=0.606\quad(6-19)$$

$$\max_{i}\ \max_{k}|\boldsymbol{A}'_{0k}-\boldsymbol{A}'_{ik}|=0.896\quad(6-20)$$

$$\xi_{ik}=\frac{0.606+\rho 0.896}{|\boldsymbol{A}'_{0i}-\boldsymbol{A}'_{ki}|+\rho 0.896}\quad(6-21)$$

将 $\boldsymbol{A}'_{0k}$、$\boldsymbol{A}'_{ik}$ 和 ρ 的数值代入式(6-21)中，得到

$$\boldsymbol{\xi}_1=\{0.831,0.818,0.861,0.876,0.808\}\quad(6-22)$$

$$\boldsymbol{\xi}_2=\{0.784,0.859,0.897,0.841,0.817\}\quad(6-23)$$

$$\boldsymbol{\xi}_3=\{0.816,0.808,0.790,0.878,1.000\}\quad(6-24)$$

$$\boldsymbol{\xi}_4=\{0.927,0.894,0.811,0.799,0.822\}\quad(6-25)$$

$$\boldsymbol{\xi}_5=\{0.878,0.850,0.873,0.833,0.806\}\quad(6-26)$$

定义关联度为 $\boldsymbol{r}_{0k}=\frac{1}{5}\sum\limits_{k=1}^{5}\boldsymbol{\xi}_i(k)$，其中 $k=1,2,\cdots,5$；$i=1,2,\cdots,5$。计算可得灰色关联度矩阵为 $\boldsymbol{r}_{0k}=[0.839\quad 0.840\quad 0.858\quad 0.851\quad 0.848]^{\mathrm{T}}$。

将可靠度系数定义为 δ，第 k 位专家的可靠度系数的计算公式为

$$\delta_k=\boldsymbol{r}_{0k}\Big/\sum_{k=1}^{5}\boldsymbol{r}_{0k}\quad(6-27)$$

根据式(6-27)计算可得 5 位专家可靠性系数矩阵为

$$\boldsymbol{B}=[0.198\quad 0.198\quad 0.203\quad 0.201\quad 0.200]^{\mathrm{T}} \tag{6-28}$$

最后运用可靠度系数来修正5项评价指标的权重系数，定义可学习性、高效性、可记忆性、出错率和主观满意度等指标修正后的权重矩阵 $\boldsymbol{W}$ 计算公式为

$$\boldsymbol{W}=\boldsymbol{A}*\boldsymbol{B} \tag{6-29}$$

根据式(6-29)计算可得修正后的学习性、高效性、可记忆性、出错率和主观满意度5项指标权重矩阵为

$$\boldsymbol{W}=[0.096\ 0.356\ 0.082\ 0.403\ 0.063]^{\mathrm{T}} \tag{6-30}$$

最终获得该数字界面的学习性、高效性、可记忆性、出错率和主观满意度5项指标权重分别为0.096、0.356、0.082、0.403和0.063。

4）集对分析法确定最优方案

由3个方案及每个方案的5项评价指标的B组专家用户评分构成实际指标阵 $\boldsymbol{M}$，其中

$$\boldsymbol{M}=\begin{bmatrix}85.22 & 82.61 & 81.49 & 80.35 & 85.66\\ 86.63 & 84.20 & 87.52 & 83.86 & 89.23\\ 82.31 & 86.37 & 80.39 & 88.56 & 93.75\end{bmatrix} \tag{6-31}$$

再根据给定界面的5项评价指标分值确定出一个理想指标阵 $\boldsymbol{N}$：

$$\boldsymbol{N}=[n_1\quad n_2\quad n_3\quad n_4\quad n_5] \tag{6-32}$$

定义 $\boldsymbol{N}$ 中的各元素为待评价方案各类指标分值的最大值，并将 $\boldsymbol{N}$ 作为各指标的比较基准，计算得到理想指标阵为

$$\boldsymbol{N}=[86.63\quad 86.37\quad 87.52\quad 88.56\quad 93.75] \tag{6-33}$$

则实际指标阵 $\boldsymbol{M}$ 与理想指标阵 $\boldsymbol{N}$ 组成一个集对 $(\boldsymbol{M},\boldsymbol{N})$。

将实际指标阵 $\boldsymbol{M}$ 中的各元素 m_{ij} 与理想指标阵 $\boldsymbol{N}$ 中的元素 n_j 作同一度计算，其中 $i=1,2,3,j=1,2,\cdots,5$，可得到同一度联系阵 $\boldsymbol{E}$：

$$\boldsymbol{E}=\begin{bmatrix}e_{11} & e_{12} & \cdots & e_{15}\\ e_{21} & e_{22} & \cdots & e_{25}\\ e_{31} & e_{32} & \cdots & e_{35}\end{bmatrix} \tag{6-34}$$

根据集对分析同异反联系度的概念，在集对 $(\boldsymbol{M},\boldsymbol{N})$ 中其同一度为实际指标分值与理想指标分值之比，即

$$e_{ij}=\frac{m_{ij}}{n_j}\quad (i=1,2,3;j=1,2,\cdots,5) \tag{6-35}$$

运用式(6-35)计算同一度联系阵 $\boldsymbol{E}$：

$$\boldsymbol{E}=\begin{bmatrix}0.984 & 0.956 & 0.931 & 0.907 & 0.914\\1.000 & 0.975 & 1.000 & 0.947 & 0.952\\0.950 & 1.000 & 0.919 & 1.000 & 1.000\end{bmatrix} \tag{6-36}$$

计算加权同一度矩阵：

$$\boldsymbol{P}=\boldsymbol{E}\times\boldsymbol{W} \tag{6-37}$$

式(6－37)中$\boldsymbol{P}$元素$\boldsymbol{P}_i=\sum_{j=1}^{5}e_{ij}\boldsymbol{W}_j(i=1,2,3)$是第$i$个待评价方案的指标与理想指标的同一度。最后根据$\boldsymbol{P}_i$值的大小顺序确定出各个界面的优劣次序，$\boldsymbol{P}_i$值大的方案较$\boldsymbol{P}_i$值小的界面为优。

结合前一步骤计算出的$\boldsymbol{W}=[0.096\quad 0.356\quad 0.082\quad 0.403\quad 0.063]^{\mathrm{T}}$，计算出加权同一度矩阵为

$$\boldsymbol{P}=\boldsymbol{E}\times\boldsymbol{W}=\begin{bmatrix}0.984 & 0.956 & 0.931 & 0.907 & 0.914\\1.000 & 0.975 & 1.000 & 0.947 & 0.952\\0.950 & 1.000 & 0.919 & 1.000 & 1.000\end{bmatrix}\times\begin{bmatrix}0.096\\0.356\\0.082\\0.403\\0.063\end{bmatrix}=\begin{bmatrix}0.934\\0.967\\0.989\end{bmatrix} \tag{6-38}$$

由于0.989＞0.967＞0.934，即方案3的综合评价值最大，而方案2要比方案3的竞争力稍差，方案1的竞争力最差，最优选择方案为方案3。

6.4 眼动测评方法

眼动追踪技术是心理学研究的一种重要方法，通过记录用户在观看视觉信息过程中的眼动即时数据，以探测被试视觉加工的信息选择模式等认知特征，眼动追踪评价具有直接性、自然性、科学性和修正性。

通过眼动追踪仪获取用户的眼动扫描和追踪数据，如瞳孔直径、首次注视时间、注视时间、注视次数、回视时间、眨眼持续时间、眼跳幅度、眼跳时长等眼动指标，均可作为界面可用性的评价指标。数字界面眼动评价模型的质量特征包括资源投入性、易理解性、高效性、复杂性和情感。资源投入性的质量子特征主要指界面的认知负荷，在眼动指标中主要用瞳孔直径进行度量。易理解性的质量子特征主要指图形符号表征和布局，在眼动追踪技术中分别用热点图和注视点序列来解释。高效性的质量子特征主要指时间性和正确性，分别用平均注视时间和正确率作为度量标准。复杂性的质量子特征包括信息数量和设计维度，分别运用注视点数目和注视点序列对其度量。情感的质量子特征主要指界面对用户的吸引性，可用兴趣区注视点数对其度量，如图6－13所示。

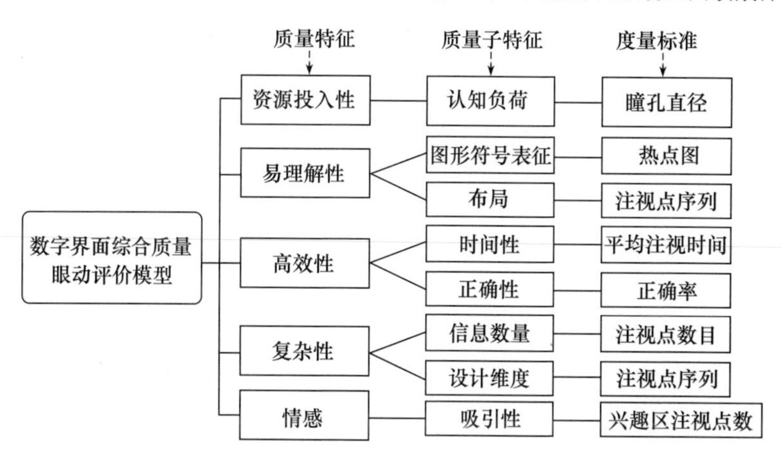

图6－13　数字界面的眼动评价模型

为研究人眼在获取数字界面信息的运动规律，通过解读注视时间、注视次数、瞳孔直径、扫描路径、注视点、AOI注视点和热点图等眼动指标和参数，对用户的认知行为和心理活动过程进行分析，并对界面进行客观对比和评估，进而优化设计，数字界面评估的眼动参数如表6－4所示。

表6－4　眼动追踪界面评估的指标参数

指标参数	指标参数特征说明
注视时间	将眼动信息与视镜图像叠加后，利用分析软件提取得到的多方面时间数据。反应的是提取信息的难易程度，持续时间越长意味着被测试人员从显示区域获取信息越困难，用以揭示各种不同信息的加工过程和加工模式
注视次数	是区域重要程度的一个标志。显示区域越重要，被注视的次数越多
瞳孔直径	在一定程度上反映了人的心理活动情况。人们在进行信息加工时，瞳孔直径会发生变化，瞳孔直径变化幅度的大小又与进行信息加工的心理努力程度密切联系。当心理负荷比较大时，瞳孔直径增加的幅度也较大。因此瞳孔直径的变化作为一项信息加工时心理负荷测量的一项指标
扫描路径	眼球运动信息叠加在视镜图像上形成注视点及其移动的路线图，它最能体现和直观全面地反映眼动的时空特征，由此指标可判断不同刺激情境下、不同任务条件、不同个体、同一个体不同状态下的眼动模式及其差异性。另外，扫描路径和感兴趣区域之间的转换概率，表明界面元素布局工效
注视点	总的注视点数目被认为与搜索绩效相联系，较大数量的注视点表明低绩效的搜索，可能源于显示元素的糟糕的布局
AOI注视点	此指标与凝视比率密切相联系，可以用来研究不同任务驻留时间下注视点数目。特定显示元素（感兴趣区域）的注视点数量反映元素的重要性，越重要的元素则有更多频次的注视
热点图	可以显示被试者在界面的哪个区域停留的时间长。眼动测试结果将采用云状标识来显示该部分是否受到关注。被试注视的时间长短反映在热区图的颜色上，红色时间最长，黄色时间次之，绿色时间再次，紫色时间最短，没有被侵染的颜色表示没有看过

基于复杂信息系统任务信息和眼动追踪技术的人机界面可用性的检测系统和检测方法主要包括以下步骤:

(1) 任务信息提取。将界面信息按照信息操控、信息表现和信息显示进行提取,并进行不同任务特征的信息分类。

(2) 眼动信息的信号采集。将提取的任务信息输入心理学实验软件中,按照不同分类进行记忆任务和搜索任务安排。通过计算处理机向用户依次呈现不同任务的安排,通过眼动追踪仪获取用户的眼动扫描和追踪数据,选取瞳孔直径、首次注视时间、注视时间、注视次数、回视时间、眨眼持续时间、眼跳幅度、眼跳时长。

(3) 检测指标计算处理。根据眼动信号采集的眼动指标,计算处理可用性子特征的检测指标。

(4) 可用性子特征的质量检测。根据(3)中可用性子特征检测指标的检测值,分析和计算处理可识别性、易理解性和复杂性的质量值。

(5) 可用性质量检测。通过叠加融合可用性子特征的质量值,检测复杂信息系统人机界面可用性的优劣。

6.4.1 任务信息提取

任务信息提取是面向复杂信息系统,提取方法更加符合“人—任务—环境”三者之间的信息自然流通特性。任务信息提取是指基于记忆、搜索任务和界面信息特征进行任务信息提取。首先以复杂信息系统人机界面为主体,根据其内部信息元素因子层次结构划分,分为信息操控 A、信息表现 B、信息显示 C。其次按照信息操作方式,分为可以进行人为操作的各种系统功能按键与按钮信息与独立显示,不能进行人为操作的系统功能信息。按照信息表现方式,分为以图形化的方式描述系统信息、以文本数据的方式描述系统信息、以符号形式描述系统信息及以图形和文本结合的形式描述系统信息。按照信息显示方式,分为动态、静态及动静混合。根据记忆和搜索任务,对以上层次结构的信息进行分类并归入不同的任务信息。

6.4.2 眼动信息的信号采集

眼动信息的信号采集及安排阶段,采用双任务双实验步骤,有利于去除数据获取时的干扰性,提高数据采集的有效性。具体包括:

(1) 任务。在复杂信息系统综合显示界面前放置 Hi-Speed 型高精度眼动仪测试托架,iView PC 测试计算处理机与 Stimulus PC 图像显示计算处理机通过 TTL triggers 进行同步通信。依次完成两种任务安排范式:记忆任务和搜索任务。

① 记忆任务:首先指示被试在记忆界面时努力记住某一范围内信息,在检

测界面中判断信息是否与记忆中的相同,然后开始呈现记忆界面20000ms,黑屏1000ms之后出现检测界面,被试做出相应的判断之后快速按下反应键。

② 搜索任务:首先指示被试需要在界面中快速搜索某一信息并做出相应判断,然后呈现搜索信息1000ms,黑屏1000ms之后呈现搜索界面,被试快速并准确地做出判断并按下相应按键。

(2) 眼动信号采集。通过眼动追踪仪获取用户的眼动扫描和追踪数据,选取瞳孔直径、首次注视时间、注视时间、注视次数、回视时间、眨眼持续时间、眼跳幅度、眼跳时间。

6.4.3　检测指标计算处理

该过程包含以下3个步骤:

(1) 可识别性的检测指标计算处理。可识别性的检测指标包括平均瞳孔直径大小、眼跳平均速度和平均眨眼时长,分别为检测指标 a、b 和 c。

(2) 易理解性的检测指标计算处理。易理解性的检测指标包括平均注视时间、回视时间比率和注视时间比率,分别为检测指标 d、e 和 f。

(3) 复杂性的检测指标计算处理。复杂性的检测指标包括眼跳时间比率、平均眼跳幅度和首次注视时间,分别为检测指标 g、h 和 i。

6.4.4　可用性子特征的质量检测

1. 可识别性质量检测

1) 提取检测指标值

平均瞳孔直径大小在2.0~2.6mm范围内时,指标值为0;平均瞳孔直径大小在2.6~2.8mm范围内时,指标值为1;平均瞳孔直径大小在2.8~3.5mm范围内时,指标值为2。眼跳平均速度在0~200(°)/s范围内时,指标值为0;眼跳平均速度在200~450(°)/s范围内时,指标值为1;眼跳平均速度大于450(°)/s范围时,指标值为2。平均眨眼时长在0~0.15s范围内时,指标值为0;平均眨眼时长在0.15~0.35s范围内时,指标值为1;平均眨眼时长大于0.35s范围时,指标值为2。

2) 提取可识别性质量

可识别性特征质量=AVERAGE(检测指标(a)值,检测指标(b)值,检测指标(c)值)。可识别性质量在0~1范围内时,可识别性质量优;可识别性质量在2~3范围内时,可识别性质量中等;可识别性质量在4~6范围内时,可识别性质量差。

2. 易理解性质量检测

1) 提取检测指标值

平均注视时长在0~300ms范围内时,特征值为0;平均注视时长在300~500ms范围内时,特征值为1;平均注视时长大于500ms时,特征值为2。回视时间比率在0% ~10% 范围内时,特征值为0;回视时间比率在10% ~20% 范围内时,特征值为1;回视时间比率在20% ~100% 范围内时,特征值为2。注视时间比率在0% ~80% 范围内时,特征值为0;注视时间比率在80% ~90% 范围内时,特征值为1;注视时间比率在90% ~100% 范围内时,特征值为2[7]。

2)提取易理解性质量

易理解性特征质量=AVERAGE(检测指标(d)值,检测指标(e)值,检测指标(f)值)。易理解性质量在0~1 范围内时,易理解性质量优;易理解性质量在2~3 范围内时,易理解性质量中等;易理解性质量在4~6 范围内时,易理解性质量差。

3. 复杂性质量检测

1)提取检测指标值

眼跳时间比率在0% ~8% 范围内时,特征值为0;眼跳时间比率在8% ~15% 范围内时,特征值为1;眼跳时间比率大于15% 时,特征值为2。平均眼跳幅度大于11°时,特征值为0;平均眼跳幅度在6° ~11°范围内时,特征值为1;平均眼跳幅度在0° ~6°范围内时,特征值为2。首次注视时间大于600ms 时,特征值为0;首次注视时间在300 ~600ms 范围内时,特征值为1;首次注视时间在0 ~300ms 范围内时,特征值为2。

2)提取复杂性质量

复杂性特征质量={检测指标(g)值,检测指标(h)值,检测指标(i)值}。复杂性质量在0~1 范围内时,复杂性质量优;复杂性质量在2~3 范围内时,复杂性质量中等;复杂性质量在4~6 范围内时,复杂性质量差。

6.4.5 可用性质量检测

可用性质量=AVERAGE(可识别性特征质量,易理解性特征质量,复杂性特征质量)。可用性质量值在1~3 范围内时,复杂信息系统人机界面的可用性较优;可用性质量值在4~6 范围内时,复杂信息系统人机界面的可用性适中;可用性质量值在7~9 范围内时,复杂信息系统人机界面的可用性较差。

6.5 脑电测评方法

心理活动是脑的产物,脑电的产生和变化是脑细胞活动的基本实时表现。因此,从脑电中提取心理活动的信息,从而揭示心理活动的脑机制历来是心理学研究的重要方向,脑电方法历来是心理学的重要研究方法[8]。

随着20 世纪80 年代认知神经科学的兴起,多种脑功能成像技术已被广泛应用在其研究之中,如功能性核磁共振成像技术(fMRI)、正电子发射断层扫描技术(PET)、单一正电子发射计算机断层扫描技术(SPECT)、事件相关电位(ERP)、脑电图(EEG)、脑磁图(MEG)和近红外线光谱分析技术等[9]。

和行为测量相比,ERP技术的优点为:行为反应是多个认知过程的综合输出,根据反应时和正确率等指标很难确定和全面解释特定认知过程,ERP可实现刺激与反应的连续测量,最终确定受特定实验操作影响的是哪个阶段。同时,ERP可实现在没有行为反应的情况下对刺激的实时测量,实时信息处理的内隐监测能力成为ERP技术的最大优点之一[10]。ERP技术的缺点为:ERP成分的功能意义和行为数据的功能意义相比,并不是十分清晰和易于解释,需要一系列的假设和推理,而行为测量的结果则更加直接,易于理解。ERP电压非常小,需要多个被试大量试次才可以精确测得,ERP实验中每个条件下单个被试需要50~100个试次,而行为实验中每个被试只需20~30个试次就可测得反应时和正确率的差异。因此,Eprime、Stim、Presentation等刺激呈现软件可通过并口与ERP设备通信,实现刺激事件与脑电设备的同步,在采集行为反应的数据同时,采集ERP脑电成分。

与PET、fMRI等常用脑电生理测量手段相比,ERP具有显著的优点,对于探索受刺激影响的神经认知具有非常高的价值,但并不适用于大脑功能空间精确定位和神经解剖的特异性研究。鉴于数字界面的特殊性,综合考虑实验对象、实验目的、实验耗材和成本等因素,本书将ERP技术作为最优选择的实验技术和方法。

6.5.1　脑电实验前数字界面元素的解构、处理和搜集

1. 数字界面元素的解构原则

在脑电实验前,需对数字界面元素进行解构处理,解构原则如下:

1) 微观角度解构原则

从微观角度对数字界面元素进行解构,解构后主要包括图标、控件、文字、色彩、导航、布局和交互,细分后如表6-5所示。

对一般数字界面而言,可采用该解构原则,对界面元素开展脑电实验。

表6-5　数字界面的元素解构

元素名称	案例示图	元素解构过程	元素解构输出
窗口		按钮 标签 文本框 选框 图片 文字	图形 色彩 质感 交互
菜单		按钮 选框	图形 色彩 质感 交互

续表

元素名称	案例示图	元素解构过程	元素解构输出
按钮	Button	文字 图标 样式 交互动作	图形 色彩 质感 交互
滚动条		—	图形 色彩 质感 交互
标签		文字 按钮 图标	图形 色彩 质感 交互
文本框	Type something	文字 分割线 图形	图形 色彩
列表		文字 分割线 图形	图形 色彩
单选/复选框		文字 按钮 图标	图形 色彩 质感 交互
图片		—	图形 色彩
图标		—	图形 色彩
文字	AABBCC AABB AAA	—	图形 色彩
声音	—	—	交互
布局		—	图形

2）任务角度划分原则

根据不同系统数字界面的特点，针对功能性较强的界面，需以任务为单元进行解构，方可对功能性界面开展脑电实验。

例如，战斗机报警界面主要包括“燃油不足”“发现敌机”“引擎异常”“发射导弹”4 个子任务界面，如图 6－14 所示。战斗机报警界面的脑电实验，需从子任务界面的角度进行实验设计。

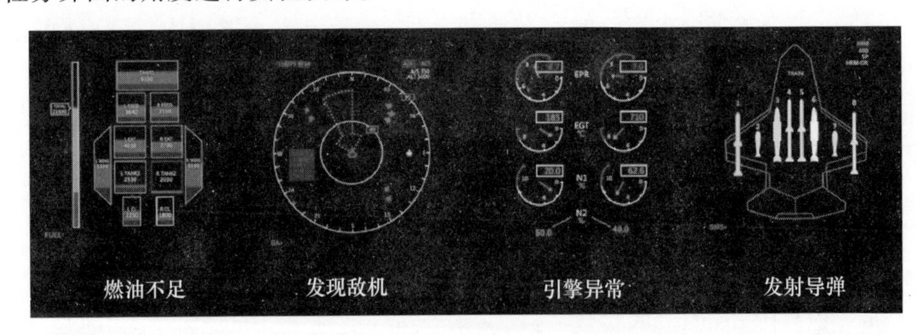

图 6－14　战斗机报警任务的 4 种界面

3）行业角度划分原则

不同行业和领域，均可按照 1）中微观解构原则进行，但鉴于不同行业界面设计规范和要求不同，需具体问题具体分析，按照行业特点，对数字界面元素进行划分和解构更加方便和快捷。

例如，在图 6－15 所示系统图标设计中，根据行业标准，3 种状态下具有不同的图标设计规范。因此，对此图标进行脑电实验时，可从 3 种不同状态下对图标进行解构，进行实验设计。

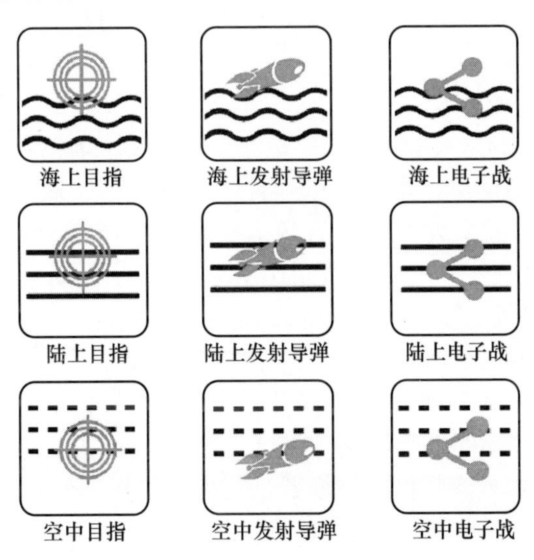

图 6－15　海、陆、空 3 种状态下的图标设计

2. 解构后数字界面元素的处理方法

数字界面可用性评估，可从数字界面元素出发。根据数字界面元素的特点，将数字界面元素细分为图片、声音、视频和交互动作。为实现刺激呈现软件对数字界面元素的实验设计和编程，脑电实验开始前需对实验材料进行处理。图片、声音、视频和交互动作等元素在刺激呈现软件中，均有不同的参数设置和要求。

Eprime 为本书脑电实验的刺激呈现软件，在脑电实验过程中，该软件可以同步采集被试反应的正确率和反应时等行为数据。1.0 版本的 Eprime 软件可实现对图片、声音的刺激呈现，2.0 版本的 Eprime 软件增加了对视频的呈现。本书对实验材料的刺激呈现全部采用 2.0 版本的 Eprime 软件。

1）对图片文件的处理要求

Eprime 软件在脑电实验过程中对图片文件的要求如下：图片文件应为 bmp 格式，图片像素大小根据刺激呈现的显示器来调节，要和显示器的屏幕分辨率、Eprime 软件中“display”的参数一致，一般情况下设置为 1024 像素 ×768 像素，图片颜色位深取 8 或 16 位色深。在数字界面元素认知的脑电实验中，需根据不同操作系统下界面元素的像素分辨率要求和标准，对图片进行前期处理。以图标为例，不同操作系统的图标会按照一定的标准显示图像，Windows XP 操作系统图标图像一般推荐为 48 像素 ×48 像素，16 位色深，而 Windows Vista和 Windows 7 操作系统图标图像一般推荐为 256 像素 ×256 像素，16 位色深。因此，在开展图标的可用性评估实验时，需根据该图标所在操作系统下的图像标准和规范，从数字界面中抽离出图标后，运用图像处理软件对图标进行处理，以增加原始界面图标的用户认知的真实感，同时避免像素因素对实验目的的影响。正式实验前，要将所有图片素材按照统一规范和标准进行处理。

2）对声音文件的处理要求

Eprime 软件在脑电实验过程中对声音文件的要求如下：声音文件应为 wav 格式，声音文件本身的属性要和 Eprime 软件中“sound”参数的设置一致，一般情况下设置音频采样频率为 44kHz，音频采样大小为 16 位，频道为 2(立体声)。声音文件建议选用文本声音转换器制作生成，由文字自动生成标准声音，随后运用音频格式转换器，将声音文件的属性按照通用参数进行调节。同时，为排除声音刺激因持续时间长短不一造成干扰或影响，需在声音编辑软件中调节音频时长，使其长短一致。例如，某数字界面的听觉报警提示 ERP 实验中，“发现敌机”“发射导弹”“燃油不足”等报警声音文件要经过如下处理：由文本声音转换器制作生成，并经过音频格式转换器进行参数设置，随后再由声音编辑软件调整使时长一致。正式实验前，要将所有声音素材按照统一规范和标准进行处理[11]。

3）对视频文件的处理要求

视频交互为数字界面的重要组成元素，且常为动态呈现的视觉效果。鉴于Eprime软件刺激呈现材料的局限性（图片、声音、视频），数字界面和用户的交互过程，并不能通过Eprime软件实现刺激呈现，可通过制作数字界面交互过程的视频，完成对数字界面交互动作风格、视觉效果的可用性评估。因此，通过将交互过程的视频放入到Eprime软件中，实现对交互过程的脑电实验认知评估。实验前需对视频文件进行处理，以下为Eprime软件在脑电实验过程中对视频文件的要求：视频文件应为wmv格式，视频文件属性的帧宽度、帧高度要和Eprime软件中“display”参数的设置一致，一般情况下视频文件的帧宽度为1024像素，帧高度为768像素，数据速率为784kb/s，总比特率为784kb/s，帧速率为30帧/s。实验中所有视频文件的视频长度，需在视频编辑软件里进行处理，保证所有视频时长一样。正式实验前，要将所有视频素材按照统一规范和标准进行处理。

3. 界面元素实验材料的搜集要求

为保证脑电数据的可靠性和有效性，脑电实验需要大量脑电信号的叠加和平均，在相同被试数量条件下，可增加同类型刺激元素的样本数量。因此，需要寻找风格一致的元素。风格一致的元素之间需满足如下条件：

（1）元素的视觉效果和色块差异要接近。

（2）元素的语意差异度在相近范围内，避免语意差异较大、歧义较大的特殊情况出现。

（3）依据元素的分类标准，选取同类的元素进行实验。例如，图标可分为功能隐喻型图标、操作隐喻型图标、实物隐喻型图标和语意隐喻型图标4种。在图标的脑电实验中，要明确实验选取图标所归属类别，避免不同类别图标之间的干扰。

6.5.2　数字界面ERP脑电实验过程

一般ERP实验教程的针对性和应用性较强，多用于基础研究和认知神经科学领域的探索，尚缺乏数字界面脑电实验方法的相关研究，本章从数字界面可用性评估角度出发，尝试开展数字界面ERP实验过程的研究。从实验测试人员的选拔、实验材料的处理、实验设备和硬件要求、ERP实验操作过程和刺激呈现的实现、脑电数据的采集和离线处理、脑电数据统计和分析等6个步骤，对数字界面可用性评估的ERP实验过程进行了研究。

1. 实验测试人员的选拔

数字界面的可用性评估脑电实验，主要由设计领域的专家用户来参与完成。较大的用户样本量，可满足脑电实验的结果的可靠性和普遍性。根据ERP研究的出版标准[12]，用户样本量通常选取20人左右。选取被试样本时，要考察被试的性别、受教育水平、年龄、视听能力、利手和精神状态，各个因素需达到以下要求：为保证组间差异不受性别差异的影响，男女比例一般情况下需对半；受教育水平代表被试任务操作能力的基础认知水平，如描述被试为“研究生在读”；鉴于ERP脑电成分的年龄效应和数字界面用户的年龄分布，建议选取20～35岁年龄段的专家用户；为保证用户对实验刺激的正常感知，良好的视听能力是开展实验的关键；鉴于以往实验任务中左右利手被试脑区分布的差异，同时数字界面操作实验任务多有按键反应和决策，通常选取右利手被试；数字界面实验持续时间往往较长，被试在实验前需有良好的休息，以保证实验过程中注意力的集中和高度清醒。

2. 实验材料的处理

Eprime为脑电实验的刺激呈现软件，可实现对图片、声音的刺激呈现。对图片文件的处理要求主要有：图片文件应为bmp格式，图片像素大小根据刺激呈现的显示器来调节，要和显示器的屏幕分辨率、Eprime中“display”的参数一致，一般情况下设置为1024像素×768像素，图片颜色位深取8b或16b色深。对声音文件的处理要求主要有：声音文件应为wav格式，声音文件本身的属性要和Eprime中“sound”参数的设置一致，一般情况下设置音频采样频率为44kHz，音频采样大小为16b，频道为2（立体声）。对视频文件的处理要求主要有：视频文件应为wmv格式，视频文件属性的帧宽度、帧高度要和Eprime中“display”参数的设置一致，一般情况下视频文件的帧宽度为1024像素，帧高度为768像素，数据速率为784kb/s，总比特率为784kb/s，帧速率为30帧/s。

3. 实验设备和硬件要求

鉴于数字界面图像显示的高要求、高视频文件的加载以及脑电信号采集的多通道性，因此，界面可用性测试过程中对实验设备和硬件有较高的要求，实验过程中所涉及的实验设备有脑电信号放大器、电极帽、电极帽连接器、电极连接器、脑电信号记录的计算机、刺激呈现和行为数据记录的计算机（同一台）、多台显示器、反应盒、分屏器。

4. ERP实验操作过程和刺激呈现的实现

ERP实验操作过程和注意细节环节如下所示：用适量清水稀释电极膏，微波炉加热电极膏1min，搅拌均匀后自然冷却。询问被试实验开始前是否上厕所，保证实验过程的顺利进行。被试用中性洗发膏洗头发，完成后用电吹风吹干。电极帽佩戴时CZ电极作为参考，CZ电极处于脑区正中，位于两耳朵连线和鼻梁连线的交点。左右太阳穴、两个乳突、左眼上下涂抹去角质膏，去除表皮死亡细胞以增强导电，轻涂轻擦。佩戴水平眼电电极HEOL、HEOR和垂直眼电电极VEOU、VEOL，同时选取左右乳突作为双侧参考电极。用钝形注射器在电极帽上注射导电膏，每个电极不超过0.1mL。电极CZ、CPZ和FPZ离得比较近，打导电膏时需控制好量，防止串电。某个电极接触不良，需利用替补电极。

重点考察区域需保证电极的良好接触性和导电性。实验过程保持安静，给被试提供良好环境。被试情绪和状态对实验结果的影响较大，焦躁疲惫即可停止实验，以人为本。

刺激通过 Eprime2.0 软件来呈现，Eprime2.0 软件自身可生成反应时、正确率等行为数据，在软件中可加入脑电 inline 语句，可触发脑电设备，进行脑电实验。

Inline 语句主要用于考察图片出现时，启动脑电设备，记录需考察图片的脑电数据，需在 list 中插入列，同时对不同类型图片进行 marker 标记（脑电），inline 语句一般放置在 list 下面。运用 Eprime 软件进行一般的行为实验，不需要加 inline 语句，且不影响行为数据。假设 &H378 并口为通信端口，当 tupian 文件出现时，触发器设置的 inline 语句如下：

```
tupian. Onset Signal Enabled = True
tupian. Onset Signal Port = &H378
tupian. Offset Signal Enabled = True
tupian. Offset Signal Port = &H378
```

Tupian 文件出现的同时，会在脑电波的下方进行 marker 标记，其中标记的数字代码为 1 ~ 255 内任意数字，且变量名称为 trigger，该过程的 inline 语句如下：

```
writeport &H378,0
tupian. Onset Signal Data = c. GetAttrib("trigger")
```

5. 脑电数据的采集和离线处理

脑电数据的采集主要用脑电设备的采集模块来完成，离线处理过程主要包括合并各模块脑电信号文件、合并脑电记录与行为数据、从脑电记录中减去眼电、对脑电信号分段、滤波、基线校正、排除伪迹、对各个实验条件平均、多个被试的总平均等步骤。

6. 脑电数据统计和分析

在完成脑电数据采集和离线分析后，导出脑区所有电极的电压值和刺激事件潜伏期的数值，进行进一步统计和分析。

在 SPSS 和 Matlab 软件中，对不同变量的脑电波和潜伏期进行 ANOVA 和配对样本 T 检验分析，根据显著性差异，进行半球优势和激活脑区分析。最后根据前人研究结果，结合定性的脑电波形图、脑区激活图，和定量数据统计分析结果，对实验结果进行解释，深入解读和挖掘产生此脑电现象的原因，并探索该事件诱发脑区变化的神经认知机制。

6.5.3　脑电测评指标和实验范式分析

在 ERP 技术手段之下的数字界面可用性生理评估，需重点关注以下脑电指标:数字界面早期选择性注意引起的偏好性感觉编码 P1/N1 成分;数字界面的视觉注意、视觉刺激辨认、记忆等重要认知功能相关的 N2 成分;遇到错误中断操作产生的 P300 成分;数字界面整体风格特征识别的语义歧义波 N400;在任务操作错误时的错误相关负波 ERN;单击按键决策反应时的运动相关电位;视听跨通道认知过程中的失匹配负波 VMMN;系统报警提示和响应时间段引起的其他相关脑电成分。

实验范式需从数字界面的信息元素视觉认知和具体实验任务两个角度来选取。在数字界面信息元素的视觉认知脑机制研究中,数字界面本身作为实验刺激材料较为复杂,需将图标、导航栏、布局、色彩等界面信息元素单独抽离出来开展实验,针对信息元素,可采用以下实验范式:①视觉 Oddball 实验范式,通过将数字界面的特定信息元素设定为靶刺激和标准刺激,诱发产生 P300、MMN 等与刺激概率有关的 ERP 成分,分析信息元素不同出现概率时脑区 ERP 成分的变化规律。②Go-Nogo 实验范式,考察信息元素在等刺激概率下,引起的 N2、MMN、P3 等脑电成分的变化规律。③One-back 实验范式,可实现视觉比较和辨别同一信息要素的不同设计方案之间的脑区反应和变化,从信息量认知负荷角度选取元素的设计方案。

在数字界面认知机制的研究过程中,可采用以下实验范式:

(1) 视运动知觉启动实验范式,可对数字界面不同交互方式时非意识加工脑机制进行研究,尤其针对不同动态交互效果(如 2D 交互和 3D 交互效果)呈现时的大脑兴奋度和脑区激活程度的研究。

(2) 空间注意提示实验范式,对数字界面认知过程中提示信息的有效性、提示与靶的间隔长短、提示范围大小等参数来研究各种视觉空间注意的脑机制,尤其针对导航栏的激活和非激活态选择性注意的脑机制研究。

(3) 工作记忆实验范式,执行数字界面交互任务而获取信息,对其进行操作加工,可获取数字界面认知机理中的记忆研究的脑机制过程,届时可选取双任务范式,样本延迟匹配任务范式,N-back 任务范式或联系刷新范式来进行研究。

(4) “学习—再认”实验范式,可对数字界面认知阶段记忆效果进行测验,通过设定 SOA 或 ISI 的时间,可检验被试的学习效果,以期获得认知负荷最小的界面作为最优界面,届时可选取相继记忆效应范式,重复效应与新旧效应范式和内隐记忆效应范式,来研究数字界面认知阶段记忆效果的脑机制。

(5) 设计适合项目研究的实验范式。

6.5.4 数字界面 ERP 脑电评估方法

数字界面在实际使用过程中,系统态势纷繁复杂,瞬息万变,数字界面信息显示和用户实际任务的复杂性使得用户认知过程呈现多样性。根据用户对图形、色彩、布局、文字的脑电认知特性和6.5.3节的脑电实验,运用ERP脑电技术对数字界面进行评估,可从界面的整体和局部进行脑电生理评估。

1. 数字界面整体评估方法

数字界面整体评估方法包括直接观察法和任务实验分析法。直接观察法主要通过直接观察数字界面,获取偏好性感觉编码成分P1/N1成分来评估。任务实验分析法按照任务实际操作过程,分为以下6种情况:

(1) 操作错误时的脑电成分ERN(误操作)。

(2) 遇到困难,中断进一步操作时的脑电波(认知负荷)。

(3) 单击按钮的决策反应(反馈负波)。

(4) 跨通道反应脑电波(视觉/听觉)。

(5) 系统报警提示引起的脑电成分(威胁性信息)。

(6) 系统响应时间产生的脑电波(响应时间)。

以上6种情况的脑电成分,可用于任务实验时对数字界面的评估,具体关注脑电成分和ERP评估原则如表6-6所示。

表6-6 数字界面整体评估关注成分和ERP评估原则

评估方法	评估对象	关注成分	ERP评估原则
直接观察法	数字界面的偏好性	内隐形选择性注意引起偏好性感觉编码P1/N1成分	头皮后部的P1、N1以及额区的N1对数字界面的注意度越高,幅值越大
任务分析法	操作错误(误操作)	错误相关负波ERN(error related negativity)	与前扣带回ACC活动相关,优先选取潜伏期较短、波幅较大的界面
	遇到困难,中断操作(认知负荷)	P300成分	P300潜伏期随着任务难度的加大而增大,幅值为信息加工容量的指标
	单击按钮的决策反应(反馈负波)	运动反应前准备电位RP或BSP,运动反应后电位MP和RAF	用户在主动运动时,产生以上4种波;反之,只有MP和RAF产生
	跨通道反应(视觉/听觉)	视觉失匹配负波VMMN(visual mismatch negativity)	视觉通道时,VMMN有两个波峰,颞枕区幅度最高;听觉通道时,VMMN只有一个峰,额区幅度最高
	系统报警提示(威胁性信息)	脑区的唤醒度和愉悦度	威胁性图片出现时,唤醒度会明显高于中性图片,愉悦度低于中性图片
	系统响应时间(响应时间)	相关脑电成分	根据脑电成分的波幅差异和潜伏期的长短

2. 数字界面局部评估方法

数字界面局部评估是对数字界面进行解构后，抽离出数字界面元素，在经过图像处理后，通过脑电设备完成对界面颜色、图标设计、按钮设计和屏幕布局的脑电评估，数字界面各元素的具体关注脑电成分和ERP评估原则如表6－7～表6－9所示。

表6－7　数字界面颜色评估关注成分和ERP评估原则

评估对象	关注成分	ERP评估原则
界面中显示颜色数目	相关脑电成分	选取能引起高唤醒度脑电波的几种颜色作为界面的颜色数目
界面中前景色和背景色	P1(110～140ms)成分和外纹状皮质层的激活程度	选取P1最大，外纹皮质层激活程度最大的颜色配色
反色和通用颜色的使用	N400成分	通过颜色与功能歧义匹配，选取引起小波幅N400成分的颜色作为对比色

表6－8　数字界面图标设计评估关注成分和ERP评估原则

评估对象	关注成分	ERP评估原则
图标的图形和功能	后正复合波(LPC)	比较LPC的潜伏期，形状和意义的匹配度越高、LPC的潜伏期越短
图标的图文结合	内隐记忆效应，在额叶产生300～500ms的ERP	若额叶产生了300～500ms的ERP，则必须辅以文字解释图标
图标的简单清楚，易于理解原则	“学习－记忆”ERP实验研究，Dm效应的正电位差异波	图标若需进行深入加工，则出现显著Dm效应；若只需浅加工，则不会引起非常弱的Dm效应。比较Dm效应，选取浅加工即可理解的图标

表6－9　数字界面布局评估关注成分和ERP评估原则

评估对象	关注成分	ERP评估原则
视觉搜索任务	划分注意范围等级，行为数据和P1、N1波幅	对注意范围划分等级后，行为数据和ERP波幅会产生等级效应，该效应受任务难度、刺激物数量及元素分布等多重影响
视觉选择性注意任务	视觉干扰，P1、N1的增强反应	通过研究上下左右视野刺激物的空间选择性注意的ERP成分，观察是否出现P1、N1增强反应，根据此现象是否出现，确定最合适的屏幕布局

其中，评估屏幕布局设计时应使各功能区重点突出、功能明显，需遵循以下原则：平衡原则、预期原则、经济原则、顺序原则、规则化原则。对屏幕布局的评估主要通过视觉搜索任务和视觉选择性注意任务来完成。

按钮分类较多，同时涉及交互和操作，按钮交互的脑电评估可参照界面整体评估中的单击按钮的决策反应，按钮显示效果和风格评估可参照颜色、图标的评估方法进行。

6.5.5　脑电评价方法与传统评价方法的对比

1. 脑电评价方法的优势

1）实验的科学性

脑电评价方法中，实验设计严格依据认知神经科学、认知心理学等实验设计规范，针对设计科学的特点，进行实验范式的改进和优化。

2）数据的可靠性

通过实时采集被试的脑电生理数据，可深入揭示被试的内源性认知规律，更加客观和真实。同时，脑电实验针对大样本用户群体，加之实验刺激样本的批量化原则，保证了数据的可靠性。脑电数据为群体性数据，能准确反映某一认知现象的脑机制。

3）方便设计后期的检验和验证

传统评价方法往往在设计后期的检验和验证环节，需要花费大量的时间，且验证结果往往存在差异，需要多次迭代和反复操作；而脑电评价方法所得的脑电指标，可直接对设计方案进行检验和验证，设计方案满足脑电指标的阈值和要求，即可完成检验任务，更加快捷、方便。

2. 脑电评价方法的劣势

1）实验周期较长

脑电实验周期通常为一个月左右，被试选拔、实验设计、正式实验和数据分析处理等环节，都需要花费大量的人力和物力。

2）实验设备贵重

传统评价方法对实验设备要求较低，主要以主观评价为主，因此，实验耗费也较少，但脑电实验设备比较贵重，通常64导脑电仪约60万元，高精度128导脑电仪约120万元。

3）实验耗材昂贵

脑电实验中对于导电膏、去角质膏、脱脂棉和钝形注射器等实验耗材，消耗较多，且价格较为昂贵，而传统评价方法基本上不需要耗材。

总之，脑电评价方法在科学高度上具有优越性和前瞻性，但实际应用中，需根据实际条件、经费预算和时间要求，选择合适的评价方法，来完成对设计的评价。

6.6　眼动追踪测评方法与脑电测评方法的实例分析

6.6.1　评价内容和标准

1. 评价内容

本次案例选取的实验材料为F18战斗机子界面，针对实验任务和脑电实验范式设计要求,对界面进行改进和再设计。分别运用眼动追踪方法和脑电方法,对战斗机子功能界面在视、听双通道下的可用性进行评估。

2. 眼动追踪评估标准

眼动追踪评估方法,选取注视点图和热点图作为主要评估指标。相同界面在不同通道下,如果某通道注视点图中注视点数量少,注视路径短,代表被试的视觉搜索策略越好,即该通道下可用性较优;同时,如果某通道的热点图中兴趣区域内的颜色越深,代表被试搜索任务直接有效,即该通道下可用性较好。

3. 脑电评价验证标准

脑电实验设计采用改进的视听跨通路空间注意实验范式,视、听通道的脑电指标分别为 N1 和 P1。视觉通道选取 PO5 电极的 N1 成分,听觉通道选取 FT8 电极的 P1 成分,通过对比 N1 成分和 P1 成分的潜伏期和波幅,潜伏期出现越长,波幅越大,表示该通道的可用性越好。

6.6.2 实验材料

如图 6-16 所示,经过改进设计的战斗机子界面共有 8 种状态:图(a-1)为燃油不足,图(a-2)为燃油充足,图(b-1)为发现敌机,图(b-2)为发现友机,图(c-1)为引擎异常,图(c-2)为引擎正常,图(d-1)为发射导弹,图(d-2)为取消发射。

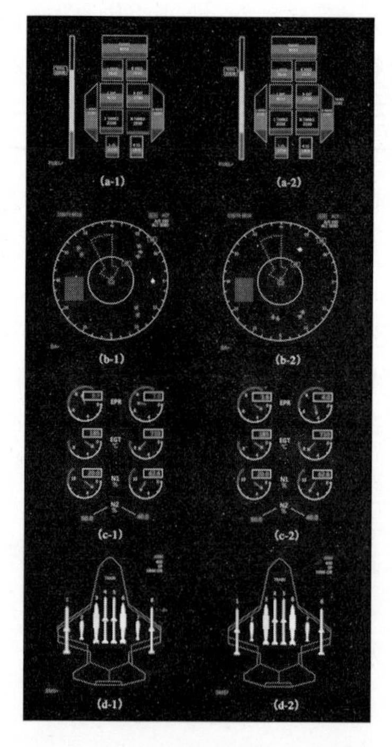

图 6-16　战斗机子界面的 8 种警示状态

6.6.3 眼动实验评估过程

为获取被试在视听双通道下的认知机制，运用眼动追踪设备，探寻被试的视觉认知策略显得尤为必要，实验运用 Tobii TX300 组合式眼动追踪仪进行了眼动实验的验证。

眼动实验流程和脑电实验流程一致，区别在于眼动实验中将时间压力变量去除，在报警提示做反应之前，无限时呈现，实验过程不详细展开，直接从典型眼动数据来定性解释和阐述。以“发现敌机”的报警提示为例，某典型用户的文字报警提示的注视点图和热点图分别如图 6－17、图 6－19 所示，文字报警、声音报警提示同时出现时的注视点图和热点图如图 6－18 和图 6－20 所示。

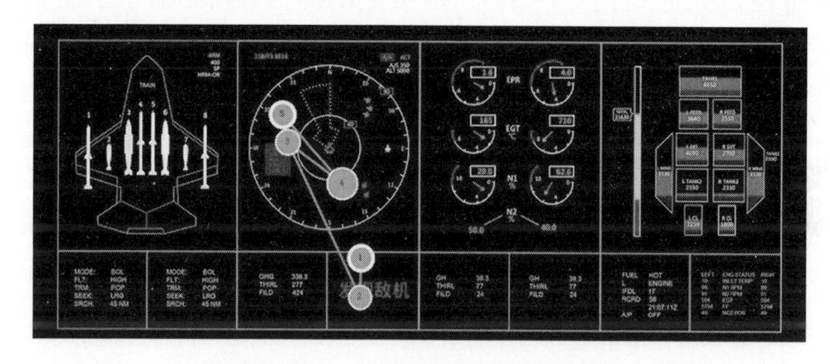

图 6－17　文字报警提示的注视点图

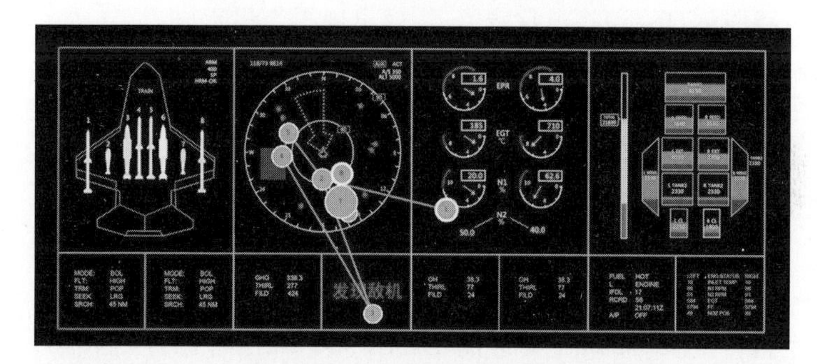

图 6－18　文字报警和声音报警提示同时出现时的注视点图

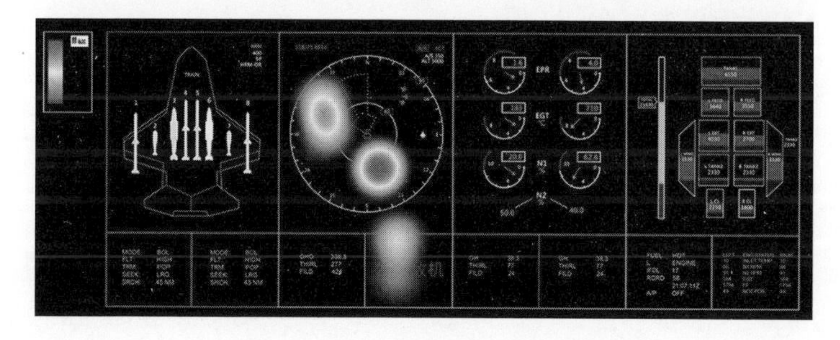

图 6－19　文字报警提示的热点图

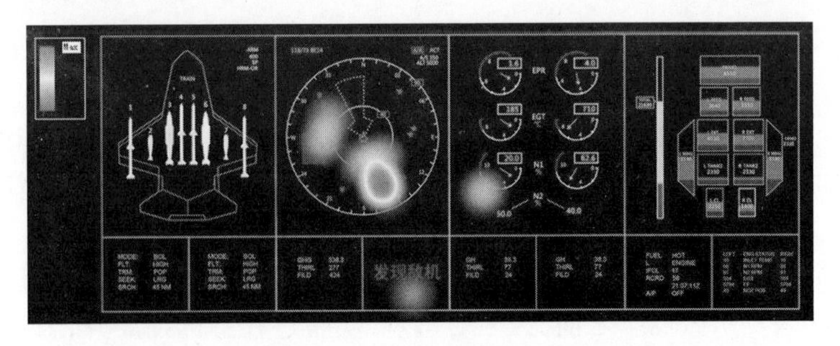

图 6-20　文字报警和声音报警提示同时出现时的热点图

由图 6-17 ~ 图 6-20 可知，文字报警和声音报警提示同时出现时，被试眼睛的扫描路径要明显长于文字报警出现时的情况，兴趣区域的颜色深度要明显暗于文字报警出现时的情况。该结果说明，数字界面的视觉通道报警提示要优于视听融合通道的报警提示，即视觉通道的可用性优于听觉通道的可用性。

6.6.4　脑电实验评估过程

1. 实验设计

实验设计如下：首先屏幕中央出现白色十字叉，背景为黑色，持续 1000ms 后消失；随后出现战斗机子界面，呈现 2000ms 后消失，该阶段被试需判断出该界面所处何种警示状态；然后出现黑屏，持续 1000ms 后消失，该阶段被试不需做反应，可眨眼休息以消除视觉残留；随后出现报警提示，提示分文字和声音两种报警提示，其中视觉（文字）和听觉（声音）两种通道提示的呈现，均需遍历 1000ms 和 500ms 两种时间压力，通过界面 8 种状态的红色文字实现视觉传达，通过界面 8 种状态的声音实现听觉传达；最后出现空屏，呈现时间无限时，被试需辨认上一步的提示信息是否和之前界面的状态一致，如果一致按 A 键，否则按 L 键。实验过程中，战斗机子界面的 8 种不同状态随机出现，每 2 个试次的时间间隔为 1000ms，整个实验根据不同通道和不同时间压力共分为 4 个实验模块，即文字报警提示 1000ms、文字报警提示 500ms、声音报警提示 1000ms 和声音报警提示 500ms，其中每个实验模块由 60 个试次组成，每个实验模块之间有短暂休息，实验流程如图 6-21 所示。

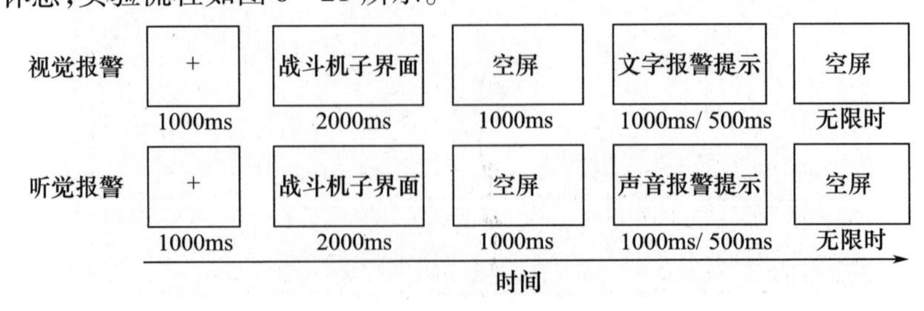

图 6-21　脑电实验流程

2. 行为数据分析

行为数据指被试在视听两种通道下对战斗机界面状态辨认的准确率和反应时。视听两种通道下被试对战斗机界面状态辨认准确率均值大小为：声音1000ms(0.913) > 文字 1000ms(0.909) > 文字 500ms(0.900) > 声音 500ms(0.881)，准确率随着提示时间(文字和声音)的递增大体呈递增趋势，声音提示1000ms时正确率最高，声音提示500ms时最低。如表6-10所示，视听两种通道下被试对战斗机界面状态辨认的反应时均值大小为：文字1000ms(763.428ms) > 声音 500ms(632.366ms) > 文字 500ms(620.234ms) > 声音1000ms(524.028ms)，文字提示1000ms时被试反应最慢，声音提示1000ms时反应最快。

表6-10　视听双通道下被试对战斗机界面状态辨认的行为数据

不同提示情况	有效样本	ACC 均值/%	RT 均值/ms
声音 1000ms	10	0.913	524.028
声音 500ms	10	0.881	632.366
文字 1000ms	10	0.909	763.428
文字 500ms	10	0.900	620.234

3. 脑电数据分析

由于视觉和听觉ERP研究的特殊性和功能性，在进行ERP测量和统计时，我们选择如下电极：以声音和文字出现开始至700ms为止，作为脑电分段时间。选取听觉皮层所在的颞叶附近的8个电极TP7、TP8、T7、T8、C5、C6、FT7和FT8，作为P1的分析电极，视觉皮层所在的枕叶附近的8个电极P5、P6、P7、P8、PO5、PO6、PO7和PO8作为N1的分析电极。

由于实验材料的专业性和实验的特殊性，在被试选拔过程中合格样本仅有7个，不再进行统计学分析，仅进行定量分析和脑电图分析。视觉和听觉不同通道选择的脑区电极不一样，正负极性也刚好相反，两种通道无规律可循。因此，相同时间压力不同通道下的脑电数据不做分析，仅对不同时间压力下各通道脑电数据进行分析。

图6-22所示为N1成分PO5电极的脑电波图，如图6-24所示，视觉500ms在135ms存在最大波幅-7.403μV，视觉1000ms在141ms存在最大波幅-9.330μV。图6-23所示为P1成分FT8电极的脑电波图，如图6-24所示，听觉500ms在72ms存在最大波幅4.025μV，听觉1000ms在92ms存在最大波幅6.251μV。

图6-24所示为不同情况下各脑电成分在最大电压时刻的脑地形图，图中(a)、(b)、(c)、(d)分别代表：N1：视觉500ms(135ms，-7.403μV)，N1：视觉1000ms(141ms，-9.330μV)，P1：听觉500ms(72ms，4.025μV)，P1：听觉1000ms(92ms，6.251μV)。

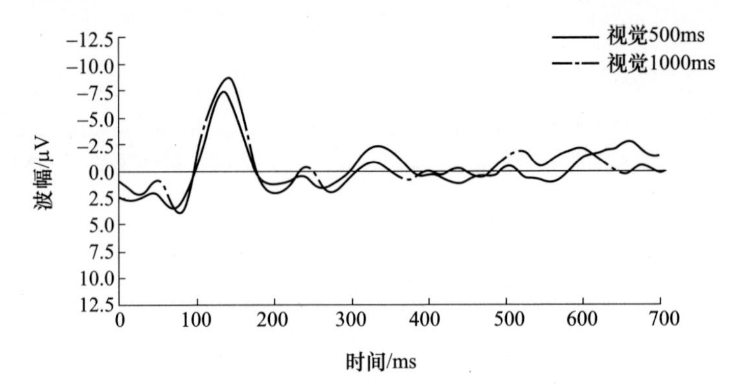

图 6－22　视听通道 N1 成分 PO5 电极的脑电波图

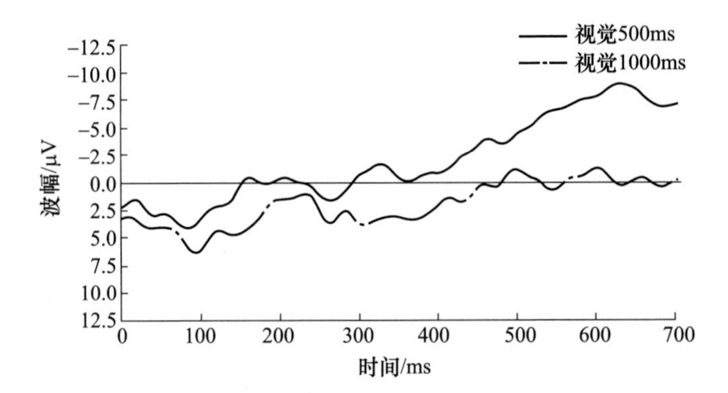

图 6－23　视听通道 P1 成分 FT8 电极的脑电波图

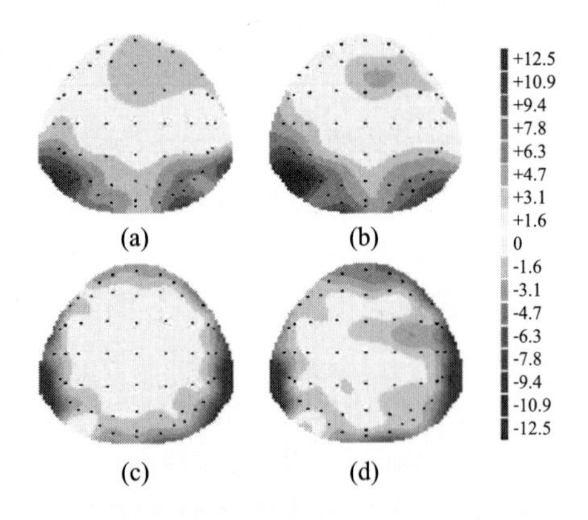

图 6－24　视听不同通道下各脑电成分在最大电压时刻的脑地形图

从图 6－22～图 6－24 中可以明显看出，在 500ms 和 1000ms 时间压力下，视觉通道 N1 成分的潜伏期（135ms、141ms），均比听觉通道 P1 成分的潜伏期（72ms、92ms）出现的要晚；视觉通道 N1 成分的波幅值（7.403μV、9.330μV），均比听觉通道 P1 成分的波幅值（4.025μV、6.251μV）要大。脑电实验结果显示，视觉通道的可用性显著优于听觉通道的可用性。

6.6.5　数据讨论和最优通道的确定

1. 行为数据讨论

视听两种单独通道下，被试对战斗机界面状态辨认的正确率均高于0.8，任务的完成程度远远超过预期。因此，考虑将反应时作为行为数据，进行重点关注；被试的反应时，在1000ms视觉通道刺激下反应最慢（763.428ms），在1000ms听觉通道刺激下反应最快（524.028ms），而500ms的视听通道刺激反应时介于中间状态，从时间压力变量出发，视听两通道均不存在显著优势。该结果的出现可能和时间压力变量的设置有关，时间压力变量仅设置了两种，时间维度上跨度较小。实验任务的完成度和困难度会对被试的情绪和积极性带来影响。本实验中任务的复杂度略显简单，增加部分任务层次和要求之后可能效果更佳。

另外，听觉通道中声音报警是逐字报音，且不存在误报音、界面状态和声音不匹配（如“发射导弹”的界面不会对应“燃油不足”的语音提示）的情况，被试在实验中受到逐字声音刺激后，可提前产生意识，尤其是关键字在前面报音的情况，更加方便被试做出快速决断；而视觉通道中文字报警提示第一时间全部呈现，被试对文字信息的视觉搜索和定位需要花费时间，同时在理解文字语义解码和理解之后，才可做出决断。

因此，可推断在一定时间压力范围下，界面的报警任务中声音的语音解码过程要比文字的语义解码过程更加快速。未来可探索和开展多种时间压力下视听通道刺激的反应时实验，以期获得时间压力和视听通道反应时的规律。

2. 脑电数据和眼动数据讨论

视觉通道下，500ms和1000ms两种时间压力在顶枕区域产生N1成分，在PO5电极附近产生最大波幅差，N1成分在视觉500ms时的波峰潜伏期为135ms，最大波峰值为 $-7.403\mu V$，在视觉1000ms的波峰潜伏期为141ms，最大波峰值为 $-9.330\mu V$。视觉1000ms的N1波幅高于视觉500ms的N1波幅，该现象的出现表现为头皮后部受到注意的显著影响，表现为幅值的增强，和前人的研究结果一致[13]。而且波幅极性一致，说明生理心理加工机制一样。视觉1000ms的峰值潜伏期要晚于视觉500ms的峰值潜伏期，该现象受刺激对比度的影响而产生，但对比不显著的原因是视觉刺激物的差异不大造成的。

听觉通道下，500ms和1000ms两种时间压力在右侧额颞区域产生P1成分，在FT8电极附近产生最大波幅差，P1成分在听觉500ms时的波峰潜伏期为72ms，最大波峰值为 $4.025\mu V$，在听觉1000ms的波峰潜伏期为92ms，最大波峰值为 $6.251\mu V$。听觉1000ms的P1波幅高于听觉500ms的P1波幅，且听觉1000ms的声音频率为500ms声音频率的1/2，可推断声音刺激的频率越大，脑电波幅越小。该结果和Marshall的听觉训练—测试范式中，提及的P50波幅和抑制能力成反比的结论异曲同工[14]。而且波幅极性一致,说明波幅极性不受声音频率的影响,生理心理加工机制一样。听觉1000ms的峰值潜伏期要晚于听觉500ms的峰值潜伏期,该现象受声音刺激频率的影响而产生,刺激频率越大,峰值潜伏期越早,说明声音刺激频率越大,右侧额颞脑区激活越早。

眼动验证实验发现,图6-17中注视次数为5次,图6-18中注视次数为8次,差异原因在于图6-18中敌机数量较多,任务复杂度较大。与前人研究的注视次数与用户加工的界面元素数目有关,而与加工深度无关。图6-18中的扫描路径比图6-17中的要长,且路径之间存在交叉和重叠,原因在于增加声音通道后,可能带给被试理解和决策上的干扰,导致扫描路径变长。已有研究也表明,扫描路径越长,表明搜索行为的效率越低[15]。同时,扫描路径越长,用户信息加工复杂性也越高,也可在图6-17和图6-18中得以体现。图6-19和图6-20所示为用户视线的热点图,可定性理解和获取单通道(视觉刺激)和双通道(视听刺激)下用户视线的兴趣区域和视觉搜索策略,图中颜色越深,代表被试关注度和兴趣度越大。

3. 最优通道的确定

脑电实验数据结果显示,在不同时间压力下,视觉通道时N1成分的潜伏期和波幅显著优于听觉通道的P1成分。通过眼动实验考察视觉通道和视听融合通道条件下被试的认知规律。眼动实验发现,视听融合通道条件下被试眼睛的扫描路径较长,说明搜索行为效率较低。结果表明,数字界面的视觉通道报警提示要优于视听融合通道的报警提示。脑电和眼动实验的实验结果均显示,视觉通道为该界面的最优报警通道。

参考文献

[1] 陈刚,石晋阳. 基于GOMS模型的科学发现学习认知任务分析[J]. 现代教育技术,2013,23(4):39-43.

[2] 傅小贞,张丽. NGOMSL模型及其在界面设计中的应用[C]// 2006年中国机械工程学会年会暨中国工程院机械与运载工程学部首届年会论文集. 杭州,2006.

[3] 李炯,王文勇,缪静. GOMS模型在考试登分系统中的应用研究[J]. 计算机科学,2005,32(4):219-224.

[4] 张亮. 细节决定交互设计的成败[M]. 北京:电子工业出版社,2009.

[5] Smith J. Applying Fitts' Law To Mobile Interface Design[J]. Design Theory,2012,(3):120-128.

[6] Nielson G, Lehman J F, John B E. Integrating Cognitive Capabilities in A Real-time Task[M] // A. Ram, K. Eiselt. Proceedings of the 16th Annual Conference of the Cognitive Science. Hillsdale NJ: Lawrence Erlbaum Associates,1994.

[7] 薛澄岐,李晶,王海燕,等. 一种复杂系统人机界面可用性的检测方法:中国,ZL201410016744.2[P]. 2016-09-21.

[8] 魏景汉,罗跃嘉. 事件相关电位原理与技术[M]. 北京:科学出版社,2010.

[9] 牛亚峰,薛澄岐,王海燕,等. 复杂系统数字界面中认知负荷的脑机制研究[J]. 工业工程与管理,2012,17(6):72-75.

[10] Steven J L. 事件相关电位基础[M]. 范思陆,丁玉珑,曲折,等译. 上海:华东师范大学出版社,2009.

[11] 牛亚峰. 基于脑电技术的数字界面可用性评价方法研究[D]. 南京:东南大学,2015.

[12] 赵仑. ERPs实验教程[M]. 南京:东南大学出版社,2010.

[13] Luck S J,Girelli M. Electrophysiological approaches to the study of selective attention in the human brain[M]//Parasuraman R. The Attentive Brain. Cambridge:MIT Press,1998.

[14] Marshall P J,Bar-Haim Y,Fox N A. The development of P50 suppression in the auditory event-related potential[J]. International Journal of Psychophysiology,2004,51(2):135-141.

[15] 冯成志. 眼动人机交互[M]. 苏州:苏州大学出版社,2010.

7

多通道自然交互人机界面展望

本章以指控系统人机交互的发展作为线索，梳理了人机交互体系在近现代的发展历程，并分析了多通道自然交互在未来人机交互研究中的重要意义。通过对多种交互通道的具体分析，介绍了当下多通道交互所涉及的主流应用。最终以载人登月为背景展示了多种自然交互的实用技巧，通过该实例展示了融合多种自然交互通道技术的应用，也为未来多通道交互技术在军事作战、人员培训等多领域应用提供了思路。

7.1 多通道自然交互人机界面概述

Nielsen[1]曾对下一代人机交互技术做出两方面预言，一方面，未来人机交互将有更多的媒体类型构成更高的信息维度；另一方面，交互也将高度便携和个性化。当前指控系统期望构建更加自然、高效并且支持协作的人机交互体系，对人机界面提出了更高层次的要求。未来的人机交互体系有望构建完备的智能控制自然交互体系，构建“真实”3D 交互显示系统，构建多通道的人机交互，为用户提供栩栩如生和身临其境的沉浸式交互体验，显示不局限于平面，交互不局限于视觉。

日本设计师黑川雅之曾经说：“如果说 20 世纪的商品设计是以视觉要素为中心，那么 21 世纪的设计所必须重视的将是触觉、重量感、温度感以及嗅觉等感官的作用，对于这种感觉的认知是非常直觉而主观的。”自然交互是指在人与产品的交互过程中，产品允许用户利用自身固有认知习惯及其所熟知的生活化行为方式进行的交互动作，是以一种非精确的自然行为与产品进行交互的方式，旨在提高交互的自然性和高效性。

自然交互是对人机交互的一种新的探讨和尝试。让用户获得自然、本真和沉浸式的互动体验是人机交互发展的最终目标。所谓自然，在于运用人的自然机能与机器实现交流和互动。运用多感官、多模态的界面方案来理解周围环境和相互交流，将包括声音、表情、凝视、手势和肢体语言、触觉、嗅觉和味觉等在内的多模态互动无缝衔接。如此，创建自然界面就能使真实的生活体验融入人机互动之中。所谓本真，意指该界面依靠用户多年养成的社交习惯而设计，仅要求用户使用最少甚至是不需要任何学习成本就能与机器进行交流。所谓沉浸式，是一种真实世界与虚拟世界模糊化的体验，计算机或机器成为身体与大脑的延续，帮助用户完成任务。

目前正处于人机交互体系由数字化控制向智能控制自然交互发展过渡的一个关键阶段。从模控仪器到键鼠 WIMP 的图形界面，人机交互已经成功的迈进了一步。在命令行时代完全是人使用机器语言和机器沟通，是“人”迁就“机”的时代。到现在主流的采用键鼠控制的 WIMP 图形界面，计算机和人之间达到一种平衡，开始以更利于人认知的方式来进行沟通。那么人机交互发展到自然交互界面，就是完全“机”模拟“人”的形式，就是尝试用人人交互的方法来达到人机沟通。基于此，人和人之间通过语言、动作识别、情绪识别等交流，自然交互时代下的人机交互也是尝试去采用这样的手段。小的肢体动作——手势(触摸、手部位置、手部姿态)、大的肢体动作——体感、声音通道的交互方式——语音、情绪识别的主要来源——面部图像识别等，构成了自然交互的主要方式。研究多通道人机交互是构建自然交互体系的必经之路。

相比于传统的单一界面，多通道交互界面可以被定义为多个输入模态的组合，以提供给用户更丰富的交互集。输入模态的组合可以分为互补型、重复型、等价型、专业型、并发型以及转化型6种基本类型。

(1) 互补型。当两个或多个输入模态联合发出一个命令时，它们便会相得益彰。例如，为了实例化一个虚拟形象，用户做出指示手势，然后说话。语音和手势相得益彰，因为手势提供了在哪里放置对象的信息，而语音命令则提供了放置什么类型的对象的信息。

(2) 重复型。当两个或多个输入模态同时向某个应用程序发送信息时，它们的输入模态是冗余的。通过让每个模态发出相同的命令，多重信息可以帮助解决识别错误的问题，并加强系统需要执行的操作。例如，用户发出一个语音命令来创建一个可视化工具，同时也做一个手势表示该工具的创建。当提供多于一个的输入流时，该系统便有更好的机会来识别用户的预期行为。

(3) 等价型。当用户具有使用多个模态的选择时，两个或多个输入模态是等价的。例如，用户可以通过发出一个语音命令，或从一个虚拟的调色板中选择对象来创建一个虚拟对象。这两种模态呈现的是等效的交互，且最终的结果是相同的。用户也可以根据自己的偏好(他们只喜欢在虚拟调色板上使用语音输入)或规避(语音识别不够准确，因此他们改用调色板)来选择使用的方式。

(4) 专业型。当某一个模态总是用于一个特定的任务时，它就成了专业的模态，因为它是比较适合该任务的，或者说对于该任务来说它是当仁不让的。例如，用户希望在虚拟环境中创建和放置一个对象。对于这个特定的任务，做出一个指向的手势确定物体的位置是极具意义的。因为对于放置物体可能使用的语音命令范围太广，并且一个语音命令无法达到对象放置任务的特定性。

(5) 并发型。当两个或两个以上的输入模态在同一时间发出不同的命令时，它们是并发的。例如，用户在虚拟环境用手势来导航，与此同时，使用语音命令在该环境中询问关于对象的问题。并发型让用户可以发出并行指令，其体现为在做晚餐的同时也可以打电话这样的真实世界的任务。

(6) 转化型。当两个输入模态分别从对方获取到信息时，它们就会将信息转化，并使用此信息来完成一个给定的任务。多模态交互转化的最佳例子之一是在多模态交互的一键通话界面里，语音模态从一个手势动作获得信息，告诉它应激活通话。

人机交互体系的发展对军事指挥系统至关重要，随着人机交互技术的出现、发展和演变，军事指挥系统应运而生、应势而长，呈现出不同的变化和发展趋势，从模拟控制阶段到数字化控制阶段。数字化控制阶段又分为基于命令行方式的指控系统阶段和基于图形用户界面的指控系统阶段。面对新型指挥设备，传统的交互方式明显已经不能满足用户的需求。随着智能语音、虚拟显示等人机交互方式的发展，整合指挥空间中的多种人机交互方式，形成多通道互补的交互方式才能为用户提供一个高效、自然的交互环境，军事指控系统也将进入基于多通道人机自然交互阶段。因此，建立多通道自然交互体系是人机交互设计的必然发展方向。

7.2 手势与体感交互通道

手势与体感交互是一种利用计算机图形学、深度学习等技术来识别人的肢体语言，并将其转化为相应操作的交互方式，是一种自然的交互方式。近年来，随着人工智能的发展以及计算机计算能力的显著提升，手势与体感交互凭借其在信息传达的自然行、有效性、便捷性上独有的优势在包括虚拟及增强现实自然用户界面交互领域、智能家居、汽车驾驶等领域都有着广泛的应用研究，其中也不乏已经用于实践的产品。

在交互系统之中，同传统的交互方式相比，设计良好的手势与体感交互拓展了用户的可达域，用户可以在较远的距离上完成所需的交互内容。同时，兼具自然性的交互形式可以降低用户的学习成本，并增加交互(尤其是紧急情况下)的效率和准确性，是一种即时可行且有效的交互方式。

7.2.1 手势与体感交互通道的优势

手势与体感交互是指通过用户手部以及肢体的静态姿势或动态动作来进行指令输入，从而实现相关的交互功能。手势与体感交互有着自然性、灵活性、便捷性等优势,同样也有着信息承载量不足、受光照影响较大、个体适应性差等缺陷。本节将从优势和局限两个方面来简要介绍手势与体感交互通道的特点,并简要说明手势交互与体感交互因动作幅度等原因带来的差异。

1. 自然性

与传统的键鼠交互方式相比,手势与体感交互是更具自然性的交互方式。在日常的人与人的交流之中,我们通常也会使用一些手势与体感动作来表达或者辅助语言来表达我们的意图。符合用户心理一致性的手势与体感交互方式将大大减少用户的学习时间,用户无须再记忆鼠标左键或右键的点击分别代表什么交互内容,而仅仅通过符合其心理预期的手势与体感动作即可实现。同时,自然的交互方式同样可以提高交互的效率,尤其在事态紧急时,用户用以思考操作方式的时间极短,符合心理一致性的自然的手势与体感交互可以使得用户快速做出反应且不易出现操作失误。

2. 灵活性

在空间上,手势与体感交互打破了键鼠等交互方式中设备对用户的桎梏,用户可以在较远的距离上脱离实体来进行交互操作。远距离的非接触式操作拓宽了用户的可达域,指战员可以通过非接触的手势与体感来对屏幕边缘的目标进行操作,而无须移动地图或指战员自己移动到可以接触目标的操作位置。

3. 便捷性

在流程上,手势与体感交互对用户的正常活动影响较小,指战员在交谈、查看信息途中可以随时使用手势与体感进行操作从而完成某种指令,而无须到达某种设备或某个特定的地点。

7.2.2　手势与体感交互通道的局限

1. 受光环境影响较大

现有的大多数手势与体感识别技术多源自于计算机视觉图像处理,当识别设备处于一个复杂多变的光照中时,光照不均匀、弱光、手势与体感模糊(移动)以及具有类似肤色的背景干扰等多种原因都可能会导致手势与体感识别的结果不准确。尤其在作战系统中,由于其是一个非常复杂的应用场景,指挥室内光线强度、局部手势与体感周边背景对图像处理都可能会造成影响,在进行手势与体感交互方案设计时,应当考虑这些影响。

2. 信息承载量不足

人的手势非常丰富,例如通过专业的手语我们可以完成绝大部分的日常交流。但是从交互的角度来讲,可以用于指令的符合自然性的交互手势与体感是极其有限的,我们很难通过手势与体感动作完成大量且复杂的诸如文字输入这样的操作,但是同利用鼠标的交互方式一样,少量的自然手势与体感动作已经足够完成大部分的交互功能。

3. 个体适应性差

在手势与体感动作操作之中,相同的操作指引,由于不同人的理解和关注点不同,会造成实际展现的手势与体感动作各有偏差,而且对于同样的手势与体感而言,不同的操作者也不可能做出完全一致的手势与体感,这导致了手势与体感识别系统鲁棒性的降低。在设计相关算法时应着重考虑提高识别鲁棒性的方案。

7.2.3 手势与体感交互通道的差异

体感交互通过较大幅度的肢体动作来进行指令的输入,而手势交互则通过更为精细的手部姿势与动作来完成交互命令,虽然二者同属于通过肢体语言进行指令输入的交互方式,同样具备自然性、灵活性、便捷性、受光环境影响较大、信息承载量不足等特点,但二者在交互特点上也存在着一定的差异。

在灵活性方面,由于体感动作幅度较大,更易于捕获,体感交互相较于手势交互有着更大的操作空间。而由于肢体动作更不宜过于繁杂,体感交互的信息承载量要比手势交互更少。

而在信息承载量方面,手势相较于肢体动作更加多变,可以做出更多样式的手势动作与指令,有着更高的信息承载量,可以承载更多的交互命令。

此外,相较于肢体动作,手部动作有着更小的动作幅度,当手势设计合理时,用户不易感到疲劳。

7.3 语音交互通道

语音交互技术使人们能够用自然的交流技能来与计算机进行交流,它覆盖了广泛的研究活动,在当今信息化时代扮演着至关重要的角色。智能程度越高语音交互的等级也就越高,语音交互的便利程度也会因此提升。随着人工智能技术的迅速崛起,新一轮核心技术变革已经跃然眼前,语音交互技术逐步走入实际应用阶段。

7.3.1 听觉系统特征

在声学领域,人脑听觉认知系统的研究以及相关应用受到了越来越多的关注。人类的听觉认知系统要比目前计算机领域的自动语音识别系统复杂可靠得多,可以帮助我们在复杂的噪声环境下进行合适的自我调节,进行当前任务信息的保持、注意分配、反应选择,使我们具有能够胜任某种听觉任务。这种能力指的就是“听觉认知控制”。听觉认知控制使我们能够将注意力放在当前任务相关的语音刺激属性(如语义、音量或方位等),同时能够忽略或抑制其他和任务不相关的干扰刺激。听觉认知控制系统是接受声音信号的重要部分,对于其进行评价有重要实际意义。

听觉系统主要是获取外界的声音，而声音是由发声体的振动产生的，发声体被称为声源，发声体振动会产生振动波，也就是常说的声波，声波通过空气、水或其他物体进行传播，最后引起耳朵内的耳膜的振动，再经过听小骨传递耳蜗内的毛细胞，在毛细胞内经过化学反应产生神经冲动，最终被大脑皮层中的听觉中枢接收，这样我们就听到了声音，听觉系统的一些参数或特征如下。

1. 音调

音调指的是声音的高低，发声体振动的频率越高，音调一般都会越高，但是短时间的音调对人类来说是不可感受的，只有振动的波形规则并持续，声调才会被听觉系统接收到。

2. 音色

音色跟发声体的材料、结构等相关，不连续的音色也能被听觉系统轻易辨认出来，不需要任何参照，并且能在记忆中存储下来，比如唢呐的声音。

3. 频率范围

人类可听到的频率范围为20～20000Hz（物体按振动来发出声音，频率指的是物体每秒振动的次数）。

4. 声音的距离和方向

发声物体的距离，大脑是根据声音到达人的两耳的强度和时间的先后来判定的，距离到底是多少，主要依靠个人的主观经验，利用听觉系统的这种特性，可以特意营造空间的距离，使用户产生时空观念。在耳朵的水平方向，听觉系统能辨别的方向精度约为10°～15°。如果发声体位于耳朵的正前方，那么精度将达到3°，听觉系统对人头部前方的声音辨别力较差，来自头部后方的辨别精度最差，这是人耳的结构造成的，来自人头部后方的声音部分容易被耳郭遮蔽，因此没法精确辨别，这也是人们辨别声音方向时将头转来转去的原因。对具体方向的判断，大脑皮层通过分析两只耳朵接收到的声音的差别，来确定发声体也就是声源的方向。

5. 声音的强弱

听觉系统对声音强弱的判断可依据响度来衡量。响度指的是人体对声音强度和频率的综合感受，它是一个心理度量标准，由强度、频率共同决定。因此强度强、频率弱的声音与强度弱、频率强的声音的响度可能是一样的。

6. 语音和非语音

从认知角度，声音可以分为语音和非语音。语音一般指人类交际的语言声音、自然声音、乐声等，而非语音则指的是自然声音录制音、合成音等。在互联网产品中，语音一般用来显示产品的页面信息，而非语音则是听觉反馈的重要表现工具。计算机系统的刺耳的警告声，任务完成时悦耳的提示声，这些都是听觉反馈中的非语音的用武之地。

7. 立体声和环绕声

立体声和环绕声可具有方向概念,受众能感受到空间维度信息。

7.3.2 听觉信息特性

听觉通道在视觉通道过载的情况下有着良好的吸引人注意力的能力,其独特的性质赋予了声音还具有其他感官难以比拟的特性。

1. 快速传播

声音由内耳传到大脑皮层,由于内耳的敏感的生理特征,声音比视觉、嗅觉等刺激性更强,大脑皮层的反应时间更多,也就是通过声音的这个特征能更快地获知信息。

2. 容易被感知

大脑皮层对声音信号的变化极其敏感,声音存在于时间维度上。如果声音随时间不断变化,避免各项参数恒定,那么听觉系统将对其持续关注。

3. 引导特性

在视觉反馈和听觉反馈同时存在的情况下,听觉反馈的信息会对视觉反馈的信息进行一定的引导,然后视觉系统对引导后的结果进行精调,从而获得准确的信息。很典型的一个例子是,人们总是先听到救护车的警报,然后再通过视线来搜寻救护车的具体位置。在使用互联网产品的时候,用户也常常是听到听觉信号后才进行进一步的搜寻和操作。

4. 存在感

没有声音的世界,人们会失去方向感。这一定程度上说明了盲人靠声音辨别方向的原因。而有了听觉反馈的信息,人们更容易进入到特定的环境,比如在玩游戏的时候,游戏的背景声音、刀剑相交的声音、风的呼啸声,借助听觉反馈的信息,使用场景会变得更加真实,用户更容易操作。

5. 文化和地域特征

在人类历史的进程中,声音具有不可比拟的地位,产生了多样的语言和文化,就像你在看电影的时候,听到背景音乐就大致猜出这是美国、日本还是俄罗斯的电影,因为声音已经深深地烙上了文化和地域的特征。

7.3.3 语音用户界面特性

语音用户界面(voice user interface,VUI)也被称为声音界面、听觉界面,是指利用声音(包括语音和非语音)来实现信息的输入、输出、反馈及响应。其作为新一代的交互模式,是一种以人类内心意图为中心的人机交互方式,以交谈式为核心的智能人机交互体验。相较于其他交互方式,VUI 具有以下特点。

1. 复杂文本高效输入

传统 GUI 以打字、操作鼠标为主,而 VUI 则以语音(听说)为主。有研究表明,语音交互消息比打字快得多。同时,语音交互能够充分释放双手。这在分秒必争的战场来说,将大大提高作战效率。高效的交互方式就是好的交互方式。人机交互在于提高人的使用表现,从速度、准确性、注意负荷3个维度衡量。让用户速度越快、越准确,并且占用最少注意负荷的就是好的交互。使用语音进行复杂文本输入比使用键盘打字要快得多,考虑到打字也存在输入错误的情况,在低噪环境下语音交互在文本输入的表现上非常出色,逐渐有越来越多的实际产品在文本输入处加上语音接口。

2. 均衡感官通道占用

传统GUI在界面显示上总归面积有限,为了解决空间上的限制就必须将信息分层,并且用户被限制在固定的结构中,强迫用户沿着规划的路径去完成操作。而语音不容易受信息纵深度的约束,可突破界面层级限制,在短时间内能进行大量的信息获取与处理,能让交互过程变得更加快捷。对于战场上传统需要多步才可完成的交互命令,语音交互可以一步完成,大大缩短了交互时间。

3. 更自然的交互表达

传统GUI是后天被迫学习的,而VUI对于每个人来说都是熟悉的技能。人们都是先学语言交流,再学书面表达,因此语言表达想法是一种本能反应,而使用文字,则增加了一次转化。

4. 更高的信息容量

语音中包含了语气、音量、语调和语速这些特征,交流的双方可以传达大量的信息,特别是情绪的表达,其表达的方式也更带有个人特色和场景特色。当见不着面、听不到声音时,人与人之间的真实感就会下降很多。

5. 更低的硬件成本

语音识别相比于其他多通道交互技术,对于硬件的需求较低,任何一款数字设备都具备语音交互所需要的硬件(麦克风、处理器)。也正因如此,语音交互具备非常广泛的应用场景。

7.3.4　语音交互的局限性

1. 语音识别不准

随着深度学习技术在语音识别上取得突破,在通用环境用户配合情况下,语音识别已经达到可用。但是语音识别受环境嘈杂、距离远近、方言口音、垂直领域术语、个性化词汇、即时场景下特有用语各种因素的影响,当前实用语音识别的效果还不够理想。

2. 语义理解不对

语音交互中的语义理解要处理的用户口语化的意图表达,人类语言通常存在上下文关联、场景特定用语、口语化、常识背景、省略说法等语言现象,同时一些垂直领域实体取名复杂,存在大量实体歧义现象(比如“星期六”是一个通常词汇，也是一个股票名)，场景、语境、交互对象的不断切换让语音交互中的语义理解更加困难。

3. 系统响应单一

之前的机器反馈大多是基于确定对话策略和语言生成策略来生成系统反馈内容，语言缺少变化。同时机器的语音合成一般采用一个固定的风格进行播报，缺少人与人交流过程中的风格变化，容易产生听觉疲劳。

4. 信息内容不足

信息获取是语音交互两大目的之一(另一目的是智能操控)，受限于终端设备的存储能力以及信息的即时要求，通常这个过程需要请求云端的信息内容服务。外部信息内容服务的授权机制是每一个语音交互应用需要考虑的问题，解决不好，交互设计得再好也无法满足用户需求。

5. 系统引导性弱

语音是一种不可见的东西，在发生交互之前，不知道它能够提供些什么，即使在交互过程中，仍然不能了解到其边界，需要用户探索。

6. 使用场景有限

语音 VUI 在使用时容易受环境、用户、使用场景的限制。在嘈杂环境中，语音识别率下降；在公共场合，语音操作的隐私性会受到影响；另外一些特殊的场合，语音操作会影响其他人。在作战指挥环境中往往存在很多不同类型、不同强度的噪声，其中一些是由说话人因素造成的，还有很多是由周围环境因素造成的。当这些噪声出现时，语音频谱会随之改变，语音识别系统性能也因此受影响。

7. 记忆性差

语音交互具有很强的时间性，用户记忆力有限，稍微分心就会漏掉某些重要信息。

8. 信息反馈认知弱

语音信息反馈是点状的，信息之间需要用户自己去理解串联，无法具备全局视野；而传统界面的信息反馈是发散的，通过看一个信息可以获取相关信息，能够更加直观地了解上下文及信息脉络。也就是说，基于人类的视觉优势，视觉反馈比语言描述认知深刻。

7.3.5 语音用户界面应用展望

目前，国内外对语音交互及语音用户界面的研究主要集中在硬件和技术方面，而针对 VUI 的交互体验研究还处于相对空白阶段。由于硬件条件限制和网络数据传输等原因，基于 VUI 的语音助手类应用程序伴随的反馈时间会给用户造成延时感，成为用户使用 VUI 时的常见经历，这种情境下的反馈时间是否具有重要影响值得研究者思考。GUI 的图形用户界面可以将一个状态在屏幕上停留任意时间,而 VUI 需要遵从人类对话时一般采用的时序规则。人类在交谈时,反馈过快的对话会给听者造成紧张感和急促感,但长时间的沉默又会对对话过程产生破坏,所以 VUI 需要采用人类适用的时间策略,而不仅是技术上可行的策略。随着语音交互技术的发展,各类语音助手软件之间已出现了强烈同质性和可代性,导致用户对于此类软件的体验要求不断提高,VUI 的反馈时间给用户造成的时间知觉变得尤为重要,其反馈时间很可能决定用户去留。因此,如何控制 VUI 的反馈时间,令用户在语音交互过程中拥有良好的时间体验,是用户使用 VUI 进行语音交互时的一个重要问题。

现阶段,人机语音交互的主要载体就是语音用户界面,例如,Siri 智能语音助手、"小爱同学"智能语音助手、Bixby 人工智能助手、Cortana 人工智能助理等。用户使用 VUI 进行语音交互循环的流程分别为"用户说出特定唤醒词唤醒 VUI""VUI 呈唤醒状态""用户向 VUI 说出语音指令""VUI 给予用户反馈"。其中反馈时间会在两个阶段产生:第一个阶段是"用户说出特定唤醒词唤醒 VUI"后到"VUI 呈现唤醒状态"前的总时间 t_1;第二个阶段是"用户向 VUI 说出语音指令"后到"VUI 给予用户反馈"前的总时间 t_2。在时间心理学研究中,"时间知觉"指个体对直接作用到自身感官上的时间刺激所做出的一种持续性和顺序性反应,即个体在没有使用任何计时器的情况下,可对时间长度和速度产生的感知做出判断。人们对时间的感知与人们对色彩、形状和温度等各种元素的感知能力是一样的,是人类与生俱来的知觉本能。用户使用 VUI 过程中产生反馈时间是由于后台处理用户的语音数据会消耗时间,VUI 的实际反馈时间是让用户产生时间知觉的主要因素。因此,合理控制 VUI 的反馈时间是提升语音交互反馈体验的主要方式。用户使用 VUI 进行语音交互过程中的情感体验可以通过 VUI 反馈时间的设置进行引导,不同的反馈时间对用户时间知觉及主观情感的影响是不同的。用户在使用 VUI 进行语音交互过程中等待反馈的极限时间阈值为 1850ms,其中用户的时间知觉和情感体验最良好的反馈时间点为 750ms。相比低于 750ms 的较短反馈时间、高于 750ms 后的较长反馈时间对用户的时间知觉和情感体验的影响差异较大。具体表现在,当 VUI 反馈时间超过用户等待的极限阈值时,用户会产生厌烦、焦虑、无聊等低级唤醒度和低效价度的情感,对于反馈时间的接受程度会大大降低。

可以在设计研发 VUI 语音交互产品中考虑加入用户语速检测模块,控制 VUI 的反馈时间,让语音交互过程更符合人类适用的时间策略,并且更加智能和自然。

人类耳听、眼观、嘴说、手动的自然构造,说明适应环境最好的方式就是分工合作,协同感知和应对环境,并做出最合适的行为反馈。所以,最符合于人类的人机交互体验,就是在不同的场景由不同的器官(方式)来完成,以一种自然的方式与外界进行信息交互。

随着技术的进步,交互的方式定将发生颠覆式革新,未来的人机交互将更趋向于立体和本能。GUI 连接 VUI,是一对有机的结合体,因为它符合人类的本能,语音交互不是取代触摸交互的升级,两者之间只会彼此共同促进,通过恰当的协作机制提供更好的用户体验。

7.4 眼动交互通道

眼部追踪是对眼睛运动进行跟踪的研究方法,通常还采用“眼睛跟踪”、“凝视跟踪”或“眼睛注视跟踪”等术语进行描述。眼部追踪是利用特定的眼动设备或者眼动系统来记录一个人在某一环境中注视物体而产生的眼动数据的方法,是一种被广泛使用的神经心理学方法。

注视是人眼获取信息的主要方式,人眼中央窝需对准目标物体超过 100ms,被注视的物体在中央窝上成像后才能获得充分加工并且形成清晰的像。因此,眼动过程能够直观地反映出人的注意过程,在对眼动数据进行分析处理后,可以得到人的视觉感知信息、注意信息等具有研究和应用价值的数据。眼部追踪交互通道利用眼部追踪能够反应用户注意过程特质,通过追踪记录用户眼动信息,以视觉注视点作为主要信息输入,对信息数据进行分析处理后给予相应的信息反馈,从而更便捷地完成人机交互。眼部追踪交互通道使用户无须与交互设备进行实际接触就可以输入信息并接收信息反馈。眼部追踪交互系统能够对所采集的生理数据进行识别、计算、归类等分析处理后即时反馈信息,能提供高效准确的人机交互流程。眼部追踪设备可以是红外设备,也可以是图像采集设备,随着科技的发展进步,甚至一般计算机或手机上的摄像头,通过一定的软件支持也可以实现眼部追踪。

由于眼部追踪数据可以表征用户交互意图、反应用户注意情况,且基于眼部追踪的交互具有“所见即所得”的特点,所以在文本、语音、手势等形式的交互语义无法准确表达或交互效率不够高的情况下,通过眼部追踪交互表征视觉行为和交互语义,可以有效降低语义歧义性,提高人机交互质量水平与效率。

7.4.1 视觉系统特征

1. 人眼工作原理

人眼是一种复杂、精细、能够自适应调节的生物学系统,它也是人类感知信息的主要渠道。人眼在复杂多变的环境光下适应调节主要是通过角膜对入射光线的聚集和虹膜对瞳孔大小的调节来完成。

在人眼的生理结构中,睫状体对晶状体的控制使得人在晶状体扁平的情况下能看清远处物体,而在晶状体较厚的情况下能看清近处的物体。光线透过角膜和晶状体后,投射到极为敏感的视网膜上,被视网膜上的感光细胞——视杆细胞和视锥细胞所接收。视杆细胞不能区分光色，但其光敏度高，保证人在环境光线微弱的情况下识别物体；而视锥细胞是色光接收器，使人拥有色觉。视网膜上的视锥细胞主要集中在与瞳孔相对的小点上，即视网膜的中央凹。这就导致人只能在狭窄的1°～2°范围内看得清楚。当光线到达感光细胞时，眼睛将获取的信息转换为信号，并最终通过神经传输到大脑，于是人形成了视觉。

2. 基本视觉特性

1）色彩空间

人眼之所以能辨识颜色，是由于眼睛内存在3种能辨色的锥状细胞，这3种锥状细胞分别能吸收不同波长范围的光（红、绿、蓝）。但人脑内部是依靠对比度来感知信息的，3种颜色进入人脑后会转变为对比度信息。有研究人员对三通道模型与空间频率的关系进行了考察，把任意的颜色变化分解为黑白、红绿、黄蓝等对立色，并建立了彩色独立模型。

2）多通道特性

视觉心理学和生理学实验表明，人类视觉系统包含独立的空间频率处理单元，也称作通道。有研究提出人眼黑白视觉中在30°～60°之间存在几个倍频程的通道；人的彩色视觉中相似的视觉通道在60°～130°之间。这些独立通道之间并不完全孤立，而是存在着相互作用，它们会先将视觉激励做子带划分之后再进行处理。

3）对比度灵敏度

对比度是对亮度相对变化的一种量度。一般来讲，对比度与激励信号的相对亮度幅度成正比。人眼对比度的敏感度与激励的颜色、空间和时间频率有关，对比度灵敏度函数（contrast sensitive function，CSF）通常被用来定量描述这些相关的程度，它被定义为对比度门限的倒数。当时域频率为0时，人眼视觉系统的空间对比度敏感性也称为调制转移函数（modulation transfer function，MTF）。对MTF的研究表明，人眼视觉系统对静止图像的空间频率响应呈带通特性，即分辨率越高，低频段灵敏度度会下降。

4）视觉掩盖效应

在CSF的研究中，为了简化问题的分析，默认了一种假设：视觉激励或者是一个单一的频率信号，或者是一个常量。事实上，当人们观察一幅图像时，图像对人眼的激励是若干幅值的若干频率信号的组合。此时人眼对一个激励的响应已经不仅仅受限于这个激励本身，还要受到其他激励信号的影响。视觉掩盖效应是指在一个视觉激励存在的情况下，人眼视觉系统对另一个激励可见阈值提升或降低的现象。

3. 眼动的基本模式

了解了人眼的生理结构特征后，进一步研究眼动信息的人机交互技术。在人机交互中，眼动涉及了生理、心理、神经科学、计算机科学等诸多交叉学科的知识,其应用分布广泛,且取得了一些重大的发展和成果。对眼动信息处理的运用,需要掌握眼动的 3 种基本模式:注视、扫视及平滑尾随。

1)凝视

凝视是指视线保持在被观察的目标上超过 100ms 的时间,人类获取的大多数信息都是通过凝视加工获取的。眼睛在注视静止目标的过程中不是完全不动的,这一过程中存在 3 种微小的眼动:漂移、震颤和无意识眼跳。这些微小眼动会降低视线追踪的准确性,因此一般需要在采集眼动数据之前进行去噪滤波,剔除无效信息,合并微型眼跳等预处理操作。

2)扫视

扫视是指双眼同时从一个注视点快速移动至另一个注视点。视角范围是 1°~40°,持续时间范围是 30~120ms,最高速度可达 700(°)/s。在扫视的过程中,几乎无法获取任何信息。

3)平滑尾随

平滑尾随是指眼球随着移动的目标的连续运动,其运动的速度范围是 1~30(°)/s。因此,这种眼动方式只适用于追踪运动缓慢的物体,具有一定的局限性,但在人类阅读及临床医院有重要的运用。

7.4.2 眼动信息特征

通过对眼动信息的实时追踪,能够获取反映用户真实状态和交互意图的眼动信息,这些信息具有以下特点。

1. 直观性

人的认知加工过程在很大程度上依赖于视觉系统,有 80%~90% 的外界信息是通过人眼获取的。因此眼部的状态能直观地反映人的注意和认知状态。此外,眼睛也是人与人之间交流和沟通的主要途径之一,因此眼动信息具有自然、直观的特性。

2. 高效性

目前常用的光电式眼动仪都采用红外 LED 和高清相机对眼动信息进行实时捕捉,这样的数据采集过程不仅能采集到精准的眼动信息而且非常高效,几乎没有延迟。

3. 精准性

在眼动研究的早期,眼动信息主要靠人工观察、电磁感应法等误差较大的方式进行收集。随着科技的进步,眼动追踪技术不断迭代发展。目前无论是固定式还是移动式眼动仪,在进行预设的校准流程之后,都能够做到对眼动信息进行采样频率在 60Hz 以上的精准采样收集。

4. 低成本

一个小型的眼动仪由一个摄像头、一个 LED、一个处理器和软件组成。在智能设备如智能手机、平板电脑、笔记本电脑，甚至一些电视机上，所有这些组件都已经存在，即使单独生产，这些组件的成本也比制造光电鼠标的成本要低。先进的眼动仪为了应用立体视图而使用两个摄像头和多个LED，尽管如此，在大批量生产中其成本依旧可以负担。

7.4.3　眼动交互特征

眼动交互是一种新兴的交互方式，它利用眼动信息完成人机交互行为，与之相关的界面或者应用也在被不断地研究与开发中，眼动交互的特征有以下几个。

1. 交互效率高

由于眼动信息可以表征用户交互意图、反应用户注意情况，且基于眼动信息的交互具有“所见即所得”的特点，所以在文本、语音、手势等形式的交互语义无法准确表达或交互效率不够高的情况下，通过眼部追踪交互表征视觉行为和交互语义，可以有效降低语义歧义性，提高人机交互质量水平与效率。

2. 操作简单

人机交互领域的研究一直在寻求更有效、更直观、更简易的交互方法。眼动交互就是这样一种轻松简单的交互方法。用户可以直接通过眼球的运动与机器进行快速的交互，无须预先学习和培训即可使用。

3. 交互自由

目前常用的眼动追踪技术无须与外部设备进行复杂的连接，只需要戴上头戴式眼动仪，或直接面向无须任何物理接触的桌面式眼动仪，完成校准程序即可享受无约束、自由的交互方式。机器视觉的发展使计算机能够通过眼动信息，自主揣测用户意图，即无须用户主动发出指令，这使得眼动交互更加轻松随性。

4. 减轻身体损伤

传统的交互设备，如鼠标和键盘，如果使用过多可能会导致身体损伤，如腕管综合征等。眼睛的移动是快速且轻松的，因此眼动交互能够减少因操作传统交互设备带来的身体上的损伤。

5. 用户情况捕捉

眼动数据可以作为情境信息来分析用户情况和发生的活动如疲劳、兴趣点等。无须用户主动凝视触发指令，计算机可以自动捕捉眼动信息进行分析处理，并根据处理结果即分析得出的用户当前状态来调整自身行为。

7.4.4　眼动交互的局限性

1. 眼部疲劳

用户主动进行眼动交互的次数如果过多，眼球移动幅度过大，可能会增加眼球神经和肌肉负荷，导致眼部的疲劳，反而会影响人机交互的效率和体验。因此如何合理地应用眼动交互，而不造成重复性压力损伤应当是一个值得考虑的问题。

2. 眼动交互与眼睛视觉任务的冲突

视觉和交互需要不同的眼睛运动，因此眼动交互有时会存在输入—输出之间冲突的问题。此外，眼睛作为我们的主要感知器官之一，还未进化成一个控制器官。有时它的动作是主动控制的，而有时是由外部刺激驱动的，这可能会导致交互过程失误的出现。

3. 适应性问题

眼动仪在光照条件相对稳定的室内场所通常运行良好且可靠，而在室外环境或光线多变的场所可能会出现极端的光线反差或光线的快速改变，这对眼动数据的采集是一个很大的挑战，因为眼动仪会很难可靠地在摄像机图像中检测出瞳孔和闪光点。因此眼动交互的环境条件应当受到约束和限制。

4. 校准问题

眼动仪需要进行校准以达到良好的精度。使用红外 LED 闪烁的方法取决于眼球的半径，因此，需按用户校准。尽管眼动仪能够在无闪光点的时候确定瞳孔在空间的方向，不依赖眼球半径，但是仍需要校准。因为每个人的中央凹位置不同。光轴并不完全是视轴。对于精准度要求较高的公共系统的凝视检测，如自助柜员机等，校准过程将面临极大的挑战。

5. 点石成金问题

这是眼动交互的一个重要难题，点石成金问题指的是有时仅仅想看看屏幕上有什么，我们可能就会因为凝视信息被系统捕捉到而触发交互指令。是Jacob首先发现的这个问题，他的描述是“起初，它非常简单，看你想要什么，它就会发生。但是不久之后，它就变得像点石成金那样。你看的每一个地方，都有一个指令被激活；你看的所有地方都会触发指令。”

7.4.5 眼动交互方式

在人机交互过程中，基于人眼的生理特征、眼动的基本模式，并结合眼动追踪技术的眼动交互方式主要有以下几种不同的方法。

1. 眨眼

眨眼是人类生理性的行为，正常人的眨眼频率为 10 次/min。通常计算机通过眨眼过程中的闭眼时间来区分用户有意图的眨眼指令和无意识的生理性眨眼。若闭眼时间为 300～400ms，则定义为有交互意图的眨眼。眨眼交互的概念与常见的鼠标交互十分类似，例如通过一次眨眼完成鼠标“单击”操作，两次眨眼完成鼠标“双击”操作。

然而眨眼交互的方式有一个很大的缺陷，那就是长时间、频繁的眨眼交互会使操作者感到疲劳。如果用眨眼代替鼠标点击,有的任务需要每小时进行成百上千的点击操作,如此庞大的眨眼数量必然导致眼部的紧张和疲劳。因此,眨眼交互很少应用于人机交互领域,特别是长时间、高强度的人机交互作业。

2. 凝视指向

凝视指向是种通过凝视目标对象触发相应交互指令的技术。凝视指向时把凝视作为信息输入最显而易见的方法。看东西是人们的直觉,眼睛能够快速且轻松地执行此任务。指向也是与图形用户界面交互的基本操作,用眼睛来完成指向将加速交互的过程。但凝视指向技术也存在一些问题如点石成金问题(眼睛凝视交互对象就会触发指令,即便在意图为单纯浏览时也会触发)和精度问题等。

3. 平滑尾随跟踪

根据眼动的基本模式可以确定视线跟随缓慢移动的物体进行移动,这在眼动交互界面中表现为动态界面中的元素保持长时间、连续地缓慢移动,眼睛会捕捉该元素的运动方向和运动速度等信息。但实际情况是界面中的元素更多的是静态的,偶尔有动效提醒而不需要用户连续地进行平滑尾随追踪,且这一连续的运动会产生较大的眼跳,在无运动的目标的界面中无法进行眼动交互,因此此种交互方式基本不被使用。

4. 眼势

眼势指通过眼动仪检测到的一系列有序的视觉行程,眼势交互将特定的眼动序列转换为对应的指令,从而对计算机进行信息输入,这种运动可以通过眼动仪检测到,进而触发对计算机的指令。眼势交互的眼动路径是有序的,任何一段眼动的行程都是人类在两个固定的注视点之间有意识的眼动完成的。类似于移动端的手势交互,手指需要划过一段距离才能完成交互,眼势也需要沿着一定的路径扫视一段距离系统才能确定眼势交互完成。其缺点是扫视行程识别距离不宜太短、人眼跳动具有不稳定性。这一交互方式相比其他3种交互方式有较为显著的优点:完成界面的眼势交互耗时少,正常情况下耗时30~120ms;节省界面空间,不需要额外占用其他界面区域;能避免米达斯接触的问题,机器能清楚地辨别是否为有意图的眼动信息。但由于眼势交互路径方式不确定及眼跳的不稳定性,使得其应用具有一定的局限性。

5. 作为情境的凝视

作为情境的凝视是把凝视数据作为情境信息或者使用用户的凝视进行隐式人机交互。计算机利用眼动仪的信息来分析用户的情况和发生的活动,并根据用户当前状态来调整自身行为。作为情境的凝视主要包括3个方面:①活动识别,即根据用户眼动猜测用户活动;②阅读检测,即通过分析用户眼动数据得到用户阅读能力相关信息;③注意力检测,即将凝视作为注意力指标,感知用户完成各项任务时的注意情况。

综合这几种眼动交互技术，凝视是人直接快捷获取信息的最主要方式，其具有较高的可靠性、自然性、低学习成本，且因凝视时间阈值可控能适用于复杂多变的环境。因此，在指控场景中采用凝视指向方式完成眼动交互。

7.4.6 眼动交互设计原则

设计原则的主要目的之一是优化用户的产品体验，通过对行为、形式与内容的约束，使得设计的产品具有最低的工作负荷，用户在使用产品时是自然而然的，而无过度的累赘感和不适感。

"以用户为中心的设计"让设计人员更理解用户的期望、需求、动机和使用的场景。关注用户关系到设计流程的完整性、信息架构构建的合理性和使用场景的真实性等。根据以用户为中心的设计方法、眼动仪软硬件基础和眼动的生理特性，总结出眼控交互系统设计的设计原则如下：

（1）适用于不同人群。需要通过一定的用户研究确定是否佩戴眼镜、不同瞳孔间距等条件下的人均能正常使用，同时由于交互的自然性，眼动交互必将会作为人日常生活中必不可少的交互方式，所以在开发眼动交互系统前，选择正常人作为背景研究。

（2）交互方式友好。系统拥有较低的学习成本，保证用户使用具有较低的认知负荷；交互方式自然，用户能轻松地、依据自然的习惯、自然地使用本系统；交互效率较高，系统能实时反馈，用户知道自己每一步操作在做什么，以及去哪里。

（3）系统状态易于感知。反馈在交互设计中经常被提及，系统需要保证实时监控眼动行为、系统鲁棒性及后续操作的可靠执行，常用界面及时的交互反馈能让用户清楚注意力处于界面的什么地方，以及通过认知决策做出相应的行为，而眼控界面的反馈多了注视点视标的反馈，让用户的注意力更聚焦。

（4）避免米达斯接触效应。系统具有能识别用户是"有意识"还是"无意识"的发出眼动交互行为，有下述两种比较有争议的方法：Kaufman[2]和Rasmusson[3]等分别提出用眨眼、皱眉、面部肌肉运动以及头控与眼控相结合的方式触发选择目标对象，从而解决这一难题，而Jacob[4]则认为这类触发选择对象的方式违背了自然交互原则。从前人的研究及上文的眼动交互方式的讨论分析，本文采用设置注视时间阈值的方式进行"有意识"交互行为。

（5）用户自主选择原则。由于用户的教育程度不同而习惯于不同的交互方式，眼控界面应该有一定的拓展性，用户能根据自身的习惯进行不同交互方式的选择，减轻因较高学习成本带来的不适感，提高用户体验及"以我为中心"。

7.4.7 眼部追踪交互的具体应用

1. 心理学研究领域

眼部追踪技术在早期多应用于心理学研究领域，有人对被试浏览艺术图片时的视觉扫描路径以及注视密度进行了实验测试,发现被试的视线基本都是沿着图中人物或者物品的主要轮廓线移动的,并且轮廓线的复杂程度、视觉处理难度与注视时间呈正相关。

2. 界面设计与评估

在界面设计领域,可以通过分析用户的视线扫描路径来研究人与机交互过程中人的信息加工的一些内在规律,用眼动测试所取得的量化指标来建立原型测试模型,从而使界面的概念模型与人的心理模型更加吻合。

在界面评估方面,可通过采集眼部运动时与空特性相关的数据,分析得出一些重要的眼动参数,从而为优化界面设计提供基础。眼部追踪数据能够体现用户对交互界面的满意度、倾向和偏好,以此为根据改进交互界面,能够很好地提升交互体验。

3. 工效学

在工效学方面,现代人机系统,特别是在航空航天驾驶中,作业人员是在特定环境中操作和管理复杂系统和机械设备的,当人在这种环境中工作时,既要靠眼睛来观察环境,又要靠细致的注视来精确控制动作。利用眼动仪系统,通过分析眼睛的运动就可知人在操作时如何分配注意力,同时了解仪表、屏幕以及外视景如何设计和合理分配才能获得最好的人机交互,既减轻操作人员的工作负担又避免出错,切实提高人机工效。此外,通过跟踪、定位与识别眼睛状态能够获取用户疲劳状态,开发针对驾驶员、管控员等需要保持警觉状态人员的监测与告警系统。因此,眼动追踪能够反映用户疲劳状态,及时做出系统反馈和告警,对于重视安全因素的作业领域来说很有发展潜力。

4. 航空与军事

在航空与军事方面,随着现代战争对高科技需求的增加,头盔显示器和头盔瞄准具作为一种重要机载显示设备,其地位和作用也越来越突出。由于眼球的转动既迅速灵活又不受生理因素的限制,假设在视野范围内只要看到目标就可以使战机捕捉到目标,在格斗中可以赢得宝贵的时间,增加获胜的机会。因此,如果能够基于眼睛不受限制、可以灵活转动的特性,实时监控眼睛注视的方向,使战机更加快捷地跟踪目标、锁定目标和对目标进行打击,则可以大大提高战机的战斗效率,从而使战机的作战能力和生存能力得到极大的提高。

7.5 虚拟三维显示通道

7.5.1 虚拟三维人机界面概述

近年来,随着光学显示设备关键技术的突破与计算机图形运算能力的提升,市场上不断涌现出种类不同的三维立体显示设备,虚拟三维人机界面设计进入了全新的时代。如今的三维人机界面不再局限于平面显示器内通过透视原理实现的“假三维”视觉效果,借助各类三维立体显示设备,计算机逐渐能够真实地还原显示出虚拟空间的三维信息。

20 世纪 90 年代,“智能硬件之父”多伦多大学教授 Steve Mann[5] 提出了介导现实(mediated reality)的概念,用于描述虚拟信息与来自现实世界的视觉信息的混合。像爱因斯坦提出的由时间和空间共同组成的时空连续体(space-time continuum)一样,真实的物理世界和虚拟的数字世界也共同组成了介导现实连续体(mediated-reality continuum),此连续体中包含了时下最前沿的几种虚拟三维人机界面概念。

1. 虚拟现实

VR 最大的特点是利用计算机模拟产生一个三维空间的虚拟世界,提供使用者关于视觉、听觉、触觉等感官的模拟,有十足的“沉浸感”与“临场感”,让使用者如同身临其境一般,可以及时、没有限制地观察三维空间内的事物。在这个虚拟空间内,与使用者形成交互的是虚拟世界的信息。

虚拟现实技术是仿真技术的一个重要方向,是仿真技术与计算机图形学人机接口技术、多媒体技术、传感技术、网络技术等多种技术的集合,是一门富有挑战性的交叉技术、前沿学科和研究领域。虚拟现实技术主要包括模拟环境、感知、自然技能和传感设备等方面。模拟环境是由计算机生成的、实时动态的三维立体逼真图像。感知是指理想的 VR 应该具有一切人所具有的感知。除计算机图形技术所生成的视觉感知外,还有听觉、触觉、力觉、运动等感知,甚至还包括嗅觉和味觉等,也称为多感知。自然技能是指人的头部转动,眼睛、手势或其他人体行为动作,由计算机来处理与参与者的动作相适应的数据,并对用户的输入做出实时响应,并分别反馈到用户的五官。传感设备是指三维交互设备。

2. 增强现实(augmented reality,AR)

AR 是一种将真实世界信息和虚拟世界信息“无缝”集成的新技术,通过计算机系统提供的信息增加用户对现实世界感知的技术,并将计算机生成的虚拟物体、场景或系统提示信息叠加到真实场景中,把无法实现的场景在真实世界中展现出来,从而实现对现实的“增强”,达到超越现实的感官体验。

3. 混合现实(mixed reality,MR)

MR 是指通过在现实场景呈现虚拟的场景信息,在现实世界中呈现虚拟世界的内容,与观众搭建交互关系的技术。MR 与 AR 均通过在真实世界中叠加虚拟信息实现,需要整合计算机图形(computational graphic,CG)、计算机视觉(computational vision,CV)、计算机摄影(computational photography,CP)等多项技术。而 MR 与后者最大的区别在于,MR 是把虚拟画面融合到现实里面,让虚拟画面对现实世界形成一种补充,更完美地融合现实和虚拟世界。相比 VR/AR,MR 更注重虚拟画面对现实环境的影响。

7.5.2　虚拟三维人机界面的特点

Burdea[6]在 *Virtual Reality Technology* 一书中描述了 VR 的 3 个基本特征,即构想性(imagination)、交互性(interaction)以及沉浸性(immersion),这是在 Foley[7]提出的 3 个关键元素(2I + B)的基础上做了进一步完善,Burdea 认为在 2I 的基础上增加一个 I(immersion)能更好地表示任何虚拟三维显示系统的属性。因此,他用 3I 精辟地概括虚拟三维显示的特征。其中:

(1) 构想性是指虚拟环境可使用户沉浸其中并且获取新的知识,提高感性和理性认识,从而使用户深化概念和萌发新的联想。因而可以说,虚拟现实可以启发人的创造性思维。

(2) 交互性是指在计算机生成的这种虚拟环境中,人们可以利用一些传感设备进行交互,感觉就像是在真实客观世界中一样。比如,当用户用手去抓取虚拟环境中的物体时,手就有握东西的感觉,而且可感觉到物体的重量。

(3) 沉浸性是指利用计算机产生的三维立体图像,让人置身于一种虚拟环境中,就像在真实的客观世界中一样,能给人一种身临其境的感觉。

虚拟现实强调了在虚拟系统中的人的主导作用。从过去人只能从计算机系统的外部去观测处理的结果,到人能够沉浸到计算机系统所创建的环境中;从过去人只能通过键盘、鼠标与计算环境中的单维数字信息发生作用,到人能够用多种传感器与多维信息的环境发生交互作用;从过去的人只能以定量计算为主的结果中启发从而加深对事物的认识,到人有可能从定性和定量综合集成的环境中得到感性和理性的认识从而深化概念和萌发新意。总之,在未来的虚拟系统中,人们的目的是使这个由计算机及其他传感器所组成的信息处理系统去尽量“满足”人的需要,而不是强迫人去“凑合”那些不是很亲切的计算机系统。

7.5.3　虚拟三维人机界面的关键技术

虚拟三维人机界面的实现主要依托于硬件层面的三维立体显示技术,以及软件层面的实时渲染技术。

1. 基于双目视差的三维立体显示技术

基于双目视差的三维立体显示技术又称为立体图像对技术(stereo pair),是目前发展最成熟、应用最广泛的三维立体显示技术。这种技术的基本原理是:先产生场景的两个视图,然后用某种机制将不同视图分别传送给左右眼,确保每只眼睛只看到对应的视图而看不到其他视图,本质上是空间中存在两张或多张平面图像,通过“欺骗”人眼视觉系统而立体成像,长时间观看易造成视觉系统疲劳。

所谓双目视差是指人两眼间有一定距离,在观看物体时左眼和右眼所接收到的视觉图像略有差异。基于双目视差原理的三维立体显示为观看者的左右眼提供同一场景的立体图像对,采用光学等手段让观看者的左右眼分别只看到对应的左右眼图像,这样便使观看者感知到立体图像。

为了将立体图像对生成的虚拟信息与现实世界的物理信息同时呈现给用户,基于双目视差的显示设备还需使用光学或视频合成技术进行信息融合,通常这类透视式显示器被区分为光学透视显示(optical see-through,OST)与视频透视显示(vedio see-through,VST)两类。前者是利用光学组合仪器直接将虚拟物体同真实世界在人眼中融合,实现增强。而后者则是利用摄像机对真实世界进行同步拍摄,将信号送入虚拟现实工作站,在虚拟工作站中将虚拟场景生成器生成的虚拟物体同真实世界中采集的信息融合,然后输出到头盔显示器。

2. 实时渲染技术

渲染,是指根据场景的设置,赋予物体的材质、贴图及灯光等,由计算机程序绘出一副完整的画面或一段动画,造型的最终目的是为了得到静态或动画的效果图,而这些都需要渲染才能完成。渲染具有多种方式,不同的渲染方式会得到不同渲染质量的效果图,如有线扫描(line-scan)、光线跟踪(ray-tracing)以及辐射渲染等方式,其渲染质量会依次递增,但所需的时间也相应增加。虚拟三维显示在追求高质量效果的同时,同样对渲染速度有所追求。更快的渲染速度意味着时间与资源的节省。

由于虚拟现实、增强现实等技术在各领域的快速发展,离线渲染与实时渲染技术将成为未来虚拟三维渲染技术的两大重要分支。

(1) 离线渲染(如常见的影视动画),就是在计算出画面时并不显示画面,计算机根据预先定义好的光线、轨迹渲染图片,渲染完成后再将图片连续播放,实现动画效果。这种方式的典型代表有3DMax和Maya,其主要优点是渲染时可以不考虑时间对渲染效果的影响,缺点是渲染画面播放时用户不能实时控制物体和场景。离线渲染的每帧是预先绘制好的,即设计师设置帧的绘制顺序并选择要观看的场景。每一帧甚至可以花数小时进行渲染。

离线渲染的重点是美学和视觉效果,主要是“展示美”,在渲染过程中可以为了视觉的美感将模型的细节做得非常丰富,将贴图纹理做到以假乱真的效果,并辅以灯光设置,最后渲染时还可以使用高级渲染器。

(2) 实时渲染,是指计算机边计算画面边将其输出显示,这种方式的典型代表有Vega Prime和Virtools。实时渲染的优点是可以实时操控(实现三维游戏、军事仿真、灾难模拟等),缺点是要受系统的负荷能力的限制,必要时要牺牲画面效果(模型的精细、光影的应用、贴图的精细程度)来满足实时系统的要求。实时渲染对渲染的实时性要求严格,因为用户改变方向、穿越场景、改变视点时,都要重新渲染画面。在视景仿真中,每帧通常要在1/30s内完成绘制。

实时渲染的重点是交互性和实时性,其模型通常具有较少的细节,以提高绘制速度并减少“滞后时间”(指用户输入和应用程序做出相应反应之间的时间)。比起离线渲染,实时渲染更看重对现实世界各种现象的模拟和对数据的有效整合,而不是炫目的图像。

实时渲染技术在材质、灯光等方面大幅度减少了渲染消耗时间,从而可以使得创作者将精力聚集在制作漂亮的画面上。艺术指导可以在第一时间看到成品,更容易更改画面。对于动画的制作方来说,实时渲染减少了对人员、时间的消耗,从而大量减少了开支。高品质的游戏画质和电影画质主要差距在于材质、光影和抗锯齿3个方面,突破这几点后游戏画面就能呈现出电影级别的表现力。

屏幕类之间的阴影和屏幕间的全局光照,正在逐渐广泛地运用到3A游戏中,让实时渲染的阴影看起来更真实;半像素抗锯齿越来越好,正在大幅缩小实时渲染和离线渲染的差距。在不远的未来,实时渲染将会取代传统的动画渲染。

7.5.4　虚拟三维人机界面的具体应用

虚拟设计技术是由多学科先进知识形成的综合系统技术,其本质是以计算机支持的仿真技术为前提,在产品设计阶段,实时地、并行地模拟出产品开发全过程及其对产品设计的影响,预测产品性能、产品制造成本、产品的可制造性、产品的可维护性和可拆卸性等,从而提高产品设计的成功率。它也有利于更有效、更经济、更灵活地组织制造生产,使工厂和车间的设计与布局更合理、更有效,以达到产品的开发周期及成本的最小化、产品设计质量最优化、生产效率的最高化。随着虚拟现实技术在工业领域不断转化,虚拟设计在计算机辅助工业设计领域的应用范围逐步增大。

虚拟现实相关硬件研发在近年来得到了飞跃发展,随之而来的是五花八门的虚拟现实应用软件以及开发平台的推出。目前,普及度最高、使用最广泛的虚拟现实开发引擎是Unity引擎。据调查,截至2019年9月,市场上近60%的XR类软件均使用Unity引擎开发制作,并发布在各大平台。Unity虚拟现实已在各行业范围内(尤其在工业领域)取得了一定的应用成果。

1. 虚拟三维显示在军事与航天工业的应用

模拟训练一直是军事与航天工业中的一个重要课题,为VR提供了广阔的应用前景。如图7-1所示,美国国防部高级研究计划局DARPA自20世纪80年代起一直致力于研究名为SIMNET的虚拟战场系统,以提供坦克协同训练,该系统可连接200多台模拟器。另外利用VR技术,可模拟零重力环境,以代替现在非标准的水下训练宇航员的方法。

图7-1 VR军事训练

2. 虚拟三维显示在城市规划中的应用

城市规划一直是对全新的可视化技术需求最为迫切的领域之一,虚拟现实技术可以广泛地应用在城市规划的各个方面,并带来切实且可观的利益:①展现规划方案。虚拟现实系统的沉浸感和互动性不但能够给用户带来强烈、逼真的感官冲击,获得身临其境的体验,还可以通过其数据接口在实时的虚拟环境中随时获取项目的数据资料,方便大型复杂工程项目的规划、设计、投标、报批、管理,有利于设计与管理人员对各种规划设计方案进行辅助设计与方案评审。②规避设计风险。虚拟现实所建立的虚拟环境是由基于真实数据建立的数字模型组合而成,严格遵循工程项目设计的标准和要求建立逼真的三维场景,对规划项目进行真实的“再现”。用户在三维场景中任意漫游,人机交互,这样很多不易察觉的设计缺陷能够轻易地被发现,减少由于事先规划不周全而造成的无法挽回的损失与遗憾,提高了项目方案设计的速度和质量,提高了方案设计和修正的效率,也节省了大量的资金。

3. 虚拟三维显示在室内设计中的应用

虚拟现实不仅仅是一个演示媒体,而且还是一个设计工具。它以视觉形式反映了设计者的思想,比如装修房屋之前,你首先要做的事是对房屋的结构、外形做细致的构思,为了使之定量化,你还需设计许多图纸,当然这些图纸只有内行人能读懂,虚拟现实可以把这种构思变成看得见的虚拟物体和环境,使以往只能借助传统的设计模式提升到数字化的即看即所得的完美境界,大大提高了设计和规划的质量与效率。如图7-2所示,运用虚拟现实技术,设计者可以完全按照自己的构思去构建装饰“虚拟”的房间,并可以任意变换自己在房间中的位置,去观察设计的效果,直到满意为止,既节约了时间,又节省了做模型的费用。

图7－2　IKEA VR体验馆

4. 虚拟三维显示在工业仿真中的应用

当今世界工业已经发生了巨大的变化,大规模人海战术早已不再适应工业的发展,先进科学技术的应用显现出巨大的威力,特别是虚拟现实技术的应用正对工业进行着一场前所未有的革命。如图7－3所示,虚拟现实已经被世界上一些大型企业广泛地应用到工业的各个环节,对企业提高开发效率,加强数据采集、分析、处理能力,减少决策失误,降低企业风险起到了重要的作用。虚拟现实技术的引入,将使工业设计的手段和思想发生质的飞跃,更加符合社会发展的需要,可以说在工业设计中应用虚拟现实技术是可行且必要的。

图7－3　VR工业仿真

5. 虚拟三维显示在Web3D/产品/静物展示中的应用

Web3D主要有4类运用方向:商业、教育、娱乐和虚拟社区。对企业和电子商务三维的表现形式,能够全方位的展现一个物体,具有二维平面图像不可比拟的优势。企业将他们的产品发布成网上三维的形式,能够展现出产品外形的方方面面,加上互动操作,演示产品的功能和使用操作,充分利用互联网高速迅捷的传播优势来推广公司的产品。对于网上电子商务,将销售产品展示做成在线三维的形式,顾客通过观察和操作能够对产品有更加全面的认识和了解,决定购买的概率必将大幅增加,为销售者带来更多的利润。

6. 虚拟三维显示在地理中的应用

谷歌地球VR应用虚拟现实技术，将三维地面模型、正射影像和城市街道、建筑物及市政设施的三维立体模型融合在一起，再现城市建筑及街区景观，用户在显示屏上可以很直观地看到生动逼真的城市街道景观，可以进行诸如查询、量测、漫游、飞行浏览等一系列操作，满足数字城市技术由二维GIS向三维虚拟现实的可视化发展需要，为城建规划、社区服务、物业管理、消防安全、旅游交通等提供可视化空间地理信息服务。

7. 虚拟三维显示在教育中的应用

虚拟现实应用于教育是教育技术发展的一个飞跃。VR教育产品营造了"自主学习"的环境，由传统的"以教促学"的学习方式代之为学习者通过自身与信息环境的相互作用来得到知识、技能的新型学习方式。

7.6 多通道自然交互人机界面实例分析

下面通过东南大学先进交互实验室搭建的"虚拟现实载人登月全流程模拟"场景，展示多通道自然交互人机界面在航天工业人员培训领域的应用实例。

7.6.1 多通道交互方式介绍

该实例中应用了飞行摇杆、自然手势、智能语音等多种通道的交互方式联合操作，由航天员第一视角和第三视角切换来展示从绕月飞行到登月舱分离登月、月面月球车探索、登月舱和指令舱交会对接的整个过程。

1. 飞行摇杆

实体飞行摇杆共分为油门与遥感两部分，飞行模式下能够驱动登月舱在降落过程中的升降与偏移，探月车模式下能够控制探月车的进退与转向。虚拟场景中设置有虚拟飞行摇杆，造型与实体摇杆完全一致，当检测到实体摇杆的输入信号时，虚拟摇杆能够同步运动，以视觉与触觉反馈相结合的方式增强交互体验。

2. 物理控件

虚拟场景中登月舱操作面板上的按键、旋钮、拉杆等控件均采用1：1的尺寸可视化呈现，通过红外传感器捕获到的手部位姿数据能够与这类物理控件产生碰撞交互，交互过程中控件能够跟随手部动作产生对应的物理模拟反馈，同时从听觉通道输入对应的音效作为辅助反馈。

3. 虚拟界面

场景中除了模拟现实存在的物理控件外，还可模拟增强现实头戴式显示设备（简称为"头显"）上呈现的三维虚拟界面。三维虚拟界面采用自然手势与语义类手势相结合的操控方式。例如，右手由握拳变为张开的手势能够唤出虚拟面板，使用拖拽的方式可改变虚拟面板在控件中的位置。交互过程中全程采用视觉特效与听标的方式从视听双通道反馈交互状态。

4. 特定手势

手势交互除了操控物理控件与虚拟界面外，还负责满足在特定场景下的交互需求，如头显画面切换，交会对接控制均采用预先设计的特点手势完成，降低偶发启动的同时，最大限度地配合航天员的交互习惯。此外，通过虚拟界面的引导能够有效降低这类手势的学习成本。

5. 语音输入

虚拟场景中的所有交互动作均采用合成语音进行交互提示，结合虚拟界面上的任务信息，航天员能够快速掌握确切的任务进程。此外，航天员可使用语音命令输入任务过程中的文字类信息，在与地面通信互动的同时能够与信息系统产生交互。

7.6.2　登月舱分离阶段

进入演示场景后以宇航员第一人称视角看到登月舱内室。在外部监控屏幕上所看到的画面和佩戴 VR 头盔的操作员所看到的画面完全同步。通过对虚拟现实场景中控件的操作触发任务。航天员根据语音提示开始一系列操作。

如图 7－4 所示，航天员全程佩戴增强现实头盔，来进行增强信息显示。常显的增强信息由系统信息、航天员信息、飞行信息、任务信息 4 部分组成。

(1) 系统信息包括通信信号质量、当前日期、当前时间、电池电量。

(2) 航天员信息包括航天员的体温、脉搏、呼吸频率、参考方位，以及舱内的氧气含量、氮气含量。

(3) 飞行信息包括登月舱当前的飞行速度与距离最近天体的高度。

(4) 任务信息包括当前阶段在总体任务规划中的进度（界面下方进度滚轮模块），当前任务阶段的子任务提示（界面右侧提示模块）。

图 7－4　航天员第一视角看到登月舱内室

红外设备会捕获航天员的手部动作并对场景中的物体产生交互式的视觉反馈。该场景中不仅可以模拟航天员与舱室内的硬件进行直接交互，还可通过自然手势与场景中的增强信息进行交互，图 7 - 5(a)所示为航天员调节舱室内的实体旋钮，图 7 - 5(b)所示为航天员通过自然手势查看登月舱当前飞行位置增强信息。

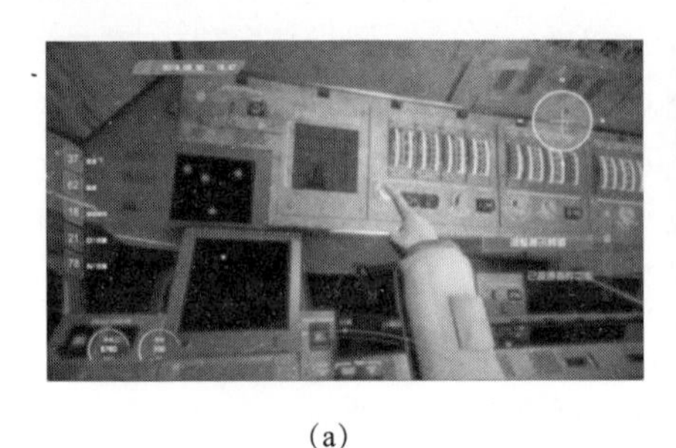

(a)　　　　　　　　　　(b)

图 7 - 5　航天员通过自然手势操作交互界面

(a)直接调节实体旋钮；(b)自然手势操作。

通过对虚拟现实中控件的操作，操控登月舱与指令舱进行分离。如图 7 - 6 所示，登月舱与指令舱分离后准备着陆，图中主画面为第三人称视角登月舱分离画面，左下角为航天员第一人称视角画面，航天员可通过手势在头显内切换画面。

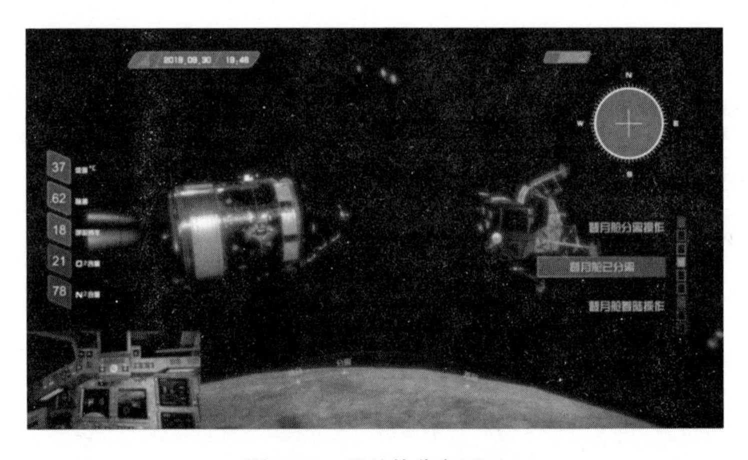

图 7 - 6　登月舱分离画面

7.6.3　登月舱着陆阶段

航天员使用实体飞行控制器操作登月舱升降、扫描以及微移，该控制器与虚拟场景中的控制器保持运动一致。图 7 - 7(a)所示为现实中的实体仿真控制器，图 7 - 7(b)所示为虚拟现实中的虚拟联动控制器。实体控制器的运动参数能够实时传入虚拟可视化系统，使虚拟控制器与实体控制器保持一致的运动效果，为虚拟现实内的操作员提供更真实的视觉反馈。

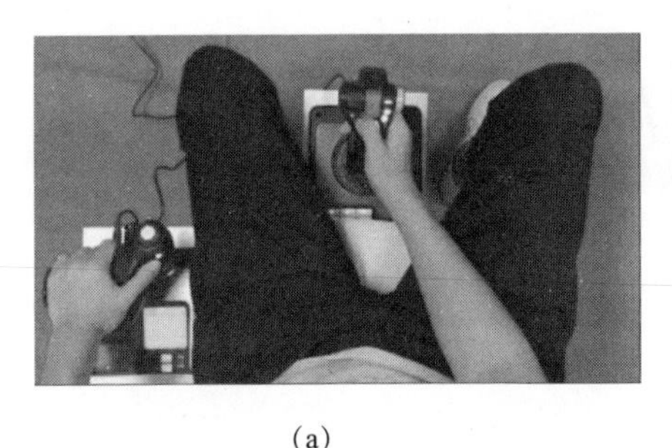

(a)

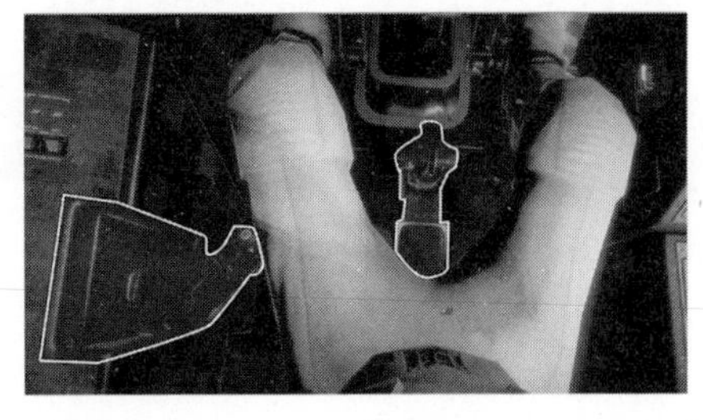

(b)

图 7－7　飞行手柄控件

(a)实体仿真控制器；(b)虚拟联动控制器。

如图 7－8 所示,航天员可以第一视角观察登月舱降落状态,按下扫描按键可使用增强信息标度出场景中的障碍地形(环形山),选择降落位置后通过手柄操纵登月舱降落到月球表面。

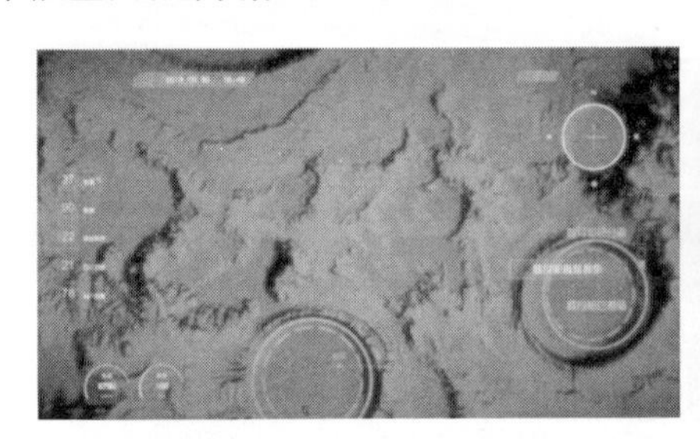

图 7－8　登月舱着陆画面

7.6.4　月面月球车探索阶段

登月舱停靠月面之后,登月探测车驶出登月舱开始月面探索任务。在探月车进行月面探索的时候,留在登月舱内的航天员可以通过遥操作的方式在视觉上、触觉上同步感知探月车信息。航天员的座椅椅面由 12 个带有振动的模块构成,和月球车车腿相关联,将月球车振动、偏移、升降等实时状况通过椅背的振动器传递给航天员,使航天员能够得到如同亲自驾驶探月车的本体感知,同时又可以在舱内进行相对安全的操控。探月车前端的摄像头可以将画面实时传递给航天员,并且增强信息引导。

如图 7－9 所示,航天员可以得到地面规划路径的增强视觉信息引导,并通过遥操作的方式来控制探月车的行进。其中通过左手摇杆控制油门,向前推进可以加速,向后拉动速度放缓,并且能够通过右手摇杆控制方向。地面上有地形指引,宇航员可以通过 HMD 看到周围的地形环境。行驶途中有 3 类信息可以指示方向,其一是我们之前说过的地形文字提示,如环形山等;其二是箭头引导,在每个地形拐弯处都设置了增强现实的箭头路径指引。除了这两种引导方式外，还在空中设置了动态路径引导。

图 7-9　探月车遥操作

如图 7-10 所示，探月车驶往月面基地，并且可与月面基地的设施进行信息交换。

图 7-10　探月车信息交互

7.6.5　登月舱和指令舱交会对接阶段

如图 7-11 所示，探月车返舱后与登月舱起飞到近月轨道上与指令舱进行交会对接，该过程中航天员以第一视角通过自然手势交互完成交会对接任务。首先航天员伸出双手进行握拳姿态，该姿态会被系统捕获，识别为进入手势对接操控模式。宇航员的手部位姿和本身所在的登月舱运动同步，向前运动则控制登月舱前进，向后则远离指令舱。同时双手的旋转则对应着登月舱的转动。可以通过拉近双手之间的位置进行更为精细的操作。指令舱方向悬浮的增强界面可实时反馈登月舱的滚转、俯仰以及偏航参数。

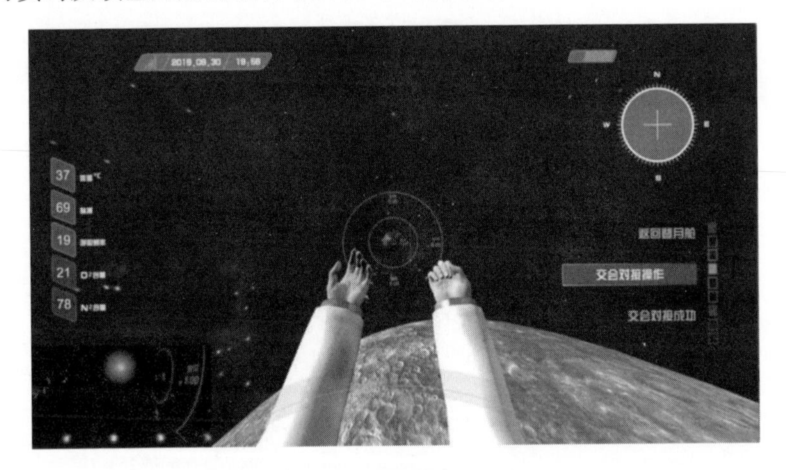

图 7 - 11　自然手势交会对接

如图 7 - 12 所示，交会对接完成后，切换为第三人称视角播放交会对接动画，载人登月全流程虚拟现实培训任务圆满完成。

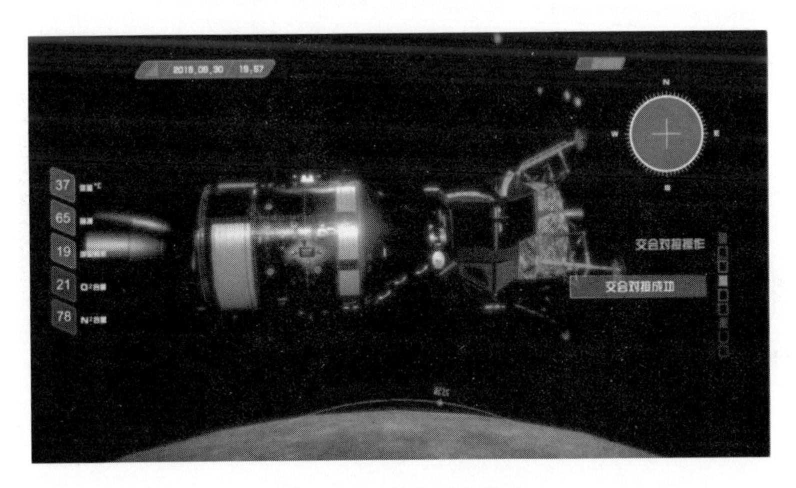

图 7 - 12　交会对接完成

本章展示实例场景中的模型、贴图、材质、代码脚本均由东南大学先进交互实验室独立完成，部分模型经过正规渠道采购自数字资产商店，实例中集成当下可用性较强的几种多通道交互技术作为主要交互方式，展示了这类新兴技术在实际人员培训中具有较高的可用性。自然手势、智能语音、眼控、脑控等技术发展迅速，本案例仅作为当前技术水平下的应用展示。相信在不远的将来，这些技术都将与现代交互系统深度融合，成为自然交互人机界面发展的主基调。

参考文献

[1] Nielsen J. Usability Engineering[M]. Boston:Academic Press,1993.

[2] Kaufman A E,Bandopadhay A,Shaviv B D. An eye tracking computer user interface[J]. IEEE,1993(S1):11-18.

[3] Rasmusson D,Chappell R,Trego M. Quick glance:Eye-tracking access to the Windows95 operating environment[C]// Proceedings of the Fourteenth International Conference on Technology and Persons with Disabilities(CSUN'99),Los Angeles,2001.

[4] Jacob R J K. Eye tracking in advanced interface design[J]. advanced Interface Design & Virtual Environments,1995(3):4.

[5] Steve Mann. Mediated reality[J]. Linux Journal,1999,3(1):59.

[6] Burdea G C,Coiffet P. Virtual reality technology[M]. 2nd ed. New York:Wiley,2003.

[7] FoleyJ D. Interface for advanced Computing[J]. Entific American,1987 257(4):126-135.

内容简介

本书通过运用设计理论、生理及脑成像技术对人机界面系统设计中的人因要素进行分析。围绕人机界面的界面要素、信息结构、设计原则、关键技术的人因设计展开系统分析,给出人机界面的人因工程分析方法和评价体系。对于提高人机界面的人因设计水平与量化评测能力、优化人机界面的人因分析具有指导意义。主要内容有人的信息处理系统、界面设计要素的人因分析、界面信息架构的人因分析、界面交互设计中的认知理论、人机界面系统人因绩效评价方法以及多通道自然交互人机界面等。

本书可作为从事人机界面设计的技术人员和研究人员的参考用书,也可作为工业设计、信息设计、交互设计等专业的博士、硕士研究生的教材或参考用书。

This book analyzes the human factors elements in the design of human-computer interface systems by using design theory, physiology and brain imaging technology. Exploring the key elements and indicators of human factors engineering that affect the cognition of information design, and deploying systems around human factors design of human-machine interface elements, information structure, design principles, and key technologies analyze, giving the human factors engineering analysis method and evaluation system of the man-machine interface. It is instructive to improve the human factor design level and quantitative evaluation ability of the human-computer interface, and optimize the human factor analysis of the human-computer interface. The main contents are: human information processing system, human-factors analysis of interface design elements, human-factors analysis of interface information architecture, cognitive theory on interface interaction design, human performance evaluation methods on human-computer interface system and human-computer interface of multi-channel natural interaction.

This book can be used as a reference book for technicians and researchers engaged in human-computer interface design. It can also be used as textbooks or reference books of doctoral students, master's student, majoring in industrial design, information design, interactive design and etc.

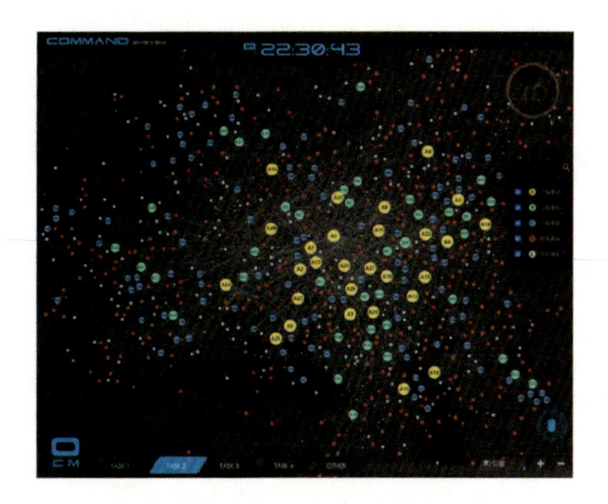

图 3－23　色彩编码运用案例一

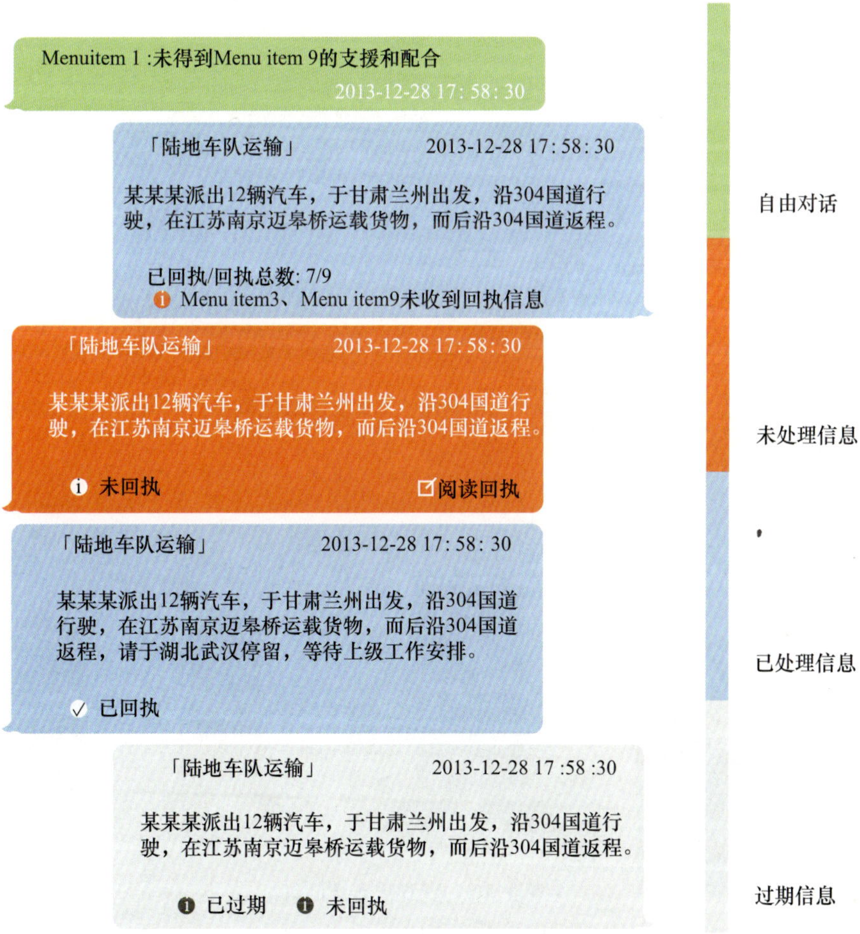

Menuitem 1 :未得到Menu item 9的支援和配合
2013-12-28 17: 58: 30

「陆地车队运输」 2013-12-28 17: 58: 30

某某某派出12辆汽车，于甘肃兰州出发，沿304国道行驶，在江苏南京迈皋桥运载货物，而后沿304国道返程。

已回执/回执总数: 7/9
Menu item3、Menu item9未收到回执信息

「陆地车队运输」 2013-12-28 17: 58: 30

某某某派出12辆汽车，于甘肃兰州出发，沿304国道行驶，在江苏南京迈皋桥运载货物，而后沿304国道返程。

未回执　阅读回执

「陆地车队运输」 2013-12-28 17: 58: 30

某某某派出12辆汽车，于甘肃兰州出发，沿304国道行驶，在江苏南京迈皋桥运载货物，而后沿304国道返程，请于湖北武汉停留，等待上级工作安排。

已回执

「陆地车队运输」 2013-12-28 17 :58 :30

某某某派出12辆汽车，于甘肃兰州出发，沿304国道行驶，在江苏南京迈皋桥运载货物，而后沿304国道返程。

已过期　未回执

自由对话

未处理信息

已处理信息

过期信息

图 3－24　色彩编码运用案例二

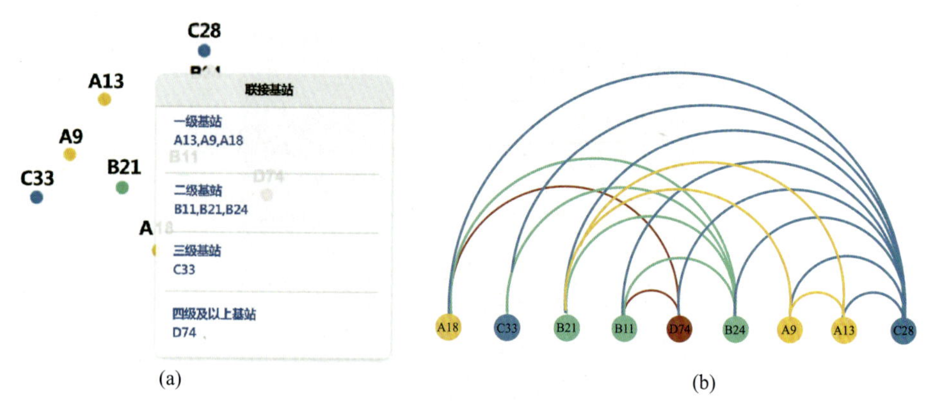

图 3－25 色彩编码运用案例三

(a)站点层级的色彩编码；(b)站点关联性的色彩编码。

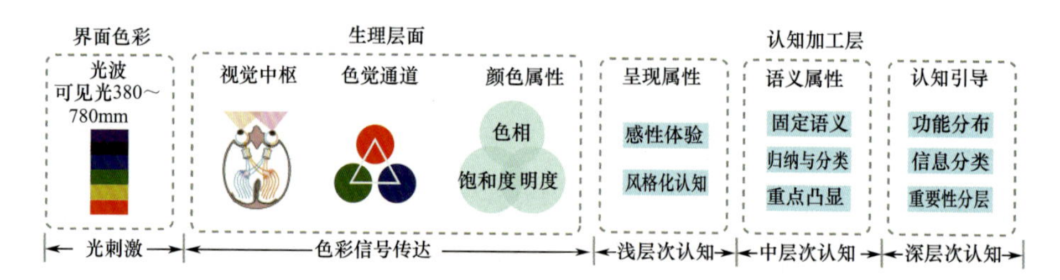

图 3－26 色彩属性认知加工映射模型

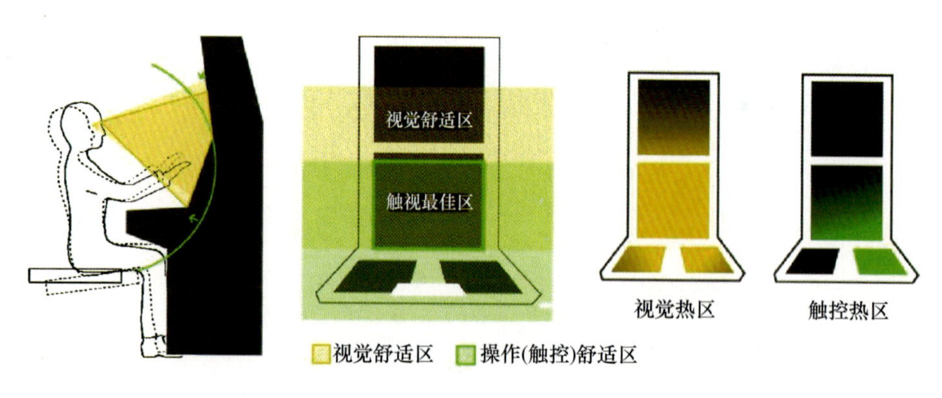

图 3－32 人机交互中的视觉舒适区与操作(触控)舒适区

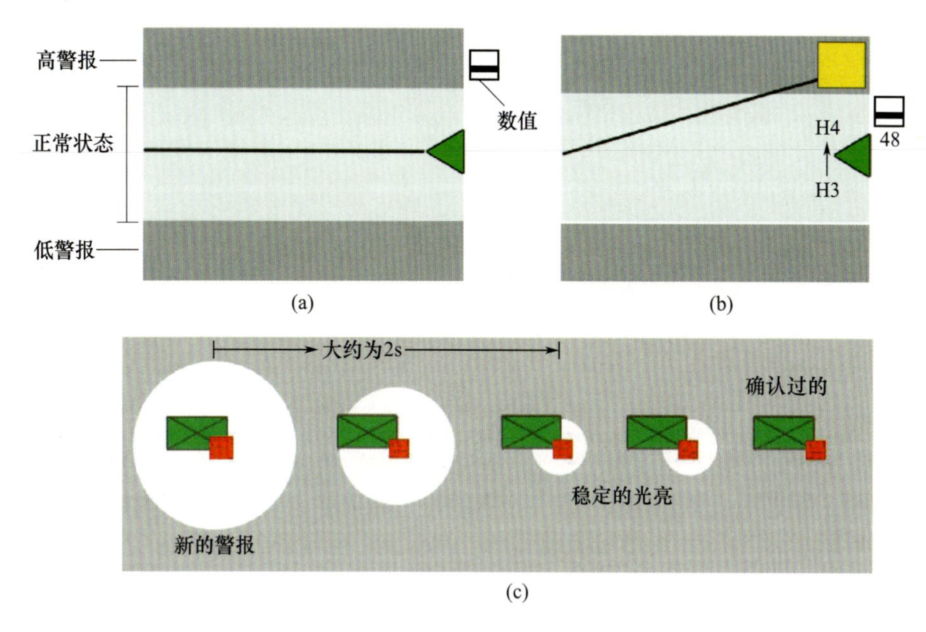

图 5－18　沸水反应堆显示界面中的报警设计[31]

(a)原报警显示；(b)修改后的报警显示；(c)修改后的报警显示。

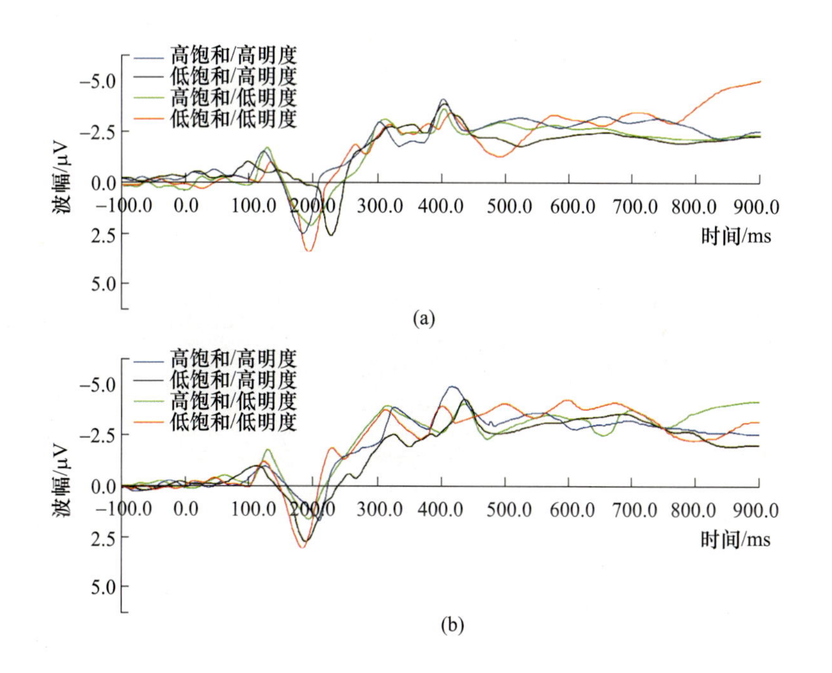

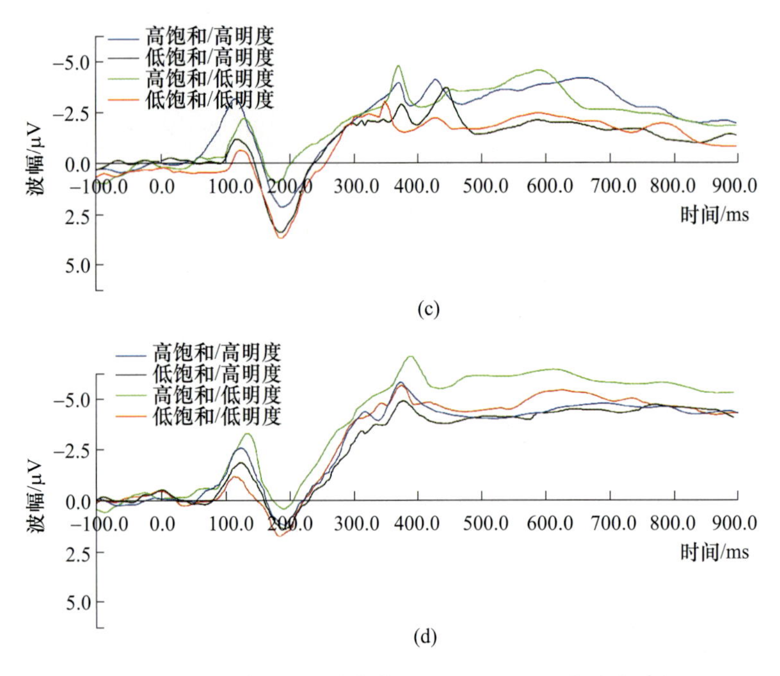

图 5－22　部分电极 4 种条件下－100～900ms 的脑电波幅

(a)Fz；(b)F2；(c)Cz；(d)F6。

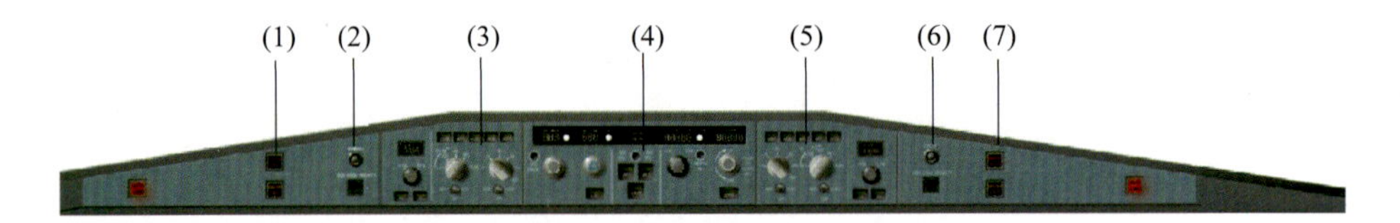

图 5－45　遮光板布局

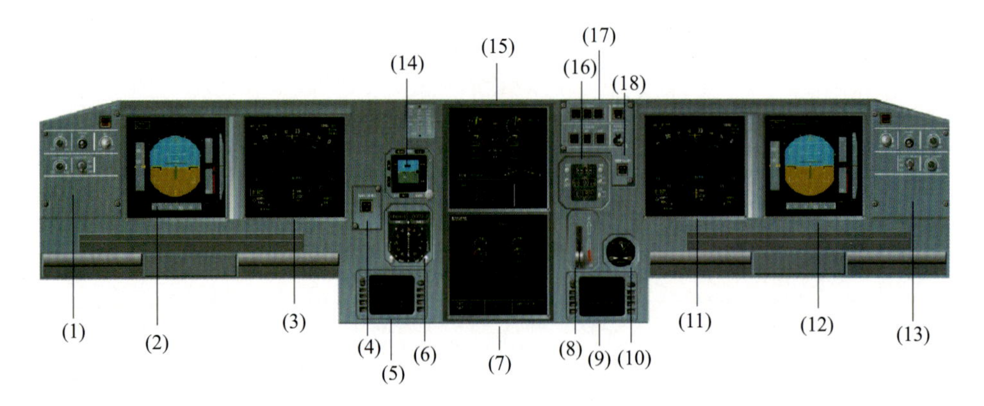

图 5－47　中央仪表板布局